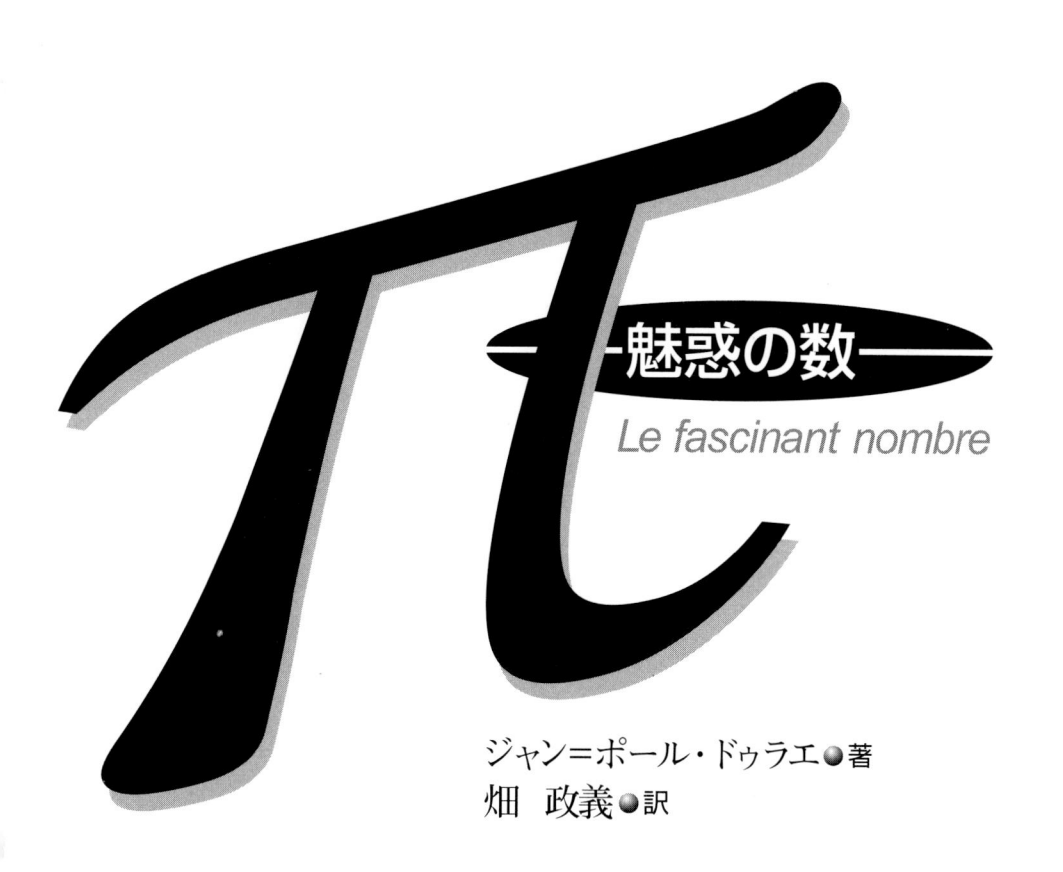

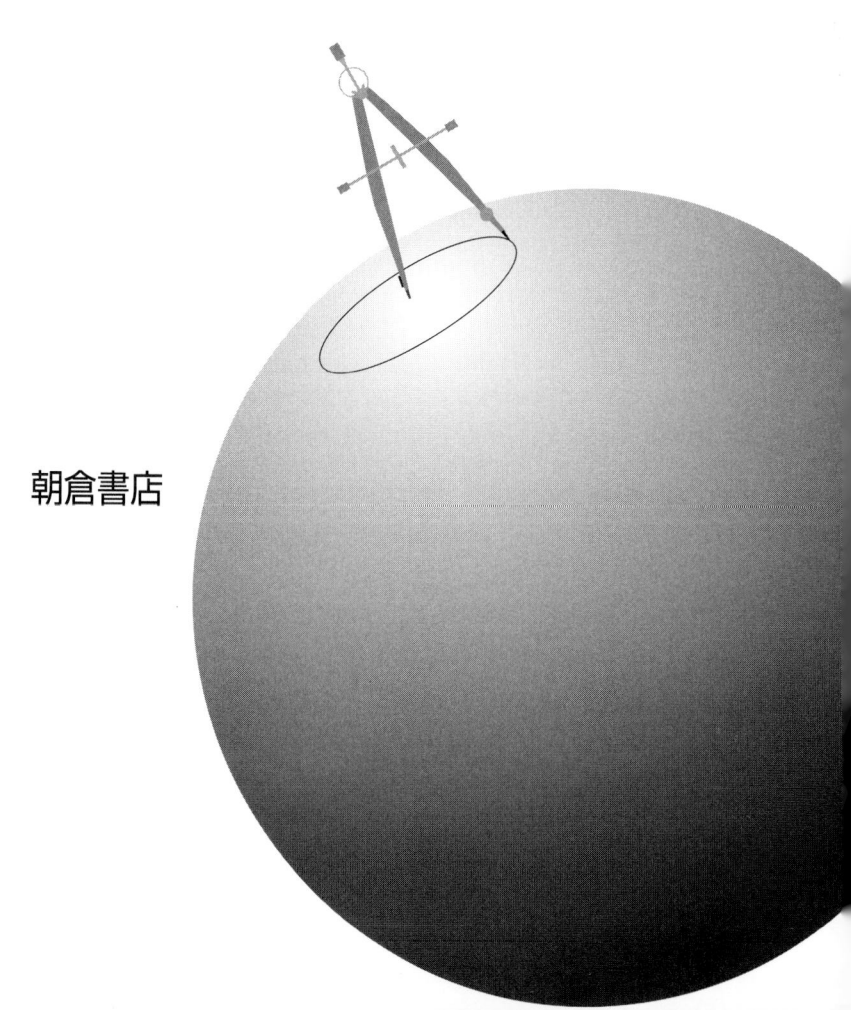

π
―魅惑の数―
Le fascinant nombre

ジャン＝ポール・ドゥラエ●著

畑　政義●訳

朝倉書店

Le fascinant nombre π

LE FASCINANT NOMBRE PI
by Jean-Paul Delahaye
Copyright ©1997 by Pour la Science

Japanese translation published by arrangement with
Pour la Science.

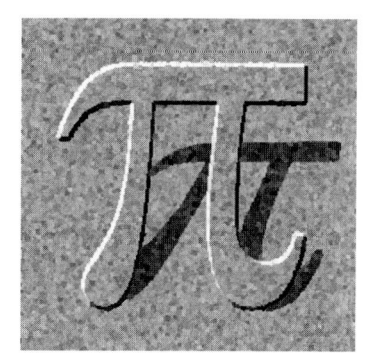

日本語版への序文

　本来，数学は時空間を超越している．2000年来，未知の領域で繰り広げられてきた数学的考察に，われわれは夢中になり，たっぷりと感嘆させられるのだ．この数学の普遍性が，数 π には，他のいかなる数やどんな数学的対象物にも増して，特に明瞭かつ完璧に現れている．それは，まさに数学の知られざるもの，謎に満ちたもの，そして幻惑的な不思議さを象徴しているのだ．

　通りすがりの普通の人でも π を理解しているし，3.14 が，人々から逃げようとする何者かの仮の姿であることもよく知られている．しかし，もっと驚くべきことは，数千年にわたり π に興味を持ち続け，多くの仕事をなしてきたにもかかわらず，この数の理解を深めようと研究し続けてきた最も優秀な研究者たちが，はっきりと次のように口にすることだ．「π のことは，まだよく理解できていない．コンピュータの計算で観察できるいくつかの性質は，今日，数学のまったく手の届かないところにあるんだ．」われわれは π についてかなり多くのことを学んできたし，π は数学のいろいろな分野に大いに刺激を与えるのに役立った．けれども，まだまだ多くの謎と乗り越えがたい大きな壁が立ちはだかっているのだ．

　なるべく易しいことば遣いで π の現状を総括しようとする本書が日本の出版社の興味を引いたことは，日本人数学者の卓越した業績と，π に対する終わりのない研究に従事する多くの数学者，情報科学者の存在を考えれば，私にはさして驚くべきことではない．願わくば，本書が好奇心の強い読者の期待に応えることができ，π の研究がもたらす不可思議な幻惑に愛着を持ってもらえれば幸いである．

　π の重要な結果を導いた数学者による日本語版への翻訳は，筆者の大いなる喜びであり，心より感謝したい．

　5年前に私が訪日したときのすばらしい思い出を今でも忘れることはできない．日本とフランスの文化の表面上の大きな差異にもかかわらず，われわれは多くの共通する価値観を持ち，魂の奥底で何かを共有していることを確信したことを．π がますますわれわれを結びつけ，数学の真理を追求することで得られる永遠の共感を与えてくれるよう願いつつ．

2000年9月11日，リールにて
ジャン＝ポール・ドゥラエ

序文

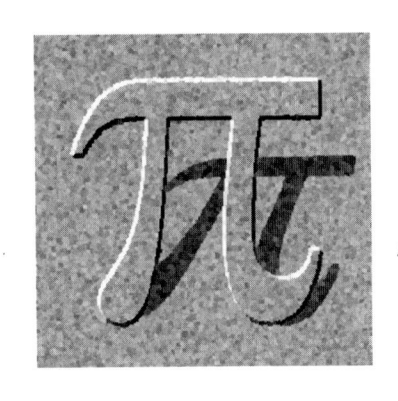

「π を探究すること，それは宇宙を探検するようなもの…」
　　　　　　　　　　　　デイヴィッド・チュドゥノフスキー
「…むしろ海底探検だよ．真っ暗闇の泥の世界で必要な明かり，
　　　　その明かりがコンピュータなんだ」
　　　　　　　　　　　　グレゴリー・チュドゥノフスキー

$$\pi = 3.14159\ 26535\ 89793\ 23846\ 26433\ 832\cdots$$

　奥深い数学の世界で主役の座にある円周率 π は，きっと誰にも完全には知り尽くせない深遠な数に違いない．読者には，4000 年にわたる驚異の数学的発見の道筋を，解説を楽しみながら足早に駆け抜けていただこう．今でも数学者たちによって新しい π の性質が次々に発見され，π の知識は深まってきているにもかかわらず，依然として神秘の輝きを失ってはいない．現在の数学の力では歯が立たないような π についての初等的問題すらあるのだ．
　本書は次のような様々な話題を含んでいる．

　幾何学 —— π は古代の幾何学者たちの熟考によって生まれたということを忘れてはいけない．かって数学者たちを悩ませた定木とコンパスによる作図問題は，巧みに解ければ今でも嬉しいものだ．

　解析学 —— 無限級数，無限乗積，連分数，そして無限に根号が連なった魔法のような諸公式は，π の計算に役立つものもあればそうでないものもあるが（どうやって見分ける？），まるで無限に広がる数学という大海から奇跡的に取り出された真珠の玉のように思える．

　代数学 —— 無理数と超越数，それは円の正方形化問題への 2000 年におよぶ空虚な挑戦に決着をつけてくれた．

　複雑性と乱数の新理論 —— アルキメデスの定数 π の小数部に潜むでたらめさを，単純に真に受けてはいけない．

　計算機とコンピュータ —— 実際これなくしては π の研究は，理論的な研究をも含めて，ほとんど進まなかっただろう．π を可能なかぎりの桁数まで計算したいという強迫観念は，一見たあいないようだが，数学の進歩に一般に寄与してきたし重要な応用もあるのだ．

序文

あるいはまた π の値を何千桁も覚えているような熱狂者，ときとして天才と呼ばれる人々も登場する．そして数学を生むものは何か，なぜ執拗に π にこだわるのか，という哲学的な問いに読者はしばし魅了されることだろう．

もちろん本書はほかにも多くの話題を含んでいるが，もう列挙するのはよそう．さあ π の旅に出発だ！

みんなの π

π の表情は実に多彩なので，本書は誰にでも面白く読めるだろう．数学に興味のない読者向けの部分もあるし，ちょっとした数学あるいは若干の予備知識が必要なところもある．本書は次のような3つのタイプの読者層を想定している．

- 学校で習った数学はすっかり忘れてしまったけれど π に興味のある読者 —— 少なくとも各章の冒頭を読めば，読者の疑問の一部には答えられるだろう．
- 数学の授業の記憶がいくらか残っていて，より深く π と親密になりたい読者 —— 各章全部を読むことによって，最近の発見まで理解できるようになるだろう．
- 大学の基礎レベルの数学がさほど苦痛ではないと思う読者 —— さらに各章の補足まで読むことによって，π の超越性の証明や，なぜ2つの自然数が互いに素になる確率が π に関係してくるのかが理解できるようになるだろう．どの証明も凝ってはいないが，さりとて π は従順な数ではない．数学という宇宙での π の神秘的な振舞いは，われわれに深い感動をもたらしてくれる．

π は数学のほとんどすべての分野に登場するので，それを徹底的に調べ尽くすことは元来不可能であろう．それゆえ本書においては，ここ20年間に発見され明らかになった事柄に重点をおいている．π の歴史については，いくつかの章で取り扱っているものの，制限せざるをえなかった．特に強調したいのは π の複雑性に関する話題だ．すなわち，計算上の複雑性（乗法の高速アルゴリズム，2次および4次収束法など）と統計上の複雑性（2進，10進表示などにおける正規性）．そして数を理解する上でのとらえがたさによる分類，すなわち算術的分類（有理数，代数的数，超越数）や計算可能性，乱数性などの分類において π はどこに位置するのだろうか．本書を通じて，数学というものが以前にも増して力強く生きているということ，そして神秘的で汲み尽くせない数 π をより理解したいという今世紀までの努力が，未来に向けて決して無駄にはなっていないということを納得してもらえればまことに幸いである．

目　　次

1. **最初の出会い　——πの定義と見積り——**　1
   - πとの出会い……………………………1
   - 物理的世界の円とπ……………………1
   - 最初のπの定義…………………………3
   - 2番目の幾何学的な定義………………4
   - 算術的な定義……………………………5
   - 幾何学的な定義を再び…………………6
   - より抽象的な定義………………………6
   - 根号による定義と円の正方形化………7
   - 実験によるπの計測……………………8
   - モンテ・カルロ法………………………8
   - 床の上のπ——ビュフォンの針………9
   - 夜空のムコウのπ………………………10
   - 電気回路，振り子など…………………11
   - 初等的なπの定義………………………11
   - 補足——ビュフォンの公式の証明……13

2. **πマニア　——策略と娯楽——**　15
   - πの暗記…………………………………15
   - 記憶術……………………………………16
   - ウーリポ文学……………………………19
   - πと音楽…………………………………22
   - πの中の誕生日…………………………23
   - 驚くべき偶然の一致……………………24
   - πを決めそこねた法案…………………26
   - 円の正方形化にまつわる狂気…………27
   - エイプリル・フール……………………30
   - カール・セーガンのπのメッセージ…30
   - πが絡んだパラドックス………………32
   - πを使ったユーモア……………………34
   - 奇妙なπの近似値………………………35
   - 異常にπに近い数………………………36
   - 数学的偶然………………………………36
   - πを底とする表記………………………37

3. **幾何の時代　——求積法と多角形——**　39
   - 古代のπ…………………………………39
   - バビロニア………………………………40
   - 古代エジプト……………………………40
   - 聖書………………………………………42
   - 古代ギリシャ——円の求積……………43
   - アルキメデス……………………………46
   - マヤ文明…………………………………50
   - インド……………………………………50
   - 中国………………………………………50
   - イスラムの世界…………………………51
   - 解析の時代以前のヨーロッパ…………51
   - 等周法……………………………………54

4. **解析の時代　——無限公式——**　55
   - ジョン・ウォリス………………………55
   - ウィリアム・ブラウンカー……………56
   - ジェームズ・グレゴリー………………58
   - ゴットフリード・ウィルヘルム・ライプニッツ…59
   - アイザック・ニュートン………………60
   - ジェームズ・スターリング……………61
   - ジョン・マチン…………………………61
   - 記号π……………………………………62

目 次

- レオンハルト・オイラー……62
- 補足1——ウォリスの公式の証明 ……64
- 補足2——スターリングの公式の証明 ……65

5. 手計算からコンピュータへ ——アーク・タンジェント公式—— 67

- πを追求する理由……67
- ウィリアム・シャンクスの《7》のいたずら ……68
- 発見館でのウィリアム・シャンクス……70
- 計算機だと何でも簡単になるか……72
- やはりコンピュータは賢い……73
- ジャン・ギユーとマルティヌ・ブイエの100万桁……75
- 補足1——アーク・タンジェント公式の歴史 …77
- 補足2——アーク・タンジェント公式の証明 …78
- 補足3——アーク・タンジェント公式の効率 …80

6. πを計算しよう ——こつこつアルゴリズム—— 81

- πを計算する一般原理……81
- 不思議なプログラム……82
- 見事に使われたオイラーの級数……84
- こつこつアルゴリズム——表によるπの計算…85
- 可変ピッチ底による計算……87
- 収束の加速法……89
- 補足——開平の計算……91

7. 活躍する数学 ——10億桁の達成—— 93

- 100万桁から10億桁へ……93
- なぜ20年も早く達成できたか ……94
- 乗法の高速アルゴリズム……95
- 除法と開平の高速アルゴリズム……96
- スリニヴァサ・ラマヌジャン——完璧な天才か……97
- 10億桁にいたる公式……99
- 1973年から現在までのπの記録……103
- 補足——乗法のための高速フーリエ変換……107

8. πのn桁目の数字 ——実験数学から生まれた発見—— 111

- πに関する新発見はもうないのか ……111
- 数学の進展とコンピュータの発達 ……111
- 数学的直観は正しいか……112
- 根本的に新しい公式……112
- 10進展開用の公式は？……113
- ベイリー=ボールウェイン=プラウフ公式の使い方……114
- 計算結果……117
- πが属する複雑度のクラス ……118
- その他の定数……119
- πの達人——サイモン・プラウフ……120
- 実験数学……120
- コンピュータと数学的真実……121
- 補足1——サイモン・プラウフ公式の証明……122
- 補足2——その他の新公式……122

9. πは超越的か ——無理数と代数的数—— 125

- 無限の世界でπを探究する数学者……125
- 有限の手続きで定義できる数——有理数……125
- 有理数ではやはり不十分……127
- 背理法に降伏？……128
- eとπの無理数性……129
- 定木とコンパスで作図できる数 ……131
- 代数的数……133
- 超越数の物語 ……135
- 補足1——定木とコンパスによる作図……141
- 補足2——eとπの超越性の証明……142

10. πは乱数列か ——無秩序と複雑性—— 145

- πは不規則か……145
- πを検査すると……147
- πが乱数列である理由はない……149
- πは単純か……151

π-魅惑の数

暗号学	152	《有限の手続きで定義できる数》の探究の果てに	161
統計的な乱数列	153		
マルティン=レーフの乱数列	157	終わりに	163
πよりひどい数	160		

付　録　165

π計算の年表	165	πに関連した定積分公式	174
πの近似値	167	πに関連した無限積公式	175
定木とコンパスによるπの近似値の作図	168	ポスターになったπの10万桁	175
幾何学におけるπ	170	πに関連した数表	176
算術と確率におけるπ──1章の補足	170	いろいろな底におけるπの表示	177
オイラーの公式（1740年）とその変形	172	関連インターネット・サイト	184
πに関連した級数公式	172		

参考文献　185

索　引　191

訳者あとがき　198

謝　辞

本書の執筆にあたり，フランソワーズ・アダミ，ファブリス・ベラール，ジョナサンとピーター・ボールウェイン兄弟，フィリップ・ブーランジェ，フランソワ・ブーリエ，クロード・ブレジンスキー，エリーアス・ブレムス，クレール・ドゥラエ，マルティヌ・ドゥラエ，ジャン=フィリップ・フォンタニーユ，ベネディクト・フィェヴェ，ベルナール・ジェルマン=ボン，ジャン・ギュー，ミリアム・エッケ，エリック・ケルン，フィリップ・マテュー，ブルーノ・マルシャル，エチェンヌ・パリゾ，サイモン・プラウフ，イヴ・ルーセル，ダニエル・サーダ，エルヴェ・ティス，エリック・ヴェグルジノフスキー，エルヴェ・ツィルンの各氏の援助や助言のおかげで，貴重な文献や情報に接することができたことをここに厚く感謝いたします．

とりわけ元の原稿を実に美しく仕上げてくださったプー・ラ・シアンス出版社のヤン・エスノー氏に深く感謝いたします．

最初の出会い

―― π の定義と見積り――

1

ありのままに π に取り組むことから始めよう．まずいくつかの π の定義を検証し，その値を見積もる最も簡単な方法を述べよう．円周率 π は数学的な定数なのか，それとも物理的な定数なのだろうか．この微妙な問いに対して，物理的な仮定に頼った π の算定方法と，そういう仮定に依存しない算定方法とを注意深く見分ける必要がある．

π との出会い

先史時代や古代の人類はどのようにして π と出会ったのだろうか．

きっとわれわれと同じように，日曜大工や造園や工芸などの仕事の中での平凡な作業を通して出会ったに違いない．例えば，大きな木の幹ひとまわり分のひもの長さとか，帽子やランプの笠の縁飾りのリボンの値段とか，決まった大きさの樽を作るための側板の枚数とか，二輪荷車の車輪を保護する上張り板の長さとか，円形に仕切られた土地の面積とか，円筒形，円錐形あるいは球形の水槽に入っている水量などを知りたいときに．

このような例から π の最も驚くべき性質が明らかになる．すなわち π はわれわれのすぐそばにあって，それは深遠なる数学の世界の入り口でもある．たとえ数学が嫌いであっても，是が非でも数学を避けようと頑張ってみても，やはりわれわれは π から逃れられないのだ．われわれが π に関心を持つのではなく，望もうと望むまいと π の方からやってくる．一度現れれば追い払うのは無理と言うものだ．π はうるさくつきまとって，幾何学という抽象的な魅惑の世界にわれわれを誘惑する．

最も簡単と思われる最初の定義をしよう．円周の長さ P とその直径 D（半径 r の 2 倍）との比を π とする．すなわち，

$$\pi = \frac{P}{D} = \frac{P}{2r}$$

である．

物理的世界の円と π

円の大きさが変わっても比 $P/2r$ は常に一定なのだろうか．つまり，上の π の定義にあいまいさがないと言えるのだろうか．

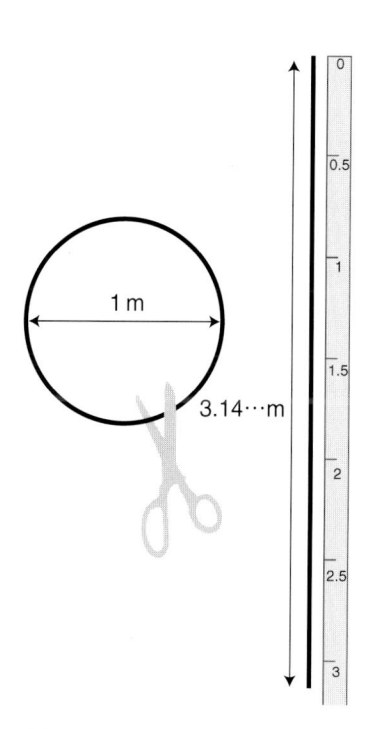

半径 r の円状のひもを引きのばすと長さ $2\pi r$ の線分になる．直径を 1 m とするとひもの長さはちょうど π m だ．

π - 魅惑の数

ピタゴラスの定理
$$Z^2 = X^2 + Y^2$$

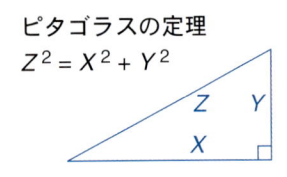

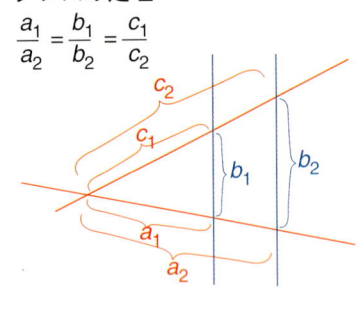

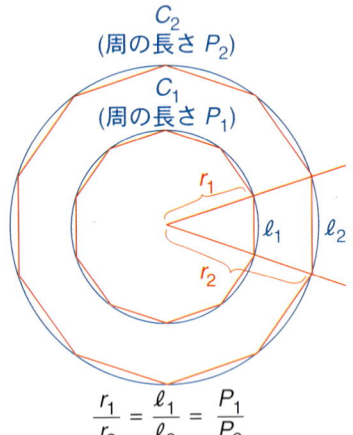

タレスの定理
$$\frac{a_1}{a_2} = \frac{b_1}{b_2} = \frac{c_1}{c_2}$$

$$\frac{r_1}{r_2} = \frac{\ell_1}{\ell_2} = \frac{P_1}{P_2}$$

ピタゴラスの定理とタレスの定理が成り立つような距離が導入された空間では，円の大きさが変わっても比 $P/2r$ は一定であることが示せる．今，2つの同心円 C_1 と C_2 のそれぞれに内接する同じ辺数の正多角形を考えると，タレスの定理から，それぞれの辺の比（したがって周長の比）は半径 r_1 と r_2 の比に等しい．正多角形の辺の数を増やしていくと，周長の比は2つの円の周長 P_1 と P_2 の比に近づくから，等式 $r_1/r_2 = P_1/P_2$ を得る．

もちろんそのことは正しい．一般に，距離という概念が与えられて，次のタレスの定理が成り立つような空間においては比 $P/2r$ は常に一定になることを示そう．

円は与えられた点（中心）からの距離が一定の値（半径）となるような点の集まりだから，円を語るには距離の概念が必要不可欠だ．《平行な2直線が互いに交わる他の2直線を寸断するとき，切断された線分の比はどれも等しい》を，タレスの定理という．幾何学的な推論を繰り広げるために，ピタゴラスの定理《直角三角形の斜辺の自乗は，他の2辺の自乗の和に等しい》も成り立つものとしよう．

タレスの定理を用いると，比 $P/2r$ が円の大きさに無関係であることが簡単に示せる．実際，2つの同心円のそれぞれに内接する同じ辺数の正多角形において，タレスの定理から，正多角形の周長は半径に比例していることがわかる．そこで辺数をだんだん増やしていくと，周長はそれぞれの円周の長さに近づく．ゆえに2つの円周の長さの比はそれぞれの半径の比に等しい．つまり比 $P/2r$ は円の大きさに依存しない．こうして円周の π がうまく定義されるのだ．

このような推論ができる数学的な空間をユークリッド空間と呼ぶ．その厳密な定義は公理的で複雑なので，ここではそういう話には立ち入らないでおこう．

普通はわれわれの住んでいる物理的空間はユークリッド空間と考えてよいから，何らかの円を用いてその比 $P/2r$ を測ることによって π は実験的に計測できる物理的な定数であると言える．

が，ことはそれほど単純ではない．アインシュタインの一般相対性理論によれば，われわれの空間は完全にはユークリッド的ではないのだ．ゆえにわれわれのこの物理的世界では，比 $P/2r$ は取り扱う円に依存することになる．このことを理解するためには，次元を1つ下げて2次元の世界を想像してみるとよい．一般相対性理論の言う曲がった空間とは，この場合には平面ではない曲面，例えば球面のようなものだ．

非常に大きな球面の上で――この地球を考えるとよい――小さい円を描いてみよう．その比 $P/2r$ は測定誤差の範囲内ではほぼ一定だろう．ところが大きな円を描くと，円の中心が円周を含む平面からかなり離れてしまうため，球面上の点のみを考えると，半径の測定値 r は実際の円の半径より大きくなる．つまり比 $P/2r$ の値は小さめになる．円が大きければ大きいほど，その比 $P/2r$ はいっそう小さくなってしまう．平面とのもう1つの相違点は，望むだけの大きな円が描けないということ．描ける最大の円は赤道なのだ！

われわれの現実の空間は球面あるいはもっと複雑な曲面の3次元版だが，やはり同じようなことが起こるだろう．まあ，普通に出会う円であれば，どんなものでも相対論的補正よりはるかに測定誤差の方が大きいだろうから，実際の計測においてはこの補正は無視できるだろう．

ある物理学者は，π が相対論的空間においても半径 r が0に近づくときの比 $P/2r$ の極限として，やはり幾何学的に定義できるということを私に注意してくれた．ところが量子力学の原理によれば，極端に小さい長さ

1. 最初の出会い

（したがって極端に小さい円）は物理的に意味がない．したがって π を比 $P/2r$ の極限として，この物理空間で幾何学的に定義することなどできないではないか，という反論があるだろう．相対性理論から生じた難題を，うまく回避できたと思っても，すぐに量子力学に違反してしまう，というのはよくある話だ．

その上，空間の曲率は質量に依存するから物理的な π を定義しようとしても不確実になる．紙に描かれた円の比 $P/2r$ は，その上に手をかざしただけで変化してしまうのだから！

仮に π が物理的な定数であったとして，物理学だけのために π をより知りたいとしても，上の問題点は根源的であり無視できない．実際は π は数学的な定数であり，興味の尽きない数学の世界の住人として相応しいのだ．

もし，この物理的宇宙が完全にユークリッド的であるとしても，この宇宙に入る最大の円周の長さを水素原子の大きさの精度で求めるのに必要な π の値は，40桁もあれば十分であることに注意しておこう．π の40桁までの値はすでに18世紀の初頭には求められていたから，π の計算がこの時点で終了していたとしても不思議ではなかった．

非ユークリッド的宇宙における円周の長さの公式にも π が登場する．ロシアの数学者ニコライ・ロバチェフスキーによる非ユークリッド幾何学では，円周の長さは公式 $P=\pi k(e^{r/k}-e^{-r/k})$ によって与えられる．ここで k は空間にのみ依存する定数で，$e=2.71828\cdots$ は解析学における有名な定数である．

最初の π の定義

要するに本書で扱うのは数学者の言う π，完全に平坦なユークリッド空間における π であり，どんな大きさの円であろうとも円周の長さと直径との比 $P/2r$ は一定になる．π は物理的な定数ではない．何世紀もの間この点を思い違いしていたのだ．19世紀以前（ヤノーシュ・ボヤイ，ベルンハルト・リーマンそしてロバチェフスキーによる非ユークリッド幾何学の発見以前）には，ユークリッド的でない空間など思いもよらなかった．ユークリッド空間であることは，絶対的真理，まさしく理性の基盤であったわけだが，それ自体が議論の余地のあるものであることが暴かれ，そして真理ではないということが一般相対性理論の実証により判明したというわけだ．

最初の π の定義は，最も自然な定義 $\pi=P/D=P/2r$ で，特に直径が1mの円の周りの長さが π m になる．

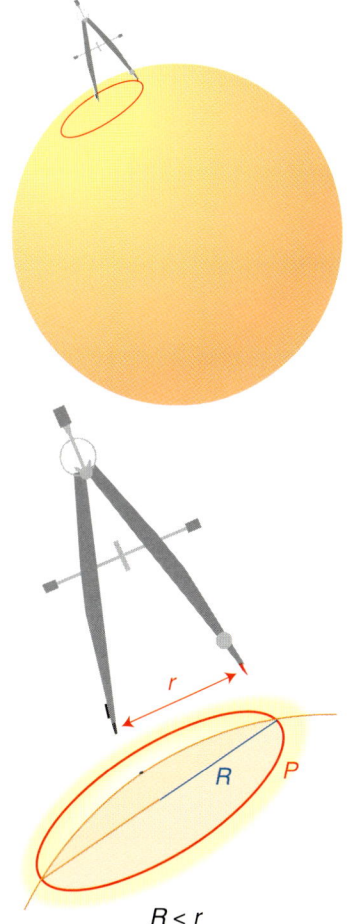

$R < r$
$r=$ 見かけの半径
$R=$ 実際の半径 $=P/(2\pi)$

r ほど開いたコンパスで球面の上に円を描くと，その円周の長さ P は $2\pi r$ より小さい．円が大きければ大きいほど P と $2\pi r$ の差は広がる．比 $P/(2\pi)$ はこの円の実際の半径 R．ニンジンを切るように，この円を含む平面ですぱっと切った様子を想像するとよい．球面上の住人は，この円の半径を球面に沿って測量するので R より大きな値を得る．一般相対性理論は，同じようなことがわれわれの空間でも起こっていることを主張している．

π - 魅惑の数

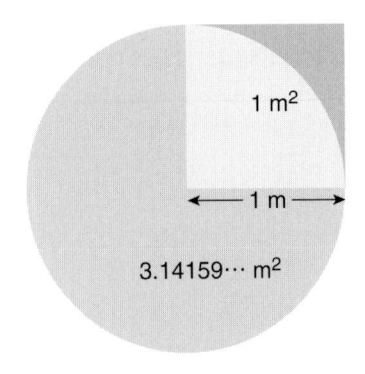

半径1mの円の面積は $\pi\,\text{m}^2$.

2番目の幾何学的な定義

どこにでも顔を出す数 π のもう1つの定義は，円の面積と半径の自乗との比を π とするものだ．もちろん以前のようにユークリッド空間で考える．特に半径が1mの円の面積が $\pi\,\text{m}^2$ になる．

ここらあたりで読者は顔をしかめているに違いない．「結構ですけど，1つの数に2つの定義とは，多すぎじゃありませんか．前に定めたものと同じ π になることを，いったい誰が示してくれるんですか」と．おっと，注意してください．歯車の間に手がはさまっているようなもの．もはや抜け出せない議論に飛び込もうとしていますね．π は罠だと忠告したはずですよ．

幸運にもこの問題は，以下のように簡単に解ける．円を扇形に細かく等分し，その扇形を三角形のようにみなし，極限をとるというアイデアに基づくのだ．こうして2番目の定義における π が，最初の π と同じものであることがわかる．

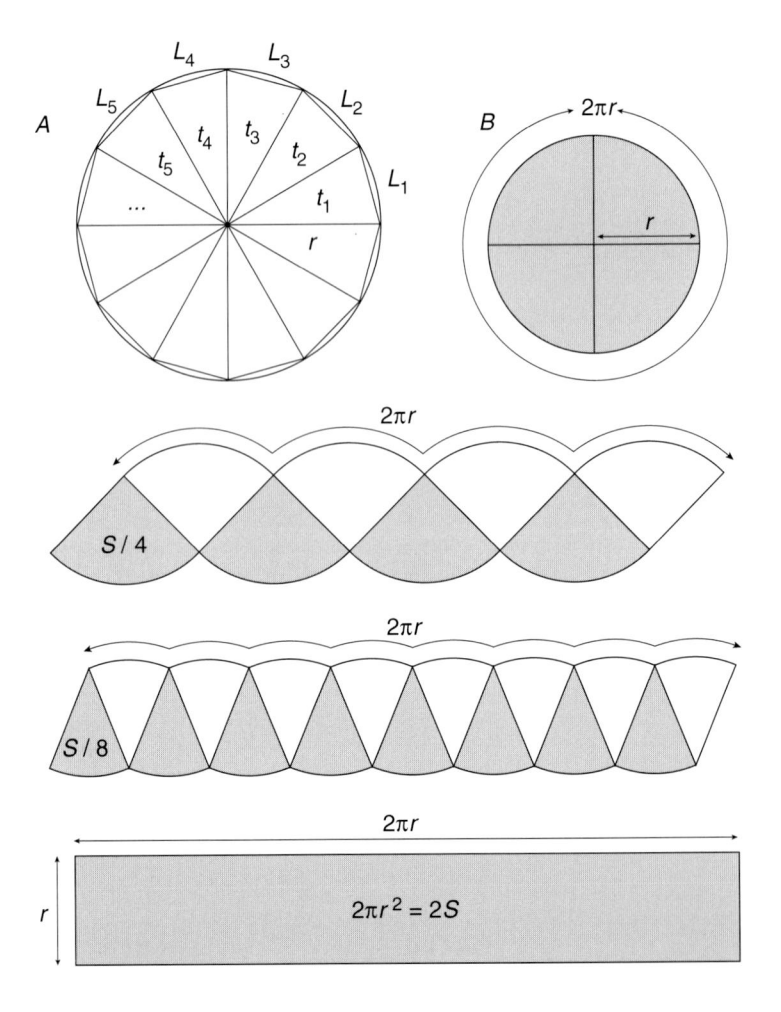

円周と直径の関係から，面積と半径の関係を導き，同じ π が現れることを示す．円に内接する辺数 n の正多角形を考える (**A**)．円周の長さ P はこの内接正多角形の周長で近似される．円の面積も正多角形の面積とほぼ等しいが，それは各辺 L_i を底辺とする二等辺三角形 t_i たちの面積の和になる．各三角形の面積は，底辺と高さの積の1/2 で高さがほぼ r だから $rL_i/2$ に近い．よって正多角形の面積は $S=(rL_1/2+rL_2/2+\cdots+rL_n/2)=r(L_1+L_2+\cdots+L_n)/2=Pr/2$ に近い．$P=2\pi r$ より $S=\pi r^2$ を得る．ゆえに2つの定義に現れる π は同一．この証明では，円が十分に多くの辺を持つ正多角形で近似できることを使っているが，このことは極限をとることで解析的に厳密に証明できる．また **B** は，円を扇形に切って帯状に並べた視覚的な証明．このような証明法はすでに古代より知られていたらしい．

1. 最初の出会い

算術的な定義

先の円の面積による π の定義から，単に整数の個数を数えるだけの非常に簡単な別のやり方を思いつく．まずは，この算術的な定義の幾何学的解釈をしてみよう．

幅 $1/n$ の $(2n+1)\times(2n+1)$ 個の点からなる正方格子において，中心点からの距離が1未満であるような点の個数を数え上げる．この個数と長さ2の正方形内の全部の点の個数の比を4倍して π の近似値を得るわけだ．そこで各点を2つの整数の組（座標）に対応させて，

$$s_n = \frac{4}{(2n+1)^2}$$

$\left(-1<\dfrac{x}{n},\dfrac{y}{n}<1 \text{ および } \dfrac{x^2}{n^2}+\dfrac{y^2}{n^2}<1 \text{ を満たす点}(x,y)\text{の個数}\right)$

という算術的な式 s_n を定めよう．あるいは，円の8分の1の部分だけを数え上げるように工夫した式として

$$s_n' = \frac{8}{n^2} (0 \leq x \leq y \leq n \text{ および } x^2+y^2<n^2 \text{ を満たす点}(x,y)\text{の個数})$$

も定めておく．

例えば $n=20, 100, 200$ のときは，π の近似値として $3.1\underline{6}, 3.1\underline{51}, 3.14\underline{6}$ をそれぞれ得る（以後 π の正確な数字と異なる部分を下線を引いて表す）．

数列 s_n は数学的な平面における中心 $(0,0)$，半径1の円の面積の近似列だ．これは確かにユークリッド平面だから，物理的な仮定にまったく頼ら

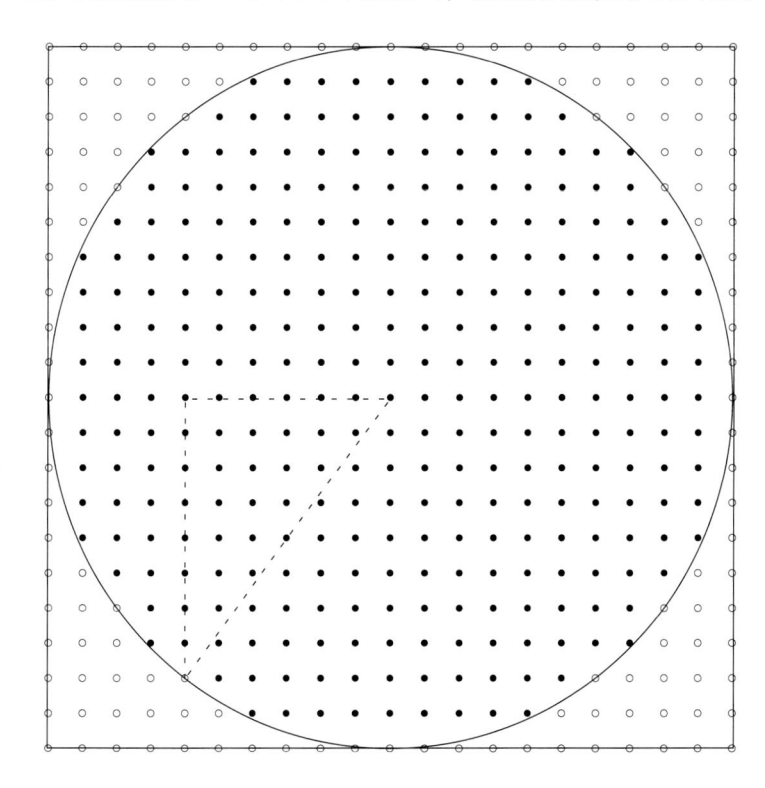

物理的な仮定に基づかない π の計算法．与えられた自然数 n に対して，$-n$ と n の間にあるすべての整数 x, y の組 (x, y) を考える（全部で $(2n+1)^2$ 個ある）．$x^2+y^2<n^2$ を満たすものの個数を $(2n+1)^2$ で割って4倍した数は π の下からの近似値を与える．実際この円の面積は πr^2 で，円に外接する正方形の面積は $4r^2$ だから，その比は $\pi/4$．上の近似値は n が増大するとき，この値 $\pi/4$ に近づく．図は $n=10$ の場合で，点の全個数は $21\times21=441$，そして $x^2+y^2<100$ を満たす点の個数は305だから，π の近似値として $4\times305/441=2.7664\cdots$ を得る．座標 $(-6, -8)$ の点は $x^2+y^2=100$ を満たし，円周上にあるので数えていないことに注意．

ない整数の個数を数え上げるだけの完全に正確な π の定義になっている．

実際の s_n あるいは s_n' の計算には，手計算かコンピュータを利用することになるが，小数点以下 p 桁の精度を得るためには，$n=10^p$ として，加法や比較演算を除いても p 桁の整数どうしの約 10^{2p} 回の乗法（x^2 と y^2 の計算）を実行しなければならない．これでは，せいぜい 20 桁程度の値しか計算できないだろう．たとえ世界最高速のコンピュータを使ったとしても，それほど結果は改善されないと思われる．

そうは言っても，物理的な仮定に一切頼らない π の初等的な定義であり，原理的には望みの精度で計算できる方法を与えている，という点において重要な定義だ．

幾何学的な定義を再び

前の 2 つの幾何学的な π の定義は一致していた．同様にして，次のような定義も考えられる．

- 半径 r の球の体積は $4\pi r^3/3$ だから π は半径 1 の球の体積の 3/4 倍．
- 半径 r の球の表面積は $4\pi r^2$ だから π は半径 1 の球の表面積の 1/4 倍．

これらの定義から，理論的には望みの精度で π の近似値を計算できる簡単な実験的方法を導くことができる．しかし実際には，測定誤差や空間の非ユークリッド性のせいで，せいぜい 10 桁程度の π の値しか計算できないだろう．

これまでの実験的方法をまとめておこう．

- 細いひもを使って，半径 1 の円の周りの長さを測る．
- 方眼紙の上に描いた円に完全に含まれるような小正方形の個数を数え上げ，半径に相当する小正方形の個数の自乗で割ると π の下からの近似値が得られる．もし円周と交わるような小正方形の個数を追加するならば π の上からの近似値が得られる．例えば，半径が 10 個の小正方形に相当する場合には $2.96<\pi<3.72$ を得る．
- 円柱または球形の容器に入る水の重さを測る，あるいは球の表面を塗るために必要なペンキの重さを測る．

より抽象的な定義

現代の数学者は，幾何学にさほど魅力を感じないようだ．今日 π を幾何学的に定義している本は珍しい．解析的に π を定義するほうが好まれているのだ．例えば 1988 年パリのデュノ社から出版されたアルノーディエとフレイスによる『解析学教程[4]』の 217 ページには，《定義 v.4.1．方程式 $\cos x=0$ の 0 と 2 の間にある一意的な根 ω を 2 倍したものをパイと呼び π と書く》という π の定義が書かれている．

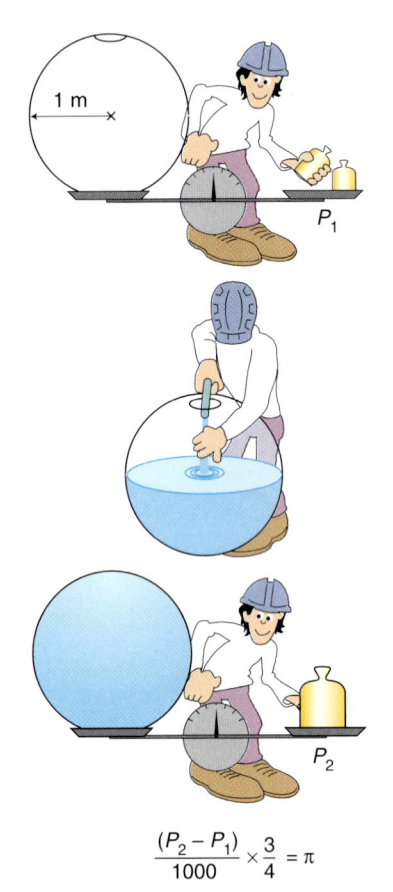

$$\frac{(P_2-P_1)}{1000}\times\frac{3}{4}=\pi$$

球の体積が $4\pi r^3/3$ であることから π を計算する．図で半径 1 m の球の容器の重さを，水を入れる前と後で測り，重さ（kg）の差を 1000（1 辺が 1 m の立方体の重さ）で割り，最後に 3/4 を掛ければ π の実験的数値が得られる．

1. 最初の出会い

この $\cos x$ は，複素数 z に対する公式 $\cos z = (e^{iz} + e^{-iz})/2$ として，上述の本の 210 ページに定義されている関数．ここで i は虚数単位で，$i^2 = -1$ を満たす．もちろん複素変数の指数関数が前もって定義されている必要があるが，それは 209 ページに

$$e^z = \sum_{n=0}^{\infty} \frac{z^n}{n!}$$

として導入されている．この定義のために，今度は複素数や収束級数についての諸性質が前もって用意される，といった具合だ．π を理解するには教科書の前の方をさぼるわけにはいかない！

有名な永遠の数学者ニコラ・ブルバキ（実は定期的にメンバーを入れ替える数学者集団の名）は，ときとして単純なものをわざわざ複雑なものに言い換える技に長けている．『ブルバキ数学原論』の実 1 変数関数（基礎理論）3 章の 1 節では，関数 $\mathbf{e}(x)$ の導関数 $2\pi i \mathbf{e}(x)$ に登場する定数として π を定義している．ここで関数 $\mathbf{e}(x)$ は，加法的位相群 $\mathbf{R}$ から絶対値が 1 の複素数全体からなる乗法的位相群 $\mathbf{U}$ 上への準同型写像のことで，その存在と一意性はあらかじめ示されているのだ．

こういう解析的な定義は，今日ではすっかりお馴染みのものだ．というのは，現在のような厳密な基準を望む数学者にとって，円周による π の定義を採用したところで，結局はユークリッド空間の概念を拡張したり，曲線の長さを論ずるには不可欠な積分計算をしなければならなくなるからだ．おまけに，解析的な定義によって三角関数が取り扱いやすくなり，円周による定義と同じものだということを容易に導けるという利点があるわけだ．こうして現代の数学者は，みかけは込み入ってはいるが，このような解析的な手続きを自然に受け入れている．

まだ数学者たちが π の幾何学的な定義に執着していた 1934 年，エドムンド・ランダウという数学者が大論争の火ぶたを切った．方程式 $\cos x = 0$ の解として，上で述べたような π の定義をゲッチンゲンで発行された数学概論の中で採用したのだ．この論争のせいで，当時の民族主義的な雰囲気の中，彼はゲッチンゲン大学の教授職を罷免された．

根号による定義と円の正方形化

2, 3 および 9 章で詳しく取り上げる円の正方形化の問題は，何世紀もの間数学者たちを悩ませ続けた．これは簡単な π の定義を見つけ出そうとする探究だったと言えよう．しかしその努力は報われず，現代の数学者は π の取扱いの煩雑さに屈しなければならなかった．

与えられた円と同じ面積を持つ正方形を定木とコンパスのみを使って作図せよという円の正方形化問題は，実際，整数の加減乗除と開平のみによって π を定義する問題に帰着できる．すなわち

$$\sqrt{\frac{40}{3} - 2\sqrt{3}} = 3.141533\cdots$$

というような π の表示を求める問題なのだ．

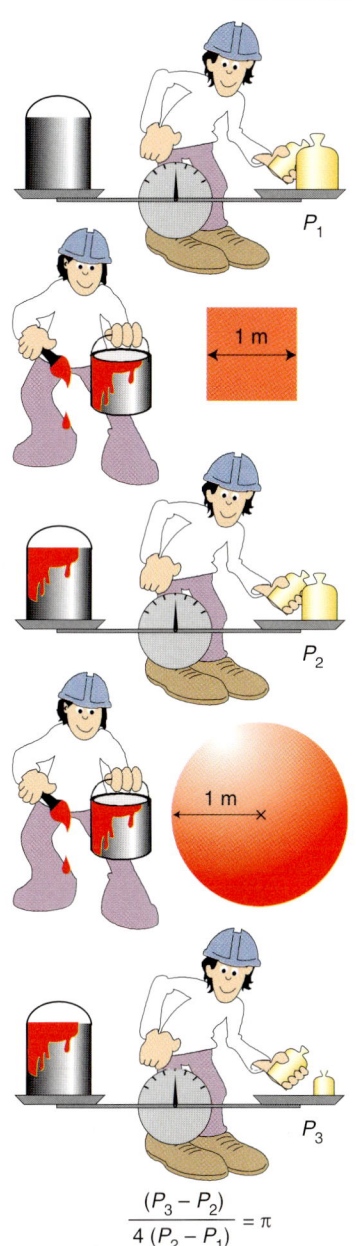

$$\frac{(P_3 - P_2)}{4(P_2 - P_1)} = \pi$$

球の表面積が $4\pi r^2$ であることから π を計算する．まず 1 辺が 1 m の正方形を塗り，次に半径が 1 m の球の表面を塗る．こうして使ったペンキの量の比を計算する．

8
π - 魅惑の数

ブルバキ数学原論[30]では，指数関数の導関数に登場する定数として，初等関数の導入とともに π が定義されている．

> **FVR III.4**   FONCTIONS ÉLÉMENTAIRES   §1
>
> **3. Dérivées des fonctions circulaires; nombre π**
>
> On a défini, en Topologie générale (TG, VIII, p. 8) l'homomorphisme continu $x \mapsto \mathbf{e}(x)$ du groupe additif **R** sur le groupe multiplicatif **U** des nombres complexes de valeur absolue 1; c'est une fonction périodique de période principale 1, et on a $\mathbf{e}(\frac{1}{4}) = i$. On sait (*loc. cit.*) que tout homomorphisme continu de **R** sur **U** est de la forme $x \mapsto \mathbf{e}(x/a)$, et qu'on pose $\cos_a x = \mathscr{R}(\mathbf{e}(x/a))$, $\sin_a x = \mathscr{I}(\mathbf{e}(x/a))$ (*fonctions trigonométriques*, ou *fonctions circulaires*, de base a); ces dernières fonctions sont des applications continues de **R** dans $[-1, +1]$, admettant a pour période principale. On a $\sin_a(x + a/4) = \cos_a x$, $\cos_a(x + a/4) = -\sin_a x$, et la fonction $\sin_a x$ est croissante dans l'intervalle $[-a/4, a/4]$.
>
> PROPOSITION 3. — *La fonction* $\mathbf{e}(x)$ *admet en tout point de* **R** *une dérivée égale à* $2\pi i \mathbf{e}(x)$, *où* π *est une constante* > 0.
>
> En effet, le th. 1 de III, p. 1, appliqué au cas où E est le corps **C** des nombres complexes, donne la relation $\mathbf{e}'(x) = \mathbf{e}'(0)\mathbf{e}(x)$; en outre, comme $\mathbf{e}(x)$ a une norme euclidienne constante, $\mathbf{e}'(x)$ est orthogonal à $\mathbf{e}(x)$ (I, p. 15, *Exemple* 3); on a donc $\mathbf{e}'(0) = \alpha i$, avec α réel. Comme $\sin_1 x$ est croissante dans $[-\frac{1}{4}, \frac{1}{4}]$, sa dérivée pour $x = 0$ est ≥ 0, donc $\alpha \geq 0$, et comme $\mathbf{e}(x)$ n'est pas constante, $\alpha > 0$; il est d'usage de désigner le nombre α ainsi défini par la notation 2π.

Hermann.

もしそのような根号による π の表示が可能であったなら，ランダウが職を犠牲にするほどのことはなかっただろうに．人類にとって $\sqrt{2}$ が有理数でないということを受け入れるのが難しかったのと同じように，π が根号を使って表せないということを数学者が認めるのに 1882 年まで待たなければならなかったのだ（⇒9 章）．

実験による π の計測

π の性質を活用して，その値を計測する確率論的な方法を紹介しよう．ユークリッド空間で考えるものとする．最も簡単な方法はダーツ（投げ矢）を使うものだ．

正方形の的に内接する円を描き，十分に遠くからダーツを投げる．的に当った矢は，確率 $\pi/4$ で円の中に入るだろうから，非常にたくさんの矢を投げることによって π の近似値を得ることができる．

モンテ・カルロ法

ダーツを用いる方法を次のようにコンピュータに肩代わりさせよう．まずプログラミング言語にあるランダム関数を用いて，$-m$ から m までの範囲内で 2 つの整数 x, y をでたらめに選ばせる．ここで m は十分に大きく，例えば 100 万ぐらいに選んでおく．次に $(x/m)^2 + (y/m)^2$ が 1 以下になるかどうか，すなわち座標 (x, y) が半径 m の円内に入るかどうかを

1. 最初の出会い

判定する．この計算をたくさん繰り返すと，この不等式を満たす整数の組の頻度は $\pi/4$ に次第に近づくだろうから，それを4倍して π の近似値を得る．

しかし，この方法には次のような欠点がある．

- いくらたくさん整数の組を選んでも，実際には π ではなくて，それに近い値に近づく．本当に π に近づけるためには m を徐々に大きくしなければならない．
- プログラミング言語のランダム関数は，決して本当の乱数を生む関数ではない（⇒10章）．
- 収束がきわめて遅い．

m を増大させながら，さいころを用いてでたらめに選ぶ方法ならば，空間がユークリッド的であるとか，コンピュータによる乱数生成がすぐれているといった仮定は不必要だろう．しかし，さいころは完全なものでないといけないし，さいころを振る前に完全に混ぜ合わせなければならない．

上の方法は，たとえ乱数生成がすぐれており，空間がユークリッド的であるとしてもなお，重大な欠点がある．つまり前節で与えた算術的定義による方法より，まだ収束が遅いのだ．だから，これらを薦めるわけにはいきません！

床の上の π ── ビュフォンの針

フランスの博物学者ジョルジュ・ルイ・ルクレール・ビュフォン伯爵（1707-1788）は15巻からなる『一般と個別の博物誌』の著者で，パリ5区にある植物園の前身である王宮庭園の記念すべき監督官であったが，針の実験でもつとに有名である．

長さ L の1本の針を，幅 L の小板で敷き詰められた床に投げる．ビュフォンは，この針が小板の縁にかかる確率が $2/\pi$ になることを証明したのだ．一般に，針の長さが a で小板の幅が b の場合には，その確率は $2a/(b\pi)$ となる（⇒13ページの補足）．

この結果は長さを変えないように曲げた針に対しても同じように成り立つ．ただし，この場合には1本の針が縁と数カ所で交わることが起こりうるので，このことを考慮に入れて《この曲がった針と縁との交わりの個数の平均値は $2a/(b\pi)$ に近づく》という結果になる．

このビュフォンの針を使う方法は，物理的空間がユークリッド的であるという仮定のみに基づいているが，残念ながら，モンテ・カルロ法と同じく効率がきわめて悪い．例えば95%の確率で1/1000の精度を得ようとすれば，約90万本の針を投げなければならないのだ．

ビュフォンの方法を使った π の計測実験が，次のように報告されている．

π - 魅惑の数

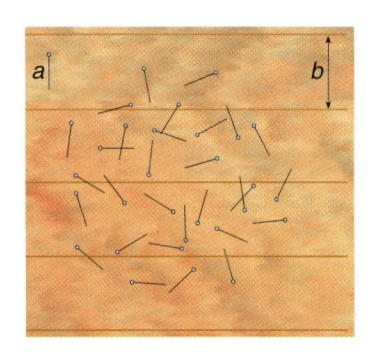

πを計測するためのビュフォンの方法．長さ a の針を，幅 b の小板が敷き詰められた床に投げる．このとき1本の針が小板の縁と交わる確率は $2a/(b\pi)$．

- 1850年ウルフは $a/b=0.8$ なる設定の下で5000本の針を投げ，2532本の針が縁と交わったと報告．これより近似値 3.1596 を得た．
- 1855年スミス・ダベルディーンは $a/b=0.6$ の設定の下で3204本の針を投げ，1218.5本の交わりを報告（交わっているかどうかあいまいな場合には0.5本とした）．これより近似値 3.1553 を得た．
- 1860年オーガストゥス・ドゥ・モルガンは $a/b=1$ の設定の下で600本の針を投げ，382.5本の交わりを報告．これより近似値 3.137 を得た．
- 1864年フォックス大尉は $a/b=0.75$ の設定の下で1030本の針を投げ，489本の交わりを報告．これより近似値 3.1595 を得た．
- 1901年ラッツァリーニは $a/b=0.83$ の設定の下で3404本の針を投げ，1808本の交わりを報告．これより近似値 3.1415929 を得た．
- 1925年にはレイナが $a/b=0.5419$ の設定の下で2520本の針を投げ，859本の交わりを確認し，近似値 3.1795 を得た．

この種の実験によって π の値を計測し，たまに結果を調整するような人々（ラッツァリーニの結果は本当にしてはよすぎる）を茶化すために，グリッジマンは針の長さを微調整することを提案した．例えば $a=78.5398$ cm, $b=1$ m としておけば，ビュフォンの公式による確率は $2\times 0.785398/\pi$ となる．だから2本の針を投げて，もし1本だけが縁にかかるなら，計測値は 1/2 だから，πの近似値 $4\times 0.785398=3.141592$ を得るではないか．悪くない値だ！

夜空のムコウの π

ここでは物理的というよりむしろ数学的な対象に確率論を応用して π を計測しよう．実際，でたらめに選んだ2つの自然数が互いに素である（すなわち $12=2\times2\times3$ と $55=5\times11$ のように共通の素因数を持たない）確率は $6/\pi^2$ に等しいことを利用する．これは数学者エルネスト・チェザロ（1859-1906）によって1881年に証明された結果だ（⇒巻末の付録170ページ）．

でたらめに2つの自然数を選ぶと言っても，その大きさを制限しないと意味をなさない．正確に述べると《n より小さい範囲で2つの自然数をでたらめに選ぶとき，それらが互いに素である確率 p_n は，n が無限に大きくなるとき $6/\pi^2$ に近づく》となる．

数年前，英国アストン大学のロバート・マシューズは，星図表から明るい星100個を選び，その座標を調べた．星々の位置はまったくでたらめだろうと考えたわけだ．次に整数化した座標のうち互いに素であるものの個数を数え，彼は π の近似値として 3.12772 を得た．わずか 0.5% の誤差しかないのだ．ゆえに星たちは π を知っている！

この方法は空間がユークリッド的であるという仮定を必要とせず，単に算術的な結果のみに基づいている．他の応用例として，フランス国営宝くじの当選番号から2つの自然数をまったく任意に対応させて，π の近似値

でたらめに分布する星の世界にも π が身を潜めている．天球面上の星の座標（高度と方位角）を整数化して，2つの自然数を対応させる．2つの自然数が互いに素である（1より大きい公約数を持たない）確率は $6/\pi^2$．

NASA.

1. 最初の出会い

を求めるやり方がある．年を経るごとにより正確な近似値が得られるだろう．同じように0.1 mm の精度で測った夫婦の身長の組を用いることもできる．結婚に由来した π の値というわけだ．しかし実際には，確率論の収束定理が示しているように，このような方法では π の値はせいぜい5桁くらいしか求められないだろう．

たあいないことだが，今度は自己参照的な π の計算法を考えてみよう．現在知られている π の小数部分を例えば8桁ずつに区切る．それぞれを0から99999999までの整数とみなし，2つずつとって互いに素である組の個数を数え上げる．こうして π の高精度計算値から π の確率論的な見積もりが得られるのだ！　毎回最新の計算値を使い，だんだん長い桁に区切ることによって π に隠れた π の値をより精度よく計算できるだろう（両者が一致することを期待して！）．

こんなアイデアをちょっと真面目に考えていたころ，すでにジャン・チュアンが π の125万桁分を6桁ずつに区切ることによって，近似値3.146634 を得たということをインターネットを通じて知った．

電気回路，振り子など

電気回路や振り子の周期の測定を利用する方法も考えられる．物理空間のユークリッド性を必要とする方法かどうかを区別すると面白い．しかし，どんなに注意深く測定したとしても，このような方法では5桁あるいは多くても10桁ぐらいしか期待できないだろう．π の歴史は，この種の物理的測定によるものではない．それは数学者の歴史であり，最近では情報科学者も参入してきている．

初等的な π の定義

π は超越数である（⇒9章）から，加減乗除や開法などの初等的算術の有限回の演算では π を定義することはできない．π を表すには無限回の演算，あるいは結局同じことだが極限をとることが必要なのだ．ちょっと窮屈な制約だが，直接 π の幾何学的な定義に結びついていたり，非常に基本的な演算しか含んでいない解りやすいいくつかの定義がある．

5ページの算術的な定義
$$s_n' = \frac{8}{n^2}(0 \leq x \leq y \leq n \text{ および } x^2 + y^2 < n^2 \text{ を満たす座標}(x, y)\text{の個数})$$
は幾何学的な解釈による意味が解りやすいと同時に初等的でもあるが，これより演算回数が少ない効率的な初等的定義を2つ与えよう．

（a）　長方形群による近似

円の面積公式 $S = \pi r^2$ を新たに見直すことによって，収束に関してより効果的な公式を見い出そう．円弧が $y = \sqrt{1-x^2}$ という方程式で表される

長方形群による方法（$n = 14$）

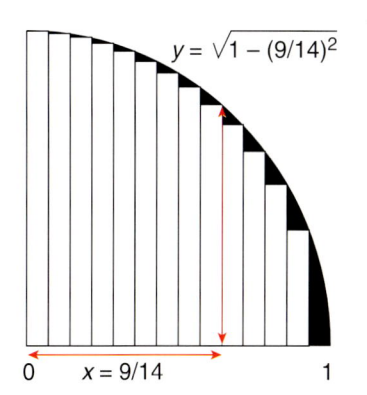

$y = \sqrt{1-(9/14)^2}$

$x = 9/14$

澤口一之（1671）

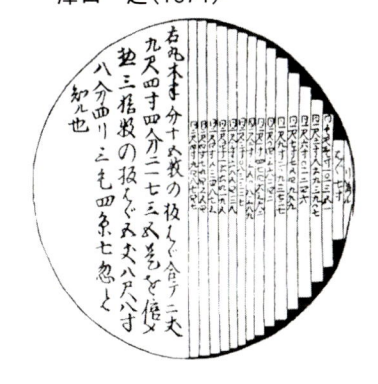

持永豊次，大橋宅清（1687）

面積の極限としての π．このように長方形に区切る方法は，すでに17世紀の日本で知られていた．四半円の面積 $\pi/4$ は，n 個の長方形の面積 $(1/n) \times \sqrt{1-(a/n)^2}$，$1 \leq a \leq n$ の和で近似される．

こと，および円弧に内接する細長い長方形群によって円の面積を近似できることに基づく方法だ．こうして，

$$\pi = \lim_{n\to\infty} \frac{4}{n}\left(\sqrt{1-(1/n)^2}+\sqrt{1-(2/n)^2}+\cdots+\sqrt{1-(n/n)^2}\right)$$

すなわち

$$\pi = \lim_{n\to\infty} \frac{4}{n^2}\left(\sqrt{n^2-1^2}+\sqrt{n^2-2^2}+\cdots+\sqrt{n^2-n^2}\right)$$

を得る．

この公式による演算回数は以前より少ない．というのは 10 進展開で p 桁の精度を得るためには，$n=10^p$ として，約 10^p 回の平方，引き算および開平と，掛け算と割り算が 1 回ずつの演算でよいから，これは $s_n{}'$ の公式よりましだが，さほどの改善にはなっていない．

4 章では解析学の歴史に触れながら π を表す極限公式をいくつか与える．それらの中には，より簡単に効率よく計算できるものが結構あるが，解りやすい公式とは言えない．

（b） 足し算と，掛け算と割り算が 1 回ずつの公式

$s_n{}'$ の計算では，平方，足し算および数え上げと，掛け算と割り算が 1 回ずつの演算が必要だった．次に π の計算に必要な演算がより単純な公式を与えよう．それは足し算と，1 回ずつの掛け算と割り算という演算のみを使って，望みの精度で π を近似することのできる公式だ．1980 年にクルヴェラが提案したこの方法を証明なしで紹介しよう．

$0 \leq m \leq n$ を満たすすべての整数 n, m に対して，数列 $e(n,m)$ を次のように定める．まず $e(0,0)=1$ とし，すべての $n \geq 1$ に対して $e(n,0)=0$ とおく．任意の $n \geq m \geq 1$ に対しては，

$$e(n,m) = e(n-1, n-1) + e(n-1, n-2) + \cdots + e(n-1, n-m)$$

を満たすように順次定める．この数列 $e(n,,m)$ を n 行 m 列に並べて三角形状の表を作る．

この表を使って π を計算する．n 行 m 列の値 $e(n,m)$ は，前の $n-1$ 行の後ろから m 個分の和に等しい．例えば $e(5,4)=16$（実線で囲んだ部分）．表の対角線部分（オイラー数）の隣り合う 2 項の比に行数を 2 倍したものを掛ければ，π の近似値が得られる．例えば 8 行目と 9 行目から得られる近似値は $2\times 9\times 1385/7936 = 3.1413\cdots$

n \ m	0	1	2	3	4	5	6	7	8	9
0	1									
1	0	1								
2	0	1	1							
3	0	1	2	2						
4	0	2	4	5	5					
5	0	5	10	14	16	16				
6	0	16	32	46	56	61	61			
7	0	61	122	178	224	256	272	272		
8	0	272	544	800	1024	1202	1324	1385	1385	
9	0	1385	2770	4094	5296	6320	7120	7664	7936	7936

この表は足し算のみで作られている．表の対角線部分に並んだ数列を**オイラー数**と呼ぶ（広く用いられているオイラー数の定義とは違っているので注意）．このとき

1. 最初の出会い

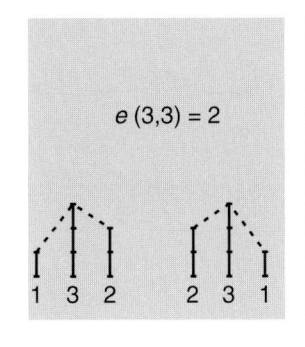

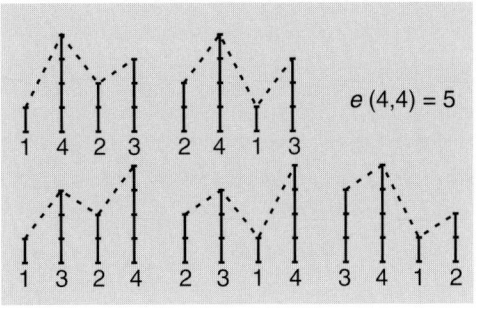

数字列の簡単な並替えでπが計算できる．引き続いた数字列 $(1, 2, \cdots, n-1)$ と $(1, 2, \cdots, n)$ を考える．オイラー数の $e(n-1, n-1)$ と $e(n, n)$ は，それぞれの数字をジグザグに並べる並べ方の個数に等しい．n が無限に大きくなるとき，比 $2n \times e(n-1, n-1)/e(n, n)$ はπに近づく．例えば 123 をジグザグに並べるやり方は2通り，1234は5通りある．この比 2/5 を8倍 ($n=4$) すれば，πの近似値として $16/5 = 3.2$ を得る．

$$\pi = \lim_{n \to \infty} \frac{2n \times e(n-1, n-1)}{e(n, n)}$$

が成り立つのだ．この公式によって，

2, 4, 3, 3.2, 3.125, 3.147…, 3.1397…, 3.1422…, 3.1413…

のようなπの近似列が得られる．

オイラー数 $e(n, n)$ は，1 から n までの整数をジグザグに並べる並べ方の個数として定めることもできる．すなわち，2 番目の数は最初の数より大きく，3 番目の数は 2 番目より小さく，などという具合に並べるのだ．例えば 1, 2, 3 をジグザグに並べる並べ方は，132 と 231 の 2 通りだから，$e(3, 3) = 2$ となる．

補足 ── ビュフォンの公式の証明

　この節ではビュフォンの公式の証明を行うので，急いでいる読者あるいは積分を見るのもいやだという読者は，ここを飛ばしてもかまいません．

　長さ a の 1 本の針の両端を E と F とし，これを幅 b で均等に引かれた平行な直線群の上に落とす．ここで 1 本の針が 2 本以上の直線と交わる場合を避けるために $a < b$ とし，この針がこれらの直線のうちの 1 本にかかる確率を考える．

　まず点 E は 2 本の隣り合う直線 D_1 と D_2 の間にあるとする．問題なのは線分 EF が直線 D_1 にかかる確率 P_1 で，これを 2 倍すれば求める確率 P が得られるわけだ．

　これらの直線に向きをつけておいて，線分 EF が直線となす角度を x とし，点 E の D_1 からの距離を y とおく．角 x は $-\pi$ から π の間にあるとする．このとき針が直線 D_1 を横切るのは $y < a \sin x$ のときのみであることがわかる．

　さて針の位置を表す平面として，座標 (x, y) で表される点の集合を考えよう．交わりが起こる場合に対応する位置の点集合 $\{(x, y); -\pi \leq x \leq \pi, 0 \leq y \leq b, y < a \sin x\}$ の面積を A_1 とし，可能なすべての場合に対応する点集合 $\{(x, y); -\pi \leq x \leq \pi, 0 \leq y \leq b\}$ の面積を A_2 とする．求める確率 P_1 は A_1 と A_2 の比であると主張するには，x と y が互いに独立であって，x も y も取りうるすべての値が同等に起こりうることを確認するだけでよい．物理的には，すべての点とすべての方向が等価であり，そ

π - 魅惑の数

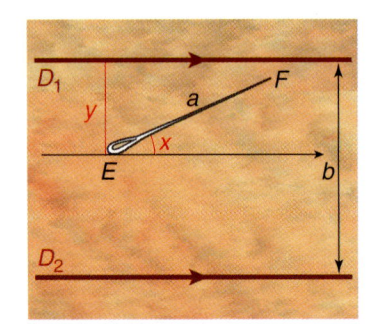

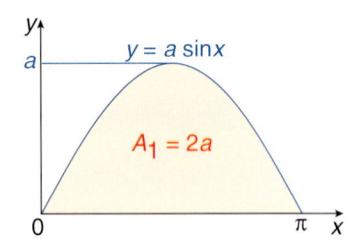

ビュフォンの問題のモデル化．針の端点 E は小板の縁を表す直線 D_1 から y の距離にあり，針とこの直線は角 x をなす．y が $a\sin x$ より小さいときに針は D_1 にかかる．$y<a\sin x$ に対応する面積は $2a$ に等しい．

れらは互いに独立しているという仮定に対応している．しかしそれらは，ニュートン的宇宙ならば万有引力のせいで，また相対論的宇宙ならば曲がった空間のせいで，近くにある質量によって不確実なものになる．

さて積分計算を実行すると，
$$A_1=\int_0^\pi a\sin x\,dx=-a\cos\pi+a\cos 0=2a,\qquad A_2=2b\pi$$
だから，これより $P_1=a/(b\pi)$ すなわち $P=2a/(b\pi)$ を得る．特に $a=b$ の場合は，その確率は $2/\pi=0.636619\cdots$ となる．

以上の証明がよくわからないという読者には，エミル・ボレルによるきわめてエレガントな別証明を次に紹介しよう．

まず，針の形がどうであれ，針が小板の縁と交わる個数の平均値は，針の長さ L に比例し小板の幅 b に反比例することに注意しておく．したがって求める確率は CL/b という式のはず．あとは定数 C を決めるのみだが，特に直径が b の円形の針を考えると，その長さは $b\pi$ で，どこに落ちても正確に縁と2カ所で交わることは明らか．ゆえに $2=Cb\pi/b$ から $C=2/\pi$ を得る．

π マニア

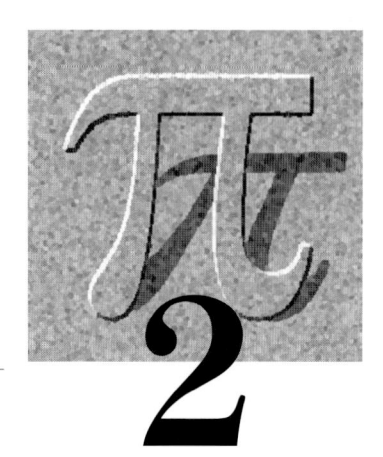

―― 策略と娯楽 ――

　πは世の中のすべての人を魅了する．さらには《πの盲目的崇拝者》あるいは《πマニア》とも言うべき熱狂的な人々がいることも確かだ（πの本を書きながら数カ月を過ごすうちにπに狂ってしまいそうだ）．実際のところ大勢の人たちが，神秘的とも言えるほどの重要性を感じ，πに取り憑かれている．彼らの築き上げたその世界を，いつもまじめと言うわけではないが，楽しく訪問してみよう．そこにはπの暗記を好む人々がいるかと思えば，πの数値を吟味し朗読するのを好む人々もいる．もちろん2000年来の円の正方形化問題の解を追い求め，研究し続けた多くの人たちもいるし，単にπをおもちゃにして遊んでいる人々もいるのだ．

πの暗記

　誰でもみんな $\pi \approx 3.14$ は知っているし，中には $\pi \approx 3.14159$ や $\pi \approx 3.1415926$ まで覚えている読者もいることだろう（実はこの本を書く前の私もそうだった）．フランスでは《3.1416》を《3, 14, 100, 16》というふうに発音するので $\pi \approx 3.14116$ と誤解しやすいから，これだけはフランス人は絶対に覚えないほうがよい．ではもっと覚えられるかな．あとでπは有理数（2つの整数の比）ではないことが示されるので，決して有限の10進表示（整数と10の累乗との比）では表せない．つまりπの10進の小数展開は永遠に続くということだ．

　ある人たちは，なぜかはわからないが，数字や電話番号を何の苦労もなしに覚えることができる．彼らにとってπを数十桁，数百桁，それどころか数千桁も暗記することは欲望をそそることなのだ．πの暗記の世界記録は4万2000桁だ．これは日本の後藤裕之（当時21歳）によって1995年に樹立された．彼は4万2000桁を暗唱するのに9時間かかったそうだ．ちなみにそれ以前では友寄英哲による1987年の4万桁という記録がある．

　インターネットには1000桁以上のπの小数部を熟知している会員数16人のクラブがある．また，ささやかではあるが，100桁に精通している人たちのクラブもある．正直言って，この件に関する情報としては少しもの足りない．インターネットで検索できる情報では不十分だから．前の2人の日本人は，πの1000桁を熟知する人たちのクラブ会員ではない．

　英国ブラックプールの海水浴場でタクシー運転手をしているティム・モートンなる人物は，その町の電話番号を1万5000件も暗記して，それを見せ物にしている．最近，彼はπの小数部の暗記に挑戦している．彼の

並はずれた数に対する記憶力と要領を得た暗記術によって，5万桁を達成することも夢ではないだろう．

記憶術

πを暗記しようとする人たちは，多くの場合，音声学に基礎をおく方法を用いる．最もよく用いられるのは，暗記すべき数字が単語の文字数に対応しているような文章を覚える方法であり，多くの言語で知られている．

■まずフランス語で最もよく知られているものは次の4行詩だ．

Que j'aime à faire apprendre un nombre utile aux sages!
Immortel Archimède, artiste, ingénieur,
Qui de ton jugement peut priser la valeur
Pour moi ton problème eut de sérieux avantages…

［役に立つ数のことを，賢人たちに教えずにおられようか！　永遠のアルキメデス，芸術家にして技術家．その数値を自分で見積もることのできる人．あなたの問題は私にかけがえのない喜びを授けてくれたのだ．…］

この詩でπの31桁が覚えられる．この次の数字は5と0なのだが，数字《0》には何を対応させるべきかな．次の詩は上の一変形で，数字0に対応しているのは10文字の単語だ．

Que j'aime à faire apprendre un nombre utile aux sages!
Glorieux Archimède, artiste, ingénieur,
Toi de qui Syracuse aime encore la gloire,
Soit ton nom conservé par de savants grimoires!
Jadis, mystérieux, un problème bloquait
Tout l'admirable procédé, l'œuvre grandiose
Que Pythagore découvrit aux anciens Grecs.
O quadrature! vieux tourment du Philosophe!
Insoluble rondeur, trop longtemps vous avez
Défié Pythagore et ses imitateurs.
Comment intégrer l'espace plan circulaire?
Former un triangle auquel il équivaudra?
Nouvelle invention: Archimède inscrira
Dedans un hexagone; appréciera son aire
Fonction du rayon. Pas trop ne s'y tiendra:
Dédoublera chaque élément antérieur;
Toujours de l'orbe calculée approchera;
Définira limite; enfin, l'arc, le limiteur

2. πマニア

De cet inquiétant cercle, ennemi trop rebelle!
Professeur, enseignez son problème avec zèle!...

[役に立つ数のことを，賢人たちに教えずにおられようか！ 輝かしいアルキメデス，芸術家にして技術家．シュラクサイの街は今もあなたの栄光に包まれ，あなたの名は難解な学術書にしっかりと刻まれている！ 古代ギリシャ時代にピタゴラスが発見したみごとな方法，堂々たる成果をもってしても，まったく歯が立たなかった古来の不思議な問題．ああ，円の正方形化！ 古くから賢人たちを悩ませ続けた問題！ 解決できない円．あまりに長い間，ピタゴラスやその物まね師たちに挑戦し続けてきたのだ．円で囲った平面図形の面積をいかに求めるか．円と面積が等しい三角形を構成するのか．アルキメデスの新発見：正六角形を内接させよ．半径の関数として面積を測るのだ．まだ隙間が残っている．辺の数を次々に2倍にせよ．だんだんと円に近づいている．その極限は，ついに円．手に負えない難敵，しつこく悩ませてくれた円．教授，その問題を熱心に教えてください！…]

一方，π の逆数 $1/\pi = 0.3183098\cdots$ については，次の巧妙な表現がある．

Les trois journées de 1830 ont renversé 89.

[1830 年の3日間は89 年をひっくり返した．]

【1789 年のパリ民衆によるバスティーユ牢獄襲撃から始まったフランス革命によって，王政の廃止と共和政樹立が宣言され，かっての国王ルイ16 世は1793 年1 月に革命広場にてギロチンの露と消えた（旧体制＝アンシャン・レジームの終焉）．99 年には将軍ナポレオンがクーデターで政権を奪取，後に皇帝となった．ナポレオンの敗退後ルイ18 世が王位に就き，ブルボン朝が復活したが，1830 年の七月革命によって崩壊した．この7 月27 から29 日は"栄光の3 日間"と呼ばれ，結果的には共和政を実現せず七月王政を誕生させた．つまりフランス革命のときとは反対の結果になったわけで，これを8 と9 の数字の反転にひっかけている．】

■次に英語では，

May I have a large container of coffee.

[でっかい容器でコーヒーを1 杯いただけますか．]

How I want a drink alcoholic of course
After the heavy chapters involving
Quantum Mechanics

[量子力学の難しい勉強のあとは，もちろん，酒を1 杯飲みたくてたまらんよ．]

ジョセフ・シプリーの作品（1960）から，

π - 魅惑の数

But a time I spent wandering in bloomy night;
Yon tower, tinkling chimewise, loftily opportune.
Out, up, and together came sudden to Sunday rite,
The one solemnly off to correct plenilune.

［花でおおわれた夜，さまよいながら過ごしたときだったが．かの塔が，鐘の音を鳴り響かせながら，このときとばかりにそびえ立ち，突如として日曜の儀式に現れ出でた．完全なる月がおごそかに塔から顔を出す．］

■ ドイツ語では，

Wie? O! Dies π
Macht ernstlich so vielen viele Müh!
Lernt immerhin, Jünglinge, leichte Verselein,
Wie so zum Beispiel dies dürfte zu merken sein!
Dir, o Held, o alter Philosoph, du Riesengenie!
Wie viele Tausende bewundern Geister
Himmlisch wie du und göttlich!
Noch reiner in Aeonen
Wird das uns strahlen,
Wie im lichten Morgenrot!

［何だって？ ああ，このπという数はとてつもなくやっかいだ！ 若者よ，とにかく簡単な詩を習うことだ．例えばこの詩は，どれほど覚える価値があることか！ 英雄，老練な哲学者，大天才！ いかに多くの精霊が君を賛美したことか．何と神々しく，何と崇高なんだ！ とわに純粋であれ．われらを照らす輝けるあけぼののごとく！］

■ ブルターニュ方言では（レスリ・シテによる），

Piv a zebr a-walc'h dimerc'her?
Ne lavaro netra, tud Breizh!

［いつも水曜日にたらふく食べるのは誰だ？ 彼女は何も応えないよ．ブルターニュ出身だから！］

■ スペイン語では，

Con 1 palo y 5 ladrillos
se pueden hacer mil cosas

［1本の丸太とレンガが5個あればいろんなことができる．］

2. π マ ニ ア

円の数字たち——自己参照物語
マイケル・キース作

                For a time I stood
            pondering on circle sizes. The
        large   computer   mainframe   quietly
processed all of its assembly code. Inside my entire
hope lay for figuring out an elusive expansion. Value : pi.
Decimals expected soon. I nervously entered a format procedure.
The mainframe processed the request. Error. I, again entering it,
carefully retyped. This iteration gave zero error printouts in all – success.
Intently I waited. Soon, roused by thoughts within me, appeared narrative
mnemonics relating digits to verbiage ! The idea appeared to exist but only in
abbreviated fashion – little phrases typically. Pressing on I then resolved, deciding
firmly about a sum of decimals to use – likely around four hundred, presuming the
computer code soon halted ! Pondering these ideas, words appealed to me. But a
problem of zeros did exist. Pondering more, solution subsequently appeared. Zero
suggests a punctuation element. Very novel! My thoughts were culminated. No periods, I
concluded. All residual marks of punctuation = zeros. First digit expansion answer then came
before me. On examining some problems unhappily arose. That imbecilic bug! The printout I
possessed showed four nine as foremost decimals. Manifestly troubling. Totally every number
looked wrong. Repairing the bug took much effort. A pi mnemonic with letters truly seemed
good. Counting of all the letters probably should suffice. Reaching for a record would be
helpful. Consequently, I continued, expecting a good final answer from computer. First
number slowly displayed on the flat screen –3. Good. Trailing digits apparently were right
also. Now my memory scheme must probably be implementable. The technique was
chosen, elegant in scheme : by self reference a tale mnemonically helpful was
ensured. An able title suddenly existed – «Circle Digits». Taking pen I began. Words
emanated uneasily. I desired more synonyms. Speedily I found my (alongside
me) Thesaurus. Rogets is probably an essential in doing this, instantly I
decided. I wrote and erased more. The Rogets clearly assisted
immensely. My story proceeded (how lovely!) faultlessly. The end,
above all, would soon joyfully overtake. So, this memory
helper story is incontestably complete. Soon I will
locate publisher. There a narrative will I trust
immediatley appear, producing fame.
                The end.

[円の大きさについて思案しながら，しばらく私は立っていた．大型計算機の主装置は音も立てず，すべてのアセンブリ・コードを処理していった．私の望みは，つかみどころのないπの小数展開を計算することだけ．すぐに結果が出力されるはずだ．興奮して手続きフォーマットを入力すると，計算機は処理した．が，エラー．もう一度注意深く入力し直すと，今度は何のエラーも出ない．うまくいった．じっと結果を待っているうちに，数字をたわごとに対応させて，πの暗記のための物語を作るというアイデアがすぐに浮かんできた．すでに知られているものは，ほとんど短文ばかり．だから私は，もうじきプログラムが終了するんじゃないかと思う一方で，心に決めたのだ．400桁くらいは絶対に使おう！　そう考えているうち，数字の《0》には何を対応させるべきかという問題があることに，はたと気づいた．さらに熟考を重ね，いい考えにたどり着いた．数字の《0》には句読点のたぐいを対応させてはどうか．まったく新しい試みだ！　ただし，ピリオドだけは何の数字にも対応させず，他の句読点のたぐいをすべて《0》とみなすことにしよう．こうして私の考察は最高潮に達した．やがて小数展開の最初の数字が眼前に現れ始めた．そのいくつかを見てみると，残念ながら，問題が生じていた．とんでもないバグ！　4と9から始まるプリントアウトを手に，明らかに変だとわかった．しかも，すべての数字が間違っているように見える．そのバグの修正は大変だった．πを文章にして暗記するのは実にうまいやり方に思えたし，あらゆる単語を考慮に入れれば，きっとできるはずだ．長文の記録を作ろうと努力することが肝心だ．こう思いつつ，コンピュータが正しく動作してくれることを願って，私は修正作業を続けたのだ．そしてついに，πの最初の数字3が画面にゆっくりと表示された．よし．続く数字も見たところ正しそうだった．これで私の試みも，たぶん達成されるに違いない．気品の高い表現を使った覚えやすい自己参照物語ができあがるのは確実だ．とっさに立派なタイトル《円の数字たち》を思いついた．さっそくペンを持って変換作業を始めたが，なかなか言葉が出てこない．もっと類義語が必要だ．急いで（かたわらにある）ロジェの同義語辞典を手にした．この作業にはたぶんこれが不可欠だと，即座に判断したのだ．私は何度も書いては消した．実際ロジェの辞典はとても役に立った．こうして物語が（うれしいことに）申し分なく完成した．まもなく歓喜とともに終わりを迎えることだろう．πの暗記のための物語が間違いなく仕上がったのだ．たちまち評判になるに違いないこの物語の出版社をすぐに決めなくては．終わり]

上のマイケル・キースによる自己参照文について少し説明しよう．1986年に発表された彼の自己参照物語[80]は，前述のルールに加えて，ピリオドは何の数字にも対応させないが，その他の句読点のたぐい（ ），! – ＝《 》などはすべて数字の《0》に対応させる，という規則が採用されている．10文字を超える単語は一度に2つの数字に対応させる．例えば文中の《implementable》は13文字だから，《13》に対応させるわけだ．数字自身はその数字に対応させる（彼の文中では一度しか現れないが，この規則の乱用はゲームの面白さを奪ってしまう）．この文章を暗記すれば，πの402桁と，英単語を少し覚えることができる．

ウーリポ文学

その後1995年の12月に，マイケル・キースは同じ規則の下でさらに長い詩，おそらく世界最高記録と思われる詩を作った．彼の詩はπの740桁分に対応しており，しかもエドガー・アラン・ポー【米国の詩人・短編小説家・批評家（1809-1849）】の文章をまねているのだ．

この種の創作活動に関して，**ウーリポ**（潜在的文学の作業場という意味のフランス語の略）の人たちのことを語らずにはおられない．これは科学者と作家を結びつける芸術的運動で，言葉の組合わせを開発したり，数学

と文学の間にある類似性を自発的に見い出して活用しているグループだ．彼らのよくする遊びの1つに廻文（逆に読んでも同じ文）がある．ジョルジュ・ペレクは文字数が5000以上の廻文を作った．その出だしは《Trace l'inégal palindrome n...》で，もちろん《... ne mord ni la plage ni l'écart》で終わる．ウーリポの作品の中で最もすばらしいものの1つに，レイモン・クノーによる世界で一番長い本『100兆個の詩』がある．実は，たった10ページの本なのだが，各ページは14節からなり，どの節からどの節へ飛んで読もうとまったく自由になっているのだ．潜在的には100兆個の詩を表現していることになる．リポグラム（ある決められたアルファベットをまったく含まないような文章）については，やはりペレクが，《e》をまったく含まない（フランス語の）小説『消滅』を書いたのだが，驚くべきことに，後にギルバート・アデアによって英語に翻訳された．そのタイトルは『空虚』だ．

このウーリポの会員には，ペレクやクノーのほかに，ポール・ブラフォール，ジャック・ルボー，マルセル・ベナブ，ジャック・ベン，クロード・ベルジュ（グラフ理論で世界的に知られた数学者）およびフランソワ・ル・リオネたちがよく知られている（すでに亡くなられた方も含む）．そのウーリポの人たちが π に関心を持たないはずはない．実際ジャック・ベンは**無理数ソネット**というものを提案しているが，それは π にちなんだソネット（14行詩）だ．詩の構造が π の小数展開で決まる．つまり，この詩は5節からなり，各節の行数はそれぞれ $3, 1, 4, 1, 5$ となっている．フランス詩の伝統様式にのっとった韻を踏んでいなければならないのは，もちろんだ．

無理数詩

Le presbytère n'a rien perdu de son charme,
Ni le jardin de cet éclat qui vous désarme
Rendant la main aux chiens, la bride à l'étalon:

Mais cette explication ne vaut pas ce mystère.

Foin des lumières qui vous brisent le talon,
Des raisonnements qui, dissipant votre alarme,
Se coiffent bêtement d'un chapeau de gendarme,
Désignant là le juste, et ici le félon.

Aucune explication ne rachète un mystère.

J'aime mieux les charmes passés du presbytère
Et l'éclat emprunté d'un célèbre jardin;
J'aime mieux les frissons (c'est dans mon caractère)
De tel petit larron que la crainte oblitère,

2. πマニア

Qu'évidentes et sues les lampes d'Aladin.

［司祭館はその魅力をまったく失ってはいなかった．思わず息を飲むほどみごとな庭園で，犬たちの手綱を緩め，種馬の手綱を緩めながら／だが，この説明には謎の値打ちもない／あなたの弱点を深く傷つける光の干し草．あなたの不安を吹き払いながら無意味に憲兵帽をかぶった理性．つまり，あるときは正義の人，ある時は裏切り者／どんな説明も謎の償いにはならない／司祭館の放つ魅力，有名な庭園のかもしだす華麗さの方を，私は好む．そして恐れが薄れた小盗人の身震いの方を，私は好む（それが私の性格）．明らかでよく知られたアラジンの魔法のランプよりも．］

　無理数詩の制約はそれほど強くはないが，π が無限に続く小数展開を持つということを考慮に入れていない点でちょっと期待はずれではある．
　ペレクは，ウーリポ文学の様式分類の中で，マルセル・パニョル【フランスの劇作家・映画監督（1895-1974）】の先生であったムッシュー・クロが生徒たちに覚えさせたという，次の2つの公式暗記用の詩を紹介している．

　　Si la circonférence est fière
　　D'être égale à deux pierres
　　Le cercle est tout heureux
　　D'être égale à Pierre II.

［もし円周が《2つの石》であることを自慢すれば，円の方は《ペドロ2世》であることを嬉しく思う．］

【"2つの石"と"$2\pi r$"，"ペドロ2世"と"πr^2"のフランス語の発音がそれぞれ非常に近く，語呂合わせで円の周長と面積の公式を覚えることができる．】

　　Le volume de toute Terre
　　De toute sphère
　　Qelle soit de pierre ou de bois
　　Est égale à quatre tiers de pi R trois.

［この地球全体の体積，あらゆる球体の体積は，石でできていようが，木でできていようが，パイ・アールの3乗の3分の4に等しい．］

【やはり"石で"と"パイ・アール（の3乗）の"の発音が非常に近く，音声的に調子よく覚えやすい．】

　これらの詩は，《連続様式》（あらかじめ決められた一連の要素を必ず含む文章）および《コード化》の変種という分類の中で，ちょうど前述の詩《Que j'aime à faire ...》の直後に収められている．

π と音楽

πの数値を用いて作曲された音楽作品も，上述の連続様式やコード化という分類にあてはまるに違いない．

もしπが正規数（すなわち任意の数字ブロックが，でたらめに出現するのと同じ頻度で現れるような数．現在までの数値テストはπの正規性を示唆している）ならば，そのようにして作った曲など，聞くまでもなく，面白くないと考えてしまいそうだ．反対に，仮にπの正規性が証明されたとしても，πの数値は特別であって音楽的にも興味があるのだ，と反論できるかもしれない．いずれにしても，πの数値の中に秩序やモチーフを見い出す研究を徹底的に行うことは難しいだろうし，今日までまったくなされていない．そこでπを研究する1つの方法として，πの数値から音楽作品を作曲してはどうだろうか．単純な統計的計算とは正反対の，人間の直感と美的感覚に頼るこの方法は，より強力であると言えないだろ

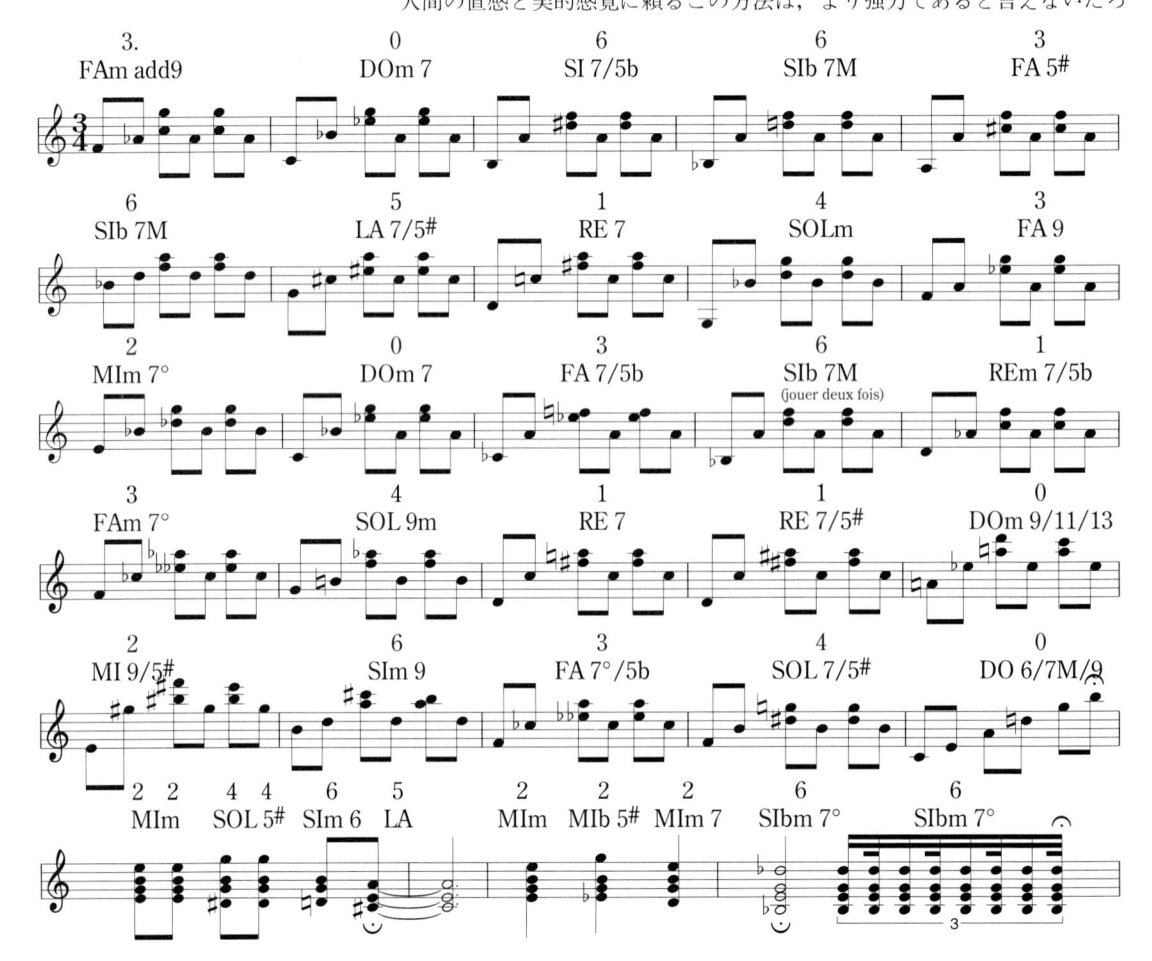

アコースティック・ギターのためのπの調和 (III)．ジャン＝フィリップ・フォンタニーユによるこの楽譜[63]は，πの7進展開＝3.06636…（⇒182ページ）に基づいている．各数字に対応する音の基本和音に，少なくとも1小節は従うのだ．それに応じて作曲者は，長短調，転調，七度や九度などの補充音，それにメロディーを選んでいる．フォンタニーユは，とても聞き心地のよいπの調和三部作を発表した．πの数字による制約によって，彼はいつもとは異なる和音の連鎖を見い出す好機を得たのだ．

2. π マニア

うか.

　数学者たちはやや懐疑的で，このような作品が面白いのは作曲者の才能のおかげであると考えたがる．だが，そもそも彼らは批判できる立場にない．実に1761年まではπの小数部に何らかの重要性があることを示せなかったからだ（この年ランベルトがπの無理数性を初めて証明した．つまりπの小数部は決して123123123…のように循環して終わらない）．

　仮にπが本当にすばらしい音楽作品を生み出したとしても，すっかり楽しむのには苦労するだろう．1つの数字が曲の1秒に相当するとしても，510億桁分を聴くのにたっぷり1600年はかかってしまう！

π の中の誕生日

　πの小数部をずっと先まで探せば，どんな数字の組合わせも含んでいるという予想（⇒10章）は，その中に誕生日や電話番号を探し出すプログラムを作ってやろうという気を起こさせてくれる．これを使って筆者は，数字列7777777を検索し，最初のものは小数点以下第334万6228位から，また2番目のものは377万5287位から始まることがわかった.

　数学思想でいう直観主義者たちは，数学的対象に対する構成主義という概念を説明するのに，いつもπの小数部を利用してきた．πの小数部に7が連続して7個並んでいるかどうかが明らかにされるまでは，普通考えるように《列7777777はπの無限小数部に現れるか，あるいは決して現れないかのいずれかである》とは主張すべきではないと言うのだ．

　直観主義者にとっては，πを構成するのはほかならぬわれわれであり，すべての命題は真か偽であるという排中律は適用されない．それはフィクションに登場する人物に適用されないのと同様なのだ．実際，誰もジャン・ヴァルジャンの曾祖父が金髪であったか，そうでなかったかを問題にしたりはしない．ヴィクトル・ユゴー【フランスの作家（1802-1885）】が『レ・ミゼラブル』の中でそのことを描いていないのだから，この問いは意味がない．直観主義者にとってπはジャン・バルジャンの曾祖父みたいなものだ．つまり，わかっていることは真実であるが，わかっていないことは真でもないし偽でもない．

　直観主義から得られる数学的な意義や，それから導き出される構成主義論理の魅力にもかかわらず，この直観主義の立場に立つ数学者は少ない．やっぱりπの小数部は，わかっていようがいまいが疑いもなく存在し，たとえいかなる人間も決して知りえないとしても，そこに特定の数字ブロックがあるかどうかは真であるか偽であるかのどちらかだ，と多くの人は考える．実はπの10^{77}桁以上は誰も知りえないだろうと見積られている（⇒10章）ので，そのような特定の数字ブロックは確かに問題になるわけだ．

　すでに列7777777がπの中に現れることがわかっているので，構成主義者たちは別の例を探さなければならない．ただし，それはコンピュータによって見つけられただけで，誰も手計算によって確かめたわけではな

い，と言い張らなければの話だが．しかしコンピュータを自然に使いこなし信頼を寄せている現状では，このような主張を支持するのはだんだん難しくなってきている．10種類の異なるコンピュータを用いて，10通りに書いた異なるプログラムを10種類の違うやり方で計算させた結果を，たった一人の人間による手計算より疑ってかかる理由があるだろうか．コンピュータを心の中で構成することが考慮されてしかるべきであると思うし，このことが直観主義者たちの苦境を救うことになるのかもしれない．

驚くべき偶然の一致

πの小数部にあらゆる数字ブロックが見い出せるという予想は，まだ数学的には証明されていない（⇒10章）が，このことはπの中に見い出せるものすべてが平凡であるということを意味するわけではない．ここではアマチュア研究家によって見つけられた奇妙な事実を，重大に考える必要はないけれども，いくつか紹介しよう．

- πの小数点以下第32桁目に初めて数字《0》が現れるのに，他の数字は13桁までに少なくとも1回は出現する．なぜ《0》だけ現れるのが遅いのか．
- 小数点以下第762桁目から999999が現れる．100万桁までのどこかで《9》が6回続くということは驚くに値しないのだが，最初の1000桁までに現れるとは．気になりませんか．
- 小数点以下の数字を20桁まで加えるとちょうど100になる．どう説明したらいいだろう．
- さらに小数点以下144桁まで加えると666になる．はたしてπには悪魔が取り憑いているのだろうか．
- πの数値から3, 31, 314, 3141, 31415,…のように整数の列を作るとき，初めの1000個の中で素数はたった4個しかない．これは少なすぎると思いませんか（この情報は"The Pi Trivia Game"というインターネット・サイトからの引用で，筆者は確かめていない）．
- 小数点以下400桁までに数字《7》は24個しか出現しない．平均的に数字が出現するとすれば40個は期待できるから，ちょっと少ない（⇒5章68ページ）．
- 小数点以下の数字を3桁ずつに区切るとき，315番目で終わる部分は315になり，360番目で終わる部分は360になる．
- アルファベットを環状に並べ（…HIJKLM̲N̲O̲PQRSTU̲V̲W̲X̲Y̲ZABCDEFGH…）のように左右対称の文字に下線を引く．このとき下線のついていない文字が作るグループの文字数はそれぞれ3, 1, 4, 1, 6個だ．
- $(\pi^4+\pi^5)^{1/6}=2.718281809\cdots$は自然対数の底$e$に小数点以下7桁目まで一致している！
- 次ページの左図のような5×5の魔方陣（各行，各列および対角部の数字の和が常に一定，この場合は65）の各要素nに対し，それをπの数値

2. πマニア

の n 番目の数字で置き換える（《1》は《3》で，《2》は《1》で，《3》は《4》で，というふうに）と，右図のようになる．この方陣の 5 個の行の和と 5 個の列の和は，順番を除けば一致している．

17	24	1	8	15	[65]
23	5	7	14	16	[65]
4	6	13	20	22	[65]
10	12	19	21	3	[65]
11	18	25	2	9	[65]

[65] [65] [65] [65] [65]

2	4	3	6	9	[24]
6	5	2	7	3	[23]
1	9	9	4	2	[25]
3	8	8	6	4	[29]
5	3	3	1	5	[17]

[17] [29] [25] [24] [23]

● π を 26 進展開し，それぞれの数字にアルファベットを（《0》は《a》に，《1》は《b》に，というふうに）対応させると，次のような文になる（⇒ 巻末の 183 ページに 2000 文字）．

d.drsqlolyrtrodnlhnqtgkudqgtuirxneqbckbszivqqvgdmelm
uexroiqiyalvuzvebmijpqqxlkplrncfwjpbymggohjmmqisms
sciekhvdu,tcxtjpsbwhufomqjaosygpowupymlifsfiizrodpl
yxpedosxmfqtqhmfxfpvzezrkfcwkxhthuhcplemlnudtmspwb
bjfgsjhncoxzndghkvozrnkwbdmfuayjfozxydkaymnquwlyka
plybizuybroujznddjmojyozsckswpkpadylpctljdilkuuwkq
kwjktzmelgcohrbrjenrqvhjthdleejvifafqicqsmtjfppzxz
ohyqlwedfdqjrnuhrlmcnkwqjpamvnotgvyjqnzmucumyvndbp
gmzvamlufbrzapmuktskbupfavlswtwmaetmvedciujtxmknvx
kdtfgfhqbankornpfbgncdukwzpkltobemocojggxybvoaetmh

この文字列の中で，

● 2 文字からなる単語としては tu【君は】, ne【否定副詞】, me【私を】2 回, vu【見るの過去分詞】, mi【半ば】, go【碁】, du【部分冠詞】2 回, os【骨】, do【ド】, le【定冠詞】2 回, nu【ニュー】2 回, bi【双】, il【彼は】, en【前置詞】, fa【ファ】2 回, oh【ああ】, mu【ミュー】2 回, va【行くの直現 3 単】, lu【読むの過去分詞】, bu【飲むの過去分詞】, ma【私の】, et【そして】2 回, ci【ここに】, or【金】がある．これは驚くにあたらない．逆にした単語だって探せばあるだろうから．

● 3 文字からなる単語としては mue【声変わり】, roi【王】, ban【布告】がある．おもしろいことに，π は《数の王様》と呼ばれることがある．

● 初めのほうに愛称 Loly【ローリー】が現れている．最後の行にある moco【モコ】を彼女の娘のあだ名にするとよいかもしれない．

● 3 行目先頭に science【科学】の前半分が現れている（ねばり強く研究することへの励ましか）．

● 最後の行に英語の to be があり，not と or があるのでなおさらだが，シェイクスピアの有名な形而上学的セリフ《to be or not to be ?》【生きるべきか死ぬべきか】を連想させる．

● Ziv【ジヴ】は，よく用いられるデータ圧縮アルゴリズムを発明した数学者の名前だ．

- イニシャルとして，om, pv, cp, pc, bp（まだほかにもあるだろう）．
- 合成名のイニシャルとして，jp（初めの150字中に3回も現れるなんてまいったな）【著者は Jean-Paul だから jp】，jm 2回，mf 3回，jf 3回．
- ジャン=フィリップ・フォンタニーユは，pax【聖牌】，lex【法律】，cil【まつ毛】，arc【弓】，rêve【夢】のような単語，そして 1645 番目には最初の 5 文字の単語 sexué【有性の】があることを教えてくれた．
- そして奇妙なことに 11 番目から 14 番目の文字 rodn の後ろの 2 文字をひっくり返せば rond【円形の】になる．まったく π は自己参照的だ！

読者も巻末にある π の 2000 文字の中から何か単語を見つけてほしい．これからわかることと言えば，何かに偶然に一致する場合の数が非常に大きいので，日常生活でよく経験するように，そのような一致は必然的に起こるのだということのみだが．しかし，騙されないように警戒していてもなお，このような偶然の一致には好奇心をそそられるものだ．

π を決めそこねた法案

数学における直観主義哲学を極端に押し進めると，われわれは π の値を好きなように選ぶことができて，とどのつまり法律によって簡単な数値を π の値として定めることができるのだと，うっかり断じてしまいかねない．ところが 1897 年，このことがあやうく起こりかけたのだ．この年，合衆国インディアナ州ソリチュードの医師エドワード・ジョンストン・グッドウィン（1828?-1902）は，インディアナ州議会に円弧の長さや面積の計算公式を含む法案を提出した．これらの公式によると，同時に $\pi=4$，$\pi=3.1604$，$\pi=3.2$ および $\pi=3.232$ と定めることになる（ついでに $\sqrt{2}=10/7$ も）．

この法案の起草者は，円の正方形化，角の3等分および立方体の倍積という三大問題を（すでに何年も前にその作図不可能性が証明されていたにもかかわらず）解決したと言い張り，驚くべき高潔さと名誉ある愛国心を示したのだった．というのは，もし法案が可決されれば，無償で自分の発見した公式を使用し学校の教科書に出版する権利をインディアナ州に申し出たのだ（他の州では彼に使用料を支払わなければならない）．グッドウィンは，またもや驚くべきことに，2つの短い論文を『アメリカ数学月報』という雑誌に出版した．当時創刊されたばかりで，今日ではもはやそのようなことはないのだが，原稿集めのために査読なしで受け付けてしまったのだ．これは数学の最も重要な雑誌の1つで，この本の参考文献でも最も引用されているのだが，初めの巻を自慢するわけにはいかないだろう．

この法案は何度も審議会を通過し，あわや成立するところまで行ったのだが，その直前で拒否された．それは数学的な間違いを指摘できたからではなくて，州議会議員たちが科学の領域に干渉すべきでないと判断したからだが，いずれにせよ結果的には幸いだった．というのも π に異なる数

2. πマニア

値を同時に割り当てるということは，代数的に適当に変形すれば合法的に $0=1$ が導けるということだから．

　フランス第5共和政の場合はもっと慎重だ．1961年5月3日，法に定める角度の単位はラジアンであり1回転を 2π ラジアンとする旨の政令が定められたが，π の値そのものは示されなかった．明らかに皆に知れ渡っているとみなされたからだ．

円の正方形化にまつわる狂気

　円の正方形化問題を解決したと信じたアマチュア幾何学者は，グッドウィン一人どころではなかった．これは，与えられた円と同じ面積を持つ正方形を定木とコンパスのみによって作図せよという問題（⇒3, 9章）だが，長さ1の線分から長さ π の線分を作図する問題に帰着できる．古代から20世紀にいたるまで，数え切れないほどの野心あふれるアマチュアがこの問題のとりこになり，解を見つけたと確信したのだ．

　早くも紀元前4世紀の頃から，アリストファネス（前445―前386）【ギリシャの喜劇詩人】は作品『鳥』の中で円の正方形化問題を考える人＝円積屋をからかっていた．とりわけ，英国の哲学者トマス・ホッブスと英国の数学者ジョン・ウォリス（⇒4章）による論争ほど異常な対立はなかった．

　40歳の頃に幾何学の面白さを見い出したホッブスは，無知でうぬぼれ

トマス・ホッブスの著書．この本で彼は2つの有名なギリシャの作図問題（球の立方体化と立方体の倍積問題）と同様に，円の正方形化問題も解けたと言い張っている．

円の正方形化問題の解と称する2つの著作．その不可能性は1882年に証明されているのに，その解を探す試みは20世紀に入っても，カール・セオドール・ハイゼルの本のようになおも続いた．

屋ゆえにこの問題に夢中になった．万能の天才である自分が最上級の数学の問題を解決したと信じたのだ．67歳になった1665年，彼は1冊の書物を著し，その中でπの近似的な作図法を円の正方形問題の真の解だと称して発表した（⇒168ページに一連の作図法）．ジョン・ウォリスはこの哲学者の誤りを告発したが，これが，ホッブスが91歳で死ぬまで続くことになる壮絶な戦いの発端だった．このウォリスの最初の攻撃に対し，ホッブスは以前のラテン語で書いた著作を英語版にすることで応え，さらに『ある数学者に対する6つの講議』という付録を付け加えたのだ．ウォリスは『自分の講議さえ正しく理解していないホッブス氏に科する罰』というタイトルの小冊子でもってこれに反撃した．内容を読むまでもなくタイトルから明らかな出版物が，その後も20年間にわたって愛想よく続いたのだった．

　ホッブスには，その当時パリの科学アカデミーが円の正方形化問題に対する彼の解の審査を拒絶しなかった（1775年に採択された科学アカデミーの声明文については後述），という言いわけが少なくともあった．その上πの超越性もまだ証明されていなかった（それはフェルディナンド・フォン・リンデマンによって1882年に成し遂げられた）．しかしなお20世紀に入ってもカール・セオドール・ハイゼルのような円積屋が現れた．1931年この人物は1冊の本を米国にて出版し，その中で幾多の仰天するような発見とともに，πの値を256/81とした．次章で述べるが，この値は紀元前2000年前までさかのぼるリンド・パピルスの中で用いられていた値なのだ．アマチュアの才能は世紀を飛び越える．ハイゼルは自分のπの値を半径が$1, 2, 3, \cdots, 9$までの円周の長さを求めるのに使った．その計算から，円の面積公式に登場するπと円の周長公式のπとが同一であって，しかも半径に依らないという命題に矛盾がないことを確かめ，自分のπの値の議論の余地のない証明であると考えたのだった．仮にπ＝2を採用していたとしても，彼はまったく同じような整合性を確認しただろうが．

　円の正方形化問題をぜひとも解こうとする人々は**測円病**にかかっているという．18世紀には，科学アカデミーが，測円病患者からの研究論文で身動きがとれなくなることを防ぐ対処をしなければならなかったほどだ．実際，科学アカデミーは次のような文書を公表した．

パリ王立科学アカデミー　1775年

　当アカデミーは，立方体の倍積問題，角の三等分問題および円の正方形化問題に対する解，さらに永久機関と称する機械のたぐいの審査を今後いっさい拒絶することを本年決議した．

　このように決議するにいたった理由をここに説明する必要があると思われる．
　立方体の倍積問題は古代ギリシャに由来する．当時蔓延していたペストを絶やそうとアテネ人たちはデロス島の神にお願いをした．神のお告げは，神殿に置いてある立方体の祭壇の体積を2倍にした立方体の祭壇を神への捧げものにせよ，というものであった．……

2. π マニア

　角の三等分問題も同様に古代ギリシャ・ローマに由来する．これを，まず 3 次曲線の作図問題に帰着させる．……

　古代ギリシャ・ローマ人たちは，幾何学ゆえに，直線と円すなわち定木とコンパスのみを使用する作図だけを考えていた．にもかかわらず，あまり教養のない人々の間ではいまだに広まっているある先入観が生まれた．ある者は定木とコンパスだけを使って間違った作図をしながら，またある者は，使い方は正しいけれども知らず知らずのうちに補助曲線を使い，すでに知られている作図法に立ち戻りながら，解を見つけ出すことに没頭し続けているのだ．このような解の審査は，したがって，無駄な努力である．

　円の正方形化問題の場合は少し事情が異なる．アルキメデスによる放物線の求積法およびキオス島のヒポクラテスによる月形図形の求積法の発見は，円の正方形化問題——円の求積——に一縷の望みを与えた．アルキメデスは，円の正方形化問題と円の求長問題が互いに関連していることを示し，以後両者を混同した．

　円の正方形化問題に対する近似解法は最初にアルキメデスによって与えられたが，以後多くの偉大な幾何学者たちが，新しく，非常に巧妙で，きわめて簡単で，取扱いに便利な方法を見い出した．これらをさらに改良することもできるだろう．当アカデミーはこのような研究まで拒否するつもりはないが，円の正方形化に関わる人々に熱望されているのは，このような近似解法ではなくて，真の解である．……たとえ真の解があるとしても，70 年以上の間に当アカデミーに解を送ってきた者は誰一人としてこの問題の本質も難しさも理解していなかったし，その中のどれ 1 つとして真の解にいたる者はなかった．この長期にわたる経験から，誤って解と称するすべてのものを審査することが，科学にとって何ら有益なものにならないということを当アカデミーは確信するにいたった．

　当アカデミーのこの決定には，もう 1 つ理由がある．円の正方形化問題は幾何学における最も有名な研究目標であるから，それを苦労して解いた者には政府から莫大な報奨金が与えられるという巷のうわさがある．いかにも信憑性のありそうなうわさのために，信じられないほど多くの人々が有意義な職を捨てこの問題の研究に熱中した．ほとんどの人は問題を理解していないし，解を見つけるのに必要な知識も持っていないあり様である．当アカデミーがこの公表を決断すること以外に，もはやこのような幻想を追い払うことはできない．不幸にも多くの者が成功したと信じ，彼らの言う解が幾何学的に間違っている理由を拒み，多くの場合それを理解することができず，最後には欲望と幻想のかどで告発されるのである．ときにはあまりの執拗さが真の狂気に変貌したこともあった．同じ主題を一途に考え続け，あくまで間違った考えに固執しようとし，荒々しくいらだつ様は，まさに狂気そのものである．たとえ彼らの気違いじみた考えが良識に背くものではないとしても，たとえ日常生活に影響を与えるものではないとしても，たとえ社会秩序を乱すものではないとしても，だからといってそのまま社会に受け入れられるわけではない．……だから当アカデミーが，円の正方形化問題の解かどうかを審査することが何の役にも立たないことを確信しここに公表することによって，多くの家庭に災いをもたらした巷のうわさを一掃することは，人間性の立場からしごく当然のことである．……当アカデミーが拒絶する問題の中で，円の正方形化問題は有意義な研究の機会を与えることができるただ 1 つのものである．たまたまある幾何学者がその解を見い出したならば，多くの幾何学者たちを悩ませたこの問題を解決不能にしなかった点に対して，当アカデミー審議会はその功績を讃えるのみである．

エイプリル・フール

　すでに数学や物理学の中では π と出会っているのに，生物学ではまだ出会っていない．実はこのことが，多くの人々を見事に騙したというエイプリル・フールの発端なのだ．1995 年 4 月，雑誌『プー・ラ・シアンス』【サイエンティフィック・アメリカンの仏語版】のあるページに，ノルウェーの研究チームの発見を報告する記事が何気なく掲載された（次ページ）．このチームは肺魚亜綱の魚の染色体に π の 4 進小数展開に対応する塩基配列を見い出したというのだ．驚くべき記憶力を誇るある博士課程の大学院生のおかげで，A, C, G, T からなる DNA【デオキシリボ核酸】の文字列の中に π を見つけたという．さらに研究チームは，特に"たこ"，"鳩"および"みどりきつつき"【フランス語では，すべて pi から始まる】のような動物に対しても調査を続行しているという．

　エイプリル・フールは，よくまじめな疑問を投げかけてくれる．魚の遺伝子の中に π が書き込んである，というのはありそうもないばかげたことだろうか．円とは何の関係もない数学の話題に π を見つけても，物理のあちこち（例えば振り子の周期を与える公式など）で π を見い出しても不思議に思わないのに，なぜ生物学では違うのか．

　このことを説明するには様々な理由があろう．確かに生物世界での出来事には物理的な出来事に対する数学的な厳密さはないから，いかなる動物の遺伝子の中にも π がコード化されるわけがないという感じはする．しかし，このような説明ではしっくりこない．いつか誰かがこの種の問題をうまく理解するのだろう．ただし実際に遺伝子の中に π が発見されなければの話だが．もし，ハンメルフェスト漁港の妙に押しつけがましいところがなければ，そして著者の名前（K. Arp と R. Abbit）のようなうさん臭いところがあまりなければ，誰もこれをいたずらだとは確信を持って言えないのではないか．

カール・セーガンの π のメッセージ

　なぜ π が遺伝子の中のメッセージになりえないのか．将来にはそれが解明されるかもしれない．では π 自身が何らかのメッセージを含んでいるのだろうか．10 年以上前に出版されたカール・セーガン――最近亡くなったアメリカ航空宇宙局（NASA）の有名な顧問――の『コンタクト』という本には，π の小数を探究し，そこにメッセージを見つける場面が描かれている．この発見によりクライマックスを迎える部分を，以下に抜粋しよう．

　《もし超越数 π の奥深くに何らかのメッセージが潜んでいるとすれば，それは原始から宇宙の幾何学に組み込まれているはずだ．……π を 11 進法で表わしていくと，不規則な現象がはっきりと現れ始めた．0 と 1 ばかりの数列になったの

2. π マニア

生物学の驚異

K. Arp・R. Abbit

——肺魚の第3染色体に π の4進展開を発見——

物理学の法則に数学的定数が登場しても驚きなどしない．ところが生物学の中核に算術的あるいは幾何学的原理が潜んでいれば，それは驚くべきことである．例えば，ひまわりの花弁や松ぼっくりの巻き具合に有名なフィボナッチ数列 1, 2, 3, 5, 8, 13, 21, 34, 55, … が現れていることに誰しも魅了されてしまう．この数列の各項は前の2項の和であり，隣り合う2項の比は黄金比 $(1+\sqrt{5})/2$ に近づく．これよりは知名度が低いけれども，米国中東部にはライフ・サイクルが13年と17年（13と17はともに素数）のセミがいる．S. J. グールドは，この素数周期は天敵 —— 多くは 2, 3, 4 あるいは 5年のサイクルを持つ昆虫 —— から逃れるためではないかと予想している．

今年1月に，プロトプテルス・エチオピクスという肺魚（肺呼吸することで乾期を耐える硬い背骨を持つアフリカの魚）の遺伝子の中に驚くべき一致が発見されたが，この謎を解くのはさらに難しいと予想されている．ノルウェーにあるハンメルフェスト分子生物学研究所のロッド・ヘリング教授のチームは，この魚の第3染色体の中に数学的定数 π がしっかりと潜んでいるのを確認したところである．ハンメルフェストで見つかったこの染色体のある部位の20個のヌクレオチド【核酸の構成単位】は GATCAAGGGCTTTTATATAC であった（A はアデニン，C はシトシン，T はチミン，G はグアニンの略）．ここで A を 0, C を 1, T を 2, G を 3 でそれぞれ置き換えると（この変換は生化学的な理由に基づく），数字列 3.0210033312222020201 を得るが，これは π の4進小数展開の初めの20個の数字にほかならない．すなわち，$3+2/4^2+1/4^3+3/4^6+3/4^7+\cdots+1/4^{19}$ を計算すると $863554413089/274877906944 = 3.141592653588304\cdots$ となり，π の小数点以下第19位までと一致する．実際には193個の連続するヌクレオチドが定数 π と一致することが確かめられた．

解読した塩基配列の数が多くなれば，この一致はますます偶然とは言えなくなる．人の染色体の50億個のヌクレオチドの解読にはまだほど遠いが，全世界の遺伝データ・バンクに収められる塩基配列の総数は，ほぼ2年に倍のペースで進んでおり，現在すでに数十億個に達している．そのような膨大なデータの中では意味のない特異な配列があっても驚くことではないだろう．しかし，連続する20個のヌクレオチドが偶然に π と一致する確率が無視できなくなるのは，1兆個以上のヌクレオチドに対してだけである．今日それはほど遠い個数であるが，とにかく20個だけではなくて193個の連続した配列を発見したことは，したがって，偶然だけでロッド・ヘリングの一致を説明できるものではない．

この発見は，ハンメルフェスト研究所のイタリア人学生サルモ・ガイルドネリに負うところが大きい．彼は肺魚の染色体を研究しているうちに，暗記していた π に対応していることに突然気づいたのである．この染色体の一部を解析器にかけた当初は，43番目のヌクレオチドは G だった．それが期待していたものとは違ったので，もう一度解析してみると初めの G は誤りで実は A が正しいことがわかったという．π の展開が間違いを予測したわけだ．

この発見により，（自然科学にはほとんど興味を示さない）純粋数学者と（数式にほとんど魅力を感じない）生物学者との共同研究が引き起こされるだろう．数千台のコンピュータをネットでつないで数週間や数カ月の間ずっと π の小数部を計算したり整数の素因数分解をするよりも，今日分子生物学で用いられている遺伝子解析器の性能を上げ，新しい研究領域を探検するほうがより適切ではないだろうか．別の興味ある遺伝子を見つけに魚釣りに出かけることは，間違いなく数学研究のための新しい方法となろう．また，遺伝子の中のこのような数学的構造は進化論に新しい光を投げかけるだろう．

自然淘汰による進化と計算プロセスを同化する試みは，すでに情報科学における遺伝的アルゴリズムの分野で応用されている．それがノルウェーの発見をうまく説明できるかもしれない．それでも，なぜ肺魚が自己の遺伝子の中に π という数学者お気に入りの定数を忍ばせているのか，と自問せざるをえない．前世紀の自然科学者を驚かせたエジンバラ大学のレイ教授の言うように，脳下垂体細胞が完璧に球形に作られるために必要なのだろうか．それともハンブルグ大学の L. ショール教授の言うように，肺魚は π がよく登場する静電気の法則を使いこなす必要があるからなのだろうか．またラカン派言語学者のあるグループは，語源学的には "piafs"，"pics"，"pies"，"pieuvres"，"pigeons"【特に "pies" の発音は "π" と同じ】のような動物の遺伝子はみな同じ特徴を持っていると主張している．

```
GATCAAGGGC  TTTTATATAC
3021003331  2222020201
CTTAGAATAG  CAGACAGACT
1220300203  1030103012
CTATTATGTA  AAGCGAACGA
1202202320  0031300130
GCACATTCAA  ATCAGTAATA
3101022100  0210320020
TATTCTCGGA  GACGCAAAAT
2022121330  3013100002
AATGTGGTTT  CTAGTGACAG
0023233222  1203230103
TCTGATATCC  ACCATTAATA
2123020211  0110220020
CGTCTAGTAG  CAAACAGCGC
1321203203  1000103131
GTGGTCCCAC  TCTGAGGAGC
3233211101  2123033031
AGTTCAAGAC  TGA
0322100301  230
```

ディプヌーストの第3染色体で発見された193個のヌクレオチドの配列．A を 0, C を 1, T を 2, G を 3 で置き換えると，π の4進展開が得られる．

だ．……この数列をマトリックスで表示するようにコンピュータはプログラムされていた．1行目は左から右へ絶えまなく0が続いた．2行目は中央に1があるのみでほかはすべて0になった．数行ほど進むと，間違いなく数字1が弧を描いて配置されていることがわかった．さらに行が進み，単純だが希望に満ちた幾何学図形，すなわち円があっと言う間に画面に描かれていった．そして最後に，中央の1を除けば0だけの行に達し，その次は0ばかりの行となってメッセージが締めくくられた．超越数 π の奥深くに隠れていた0と1から成る数列に，0という空虚の野に浮かび上がる1でできた完全なる円が組み込まれていたのだ．この円は，ある宇宙の意志を物語っていた．……人類よりも，いや神々や悪魔よりもはるかに高いところに，……この宇宙を超越した知性が君臨していたのだ．》

セーガンのアイデアはおもしろいが，彼にとっては（宇宙の幾何学と言っているのだから）π は何よりもまず物理的定数なのだろうし，（フランス語への翻訳が正しければ）11進法と2進法を混同しているように思えるのだが．しかし彼が《宇宙を超越した知性》の存在証明と考えた π の中のコード化されたメッセージはあまり効果的とは言えない．もし宇宙を超越した知性がわれわれに円を伝えるためだけの役目しかしないのなら，ちょっとがっかりだ．大多数の数学者は，むしろ奇跡なしで，π の中に見い出されるものは，この科学小説家が考えた《メッセージ》よりもはるかに深くはるかに面白いものだと確信している．さらに言えば，もし π が正規数ならば，セーガンの想像したメッセージが実際にどこかに発見されることになる．非常に多くの数学者が π の正規性を予想しているわけだから，この小説は（セーガンは本の中で明らかにしていないが），π の小数展開の中にただちにこの小説のモチーフを見つけたというのであれば，その点においてのみ高く評価されるべきだろう．

π が絡んだパラドックス

π にまつわるクイズとパラドックスを楽しもう．

(a) 地球に巻きつけたロープ

計算しないで次のクイズにすぐ答えられるかな．地球1周の長さを4万kmとしよう．今，海抜0mで地球を一巻きにしているロープがある．このロープにいくら次ぎ足せば，海抜1mの高さで地球を一巻きできるだろうか．答えを次の中から選んでみよう．

① 1 m   ④ 1 km   ⑦ 3142 km
② 6.28 m   ⑤ 3.14 km   ⑧ 1万 km
③ 314 m   ⑥ 628 km

今度は公式 $P=2\pi r$ を使って計算してみよう．答えは②とわかったかな．これは典型的な心理的罠だ．使われているロープの膨大な長さの印象が強く，つい答えも非常に大きな数に違いないと思ってしまう．

2. πマニア

（b） ベルトランのパラドックス

与えられた円 C の弦をでたらめに選ぶとき，その長さが内接する正三角形の1辺より長くなる確率はいくらだろうか．

この問題をどのように考えるかで，図で示したようにいくつかの異なる答えが可能となる．

解答1 弦はその中点によって決まる．この中点をでたらめに選ぶとき，弦が内接する正三角形の1辺より長くなるのは，弦の中心が半径1/2の円板 D' に入るとき，かつそのときに限られる．D' の面積は $\pi(r/2)^2$ だから，元の円板 D の面積の1/4．ゆえに求める確率は $P=1/4$．

解答2 弦は円と交わる直線によって決まる．今，C と交わる直線をでたらめに選ぶ．このとき弦が内接する正三角形の1辺より長くなるのは，円の中心からこの直線に下ろした垂線の長さが半径の半分より小さくなるとき，かつそのときに限られる．ゆえに求める確率は $P=1/2$．

解答3 でたらめに弦を選ぶということは，でたらめに円周上の点を1つ選び，ついで別の点をでたらめに選ぶということである．このとき弦が内接する正三角形の1辺より長くなるのは，正三角形によって3等分された円弧の1つに第2の点が入るとき，かつそのときに限られる．ゆえに求める確率は $P=1/3$．

解答4 円 C の半径を1とすると，内接する正三角形の1辺の長さは $\sqrt{3}=1.732\cdots$ である．でたらめに選んだ弦の長さは，0と2の間の数だから，求める確率は $P=(2-\sqrt{3})/2=0.1339\cdots$．

同じ問題に対して4つの異なる解答とは，まさにパラドックスだ．どうしたものか．

これは単に問題が十分正確に与えられていなかっただけのこと．弦を選ぶ方法が決められていなかったから，その確率も決められないのだ．つまり弦の選び方を4つのうちのどれかにするか，あるいは別の方法を指定すれば，その確率は決まる．パラドックスではなくて，単に問題が不正確なだけだ．確率の問題では，たとえ問題が不正確だとしても，検討に値する合理的なでたらめの選び方が一般にただ1つある．この問題では，でたらめに選ぶやり方が複数あったので，これがパラドックスの幻想を生んだのだ．

（c） π＝2 の証明

半径1の半円の円弧を D_1 とし，その両端を A，B とする．D_1 の長さは π となる（次ページの図参照）．

次に半径1/2の2つの半円を図のように組み合わせた曲線を D_2 とする．D_2 の長さは，それぞれの半円の長さが $\pi/2$ だから，やはり π になる．同様にして，曲線 $D_3, D_4, \cdots$ を構成する．この曲線列の極限は線分 AB，すなわち D_1 の直径だから，その長さは2．ゆえに $\pi=2$．

《極限曲線の長さは，曲線の長さの極限ではない》ので，この議論は間違っている．一般には，極限曲線（存在したとして）の長さは，曲線の長

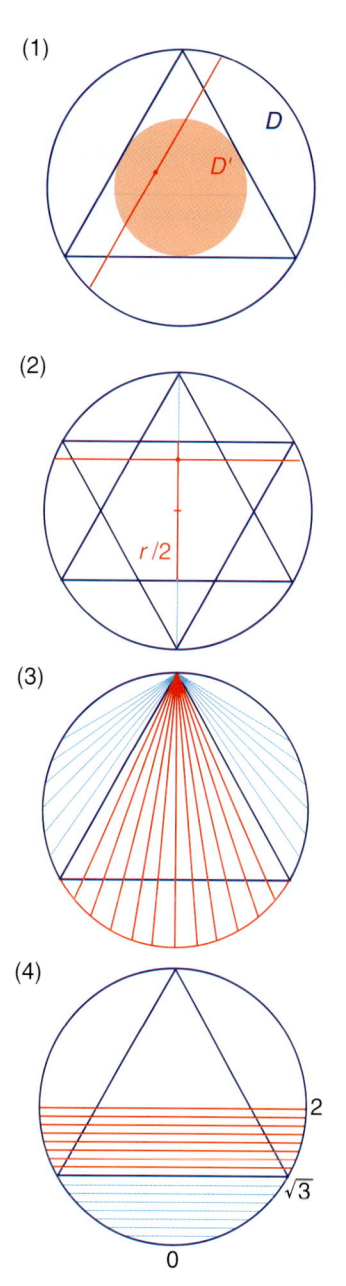

円の弦をでたらめに選ぶ4つの方法

さの極限（存在したとして）以下であることしか証明できない．数学者にとって一般に等号は成立しないことを納得するには，この例か同じような別の例をたった1つ考えるだけで十分だ．

このパラドックスは，正当化できない極限移行に起因している．極限曲線の長さは曲線の長さの極限だという素朴な直観は，誤った直観なのだ．

（d） π が有理数であることの証明

極限移行の危険性を示すもう1つの例を紹介しよう．これは，あるインターネット・サイトで見つけたものだが，慈悲の精神からアドレスは隠しておく．π は有理数，すなわち2つの整数の比であるという証明だ．

π の10進小数展開の小数第 n 桁目までの近似値を π_n とする．すなわち，$\pi_0=3$, $\pi_1=3.1$, $\pi_2=3.14$, $\pi_3=3.141$, ….　まず，

① π_0 は整数だから有理数．

② π_1 は $31/10$ だから有理数．

③ そこで π_n が有理数であると仮定し，$\pi_n=p/q$ とおく．ただし $q=10^n$ とする．小数第 $n+1$ 位の数字を c とすると，分子は $10p+c$，分母は $10q$ になるから $\pi_{n+1}=(10p+c)/10q$．これは分母が 10^{n+1} という形の有理数である．

数学的帰納法により，すべての π_n は有理数．ゆえに π は有理数である．

この議論は確かに間違っている．なぜなら，すべての実数に同じ論法が適用できて，2000年も前から無理数である（⇒9章126ページ）と知られている $\sqrt{2}$ も有理数になってしまうから．ではどこが間違っているのか．数学的帰納法の結論は，《すべての π_n が有理数である》ということであって（ついでに言えば，定義から明らかに π_n は有理数であって何も証明する必要はない），π_n の極限である π が有理数であるということにはならない．《有理数である》という性質は一般に極限移行で保存されないのだ．《ゆえに π は》の部分で正当化されていない極限移行の使用を自覚しなかった点に間違いがある．

あらゆる極限移行は正当化されなければならない，ということに納得がいかないなら，改めてパラドックス(c)を見直してみるか，次の例をよく考えてみて欲しい．

集合 $\{1\}$, $\{1,2\}$, $\{1,2,3\}$, …, $\{1,2,…,n\}$ はすべて有限集合．ゆえに，極限をとって，自然数の集合 $\{1,2,…,n,…\}$ も有限集合である．

π を使ったユーモア

間違った議論が正しい結論を導くことがある．次に紹介する例は，特別数学クラス【理工系高等専門学校への受験準備クラス】の生徒の間で流行っているものだ．

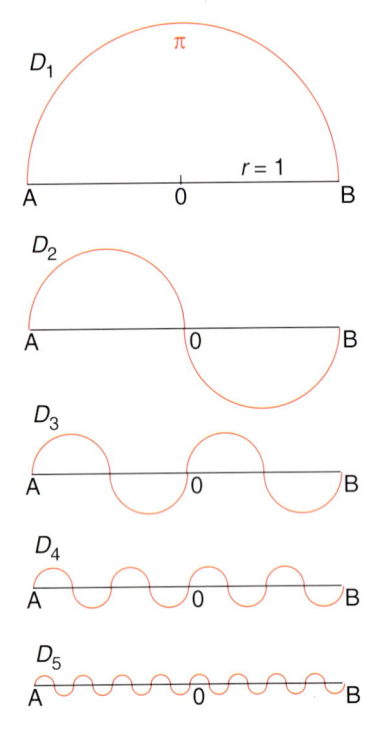

各曲線 $D_1, D_2, …$ の長さは π．長さ2の線分 AB に収束するので $\pi=2$．

2. π マニア

① 積の可換性から CHEVAL＝VACHE L
   【CHEVAL は［馬］，VACHE は［雌牛］．右辺は VACHE×L の意味】
② 雌牛は最低の動物だから VACHE＝$\beta\pi$
   【俗語で VACHE は［ひどい人］や［ひどい物］を表す（日本語の"畜生"の感じ）．"最低の動物"と"$\beta\pi$"の発音が同じ】
③ 鳥は翼を持つ動物だから，OISEAU＝βL
   【OISEAU は［鳥］．"翼を持つ動物"と"βL"の発音が同じ】
④ したがって CHEVAL/OISEAU＝$\beta\pi$L/βL＝π
⑤ CHEVAL と OISEAU はお互い何の類似もないので，ゆえに π は無理数．

π を使った判じ絵【類似の発音を表す文字・語・数字・絵によって他の言葉や文章を当てるパズル】を右図に載せよう．初めのいくつかは雑誌『ル・プチ・アルシメッド』の 1980 年の特集号《数 π》から引用した．

奇妙な π の近似値

次のライプニッツの公式

$$\pi = 4\left(1 - \frac{1}{3} + \frac{1}{5} - \frac{1}{7} + \cdots\right)$$

にまつわる驚くべき事実を紹介しよう．この級数は 4 章で再登場する．初めの 50 万項まで計算したものを，

$$\pi_{500000} = 4\left(1 - \frac{1}{3} + \frac{1}{5} - \frac{1}{7} + \cdots - \frac{1}{999999}\right)$$
$$= 3.141590653589793240462643383269502884197\cdots$$

とおき，この数値と本当の π の数値とを比較すると，違っている桁がとびとびに出現していることがわかる．

$$\pi_{500000} = 3.141590653589793240462643383269502884197\cdots,$$
$$\pi = 3.141592653589793238462643383279502884197\cdots$$

ロイ・ノースによるこの発見は，電子メールでジョナサンとピーター・ボールウェイン兄弟に伝えられたが，とても信じられないものだった．π の 1 つの近似値として，小数点以下第 6 桁目が違っている．でもなぜ 7 桁目以降しばらくまた π と一致するのか．

幸いにもこの現象はすでに解明されている．オイラー数やコンピュータによって発見された 2 つの和公式間の新しい関係式が関与していたのだ．この現象を説明する公式は，まず数式処理ソフトを使って確かめられ，ついで手計算により完全に証明された．

情報科学とコンピュータと数学者との 3 つどもえの連係によって解明されたことは注目に値する．コンピュータによる数値計算の結果に数学者がある奇妙な現象を見つけ，π との差異をコンピュータを使って確認し，これらの情報から数学者が新しい公式を予想し，コンピュータ上で数式処理を用いて確かめ，そして最後に数学者が新公式を証明したのだ．詳細については，ボールウェイン兄弟とディルヒャーの 1989 年の論文[29]をご覧い

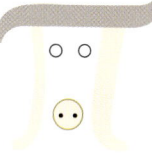

π-veau

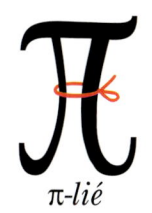

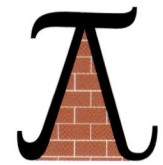

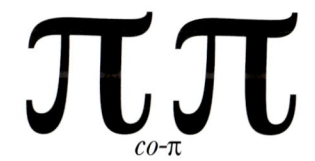

π-lié

π-thon

π-gnon

cheval-π

co-π

【フランスでは π を"パイ"ではなくて"ピ"と発音する．最初の絵：π-veau（veau は［子牛］）と同じ発音の単語は pivot［軸］．2 番目：π-lié（lié は［縛られた］）と同じ発音の単語は pilier［柱］．3 番目：π-thon（thon は［まぐろ］）と同じ発音の単語は piton「ハーケン」．4 番目：π-gnon は pignon［切妻の壁］．5 番目：cheval-π は cheval pie［ぶちのある馬］．最後の絵：co-π と同じ発音をする単語は copie［コピー］．だから π が 2 個並んでいる】

ただきたい．

異常に π に近い数

　数学定数の間の新しい関係式を見つけるには，高精度の数値計算（数百桁あるいは数千桁）によって組織的に調べる方法が一般的に用いられる．このような高精度の誤差内で一致することが確認されれば，両者は本当に等しいと信じうるだけの理由にはなるだろう．これはよく起こることだが，実際に証明されたわけではないから用心してかからなければならない．数値計算上の一致が決して数学的証明にはならないという著しい例を，ここに紹介しよう．次の無限和

$$\pi' = \left(\frac{1}{10^5} \sum_{n=-\infty}^{\infty} e^{-n^2/10^{10}}\right)^2$$

は π の 10 進展開と実に 420 億桁以上一致しながら π とは違う数であることが，ボールウェイン兄弟によって 1992 年に証明された[23]．このような例は，実験数学におけるある微妙な見解に対して警戒しなければならないことを示唆している（⇒ 8 章 120 ページ）．

数 学 的 偶 然

　ここで紹介する数値計算はロイ・ウィリアムズ・クレッケリーによってなされ，後に筆者が確認したもので，その結果は驚くべきものだ．1 から 1000 までの n に対して，$\exp(\pi\sqrt{n})$ を計算してみると，少なくとも 1000 分の 1 の範囲内で自然数に近いものが 13 個見つかる．特に $n=163$ の場合にはびっくりさせられる．確率的には，1000 個の数を考えているのだから，少なくとも 1000 分の 1 の範囲内で自然数に近いものが 1 個や 2 個あっても不思議ではない．しかし 13 個も見つかる確率は非常に小さいのだ．さらにその中には，100 万分の 1，10 億分の 1 そして 1 兆分の 1 の範囲内で自然数に近いものまである．はたして偶然なのだろうか（この場合の下線は π とは無関係）．

$\exp(\pi\sqrt{25}) = $ 6635623.99934113423326606⋯
$\exp(\pi\sqrt{37}) = $ 199148647.99997804655185676⋯
$\exp(\pi\sqrt{43}) = $ 884736743.99977746603490666⋯
$\exp(\pi\sqrt{58}) = $ 24591257751.99999982221324146⋯
$\exp(\pi\sqrt{67}) = $ 147197952743.99999866245422450⋯
$\exp(\pi\sqrt{74}) = $ 545518122089.99917498566430173⋯
$\exp(\pi\sqrt{148}) = $ 39660184000219160.00096667435857524⋯
$\exp(\pi\sqrt{163}) = $ 262537412640768743.99999999999925007⋯
$\exp(\pi\sqrt{232}) = $ 604729957825300084759.99999217152685643⋯

$$\exp(\pi\sqrt{268}) = 21667237292024856735768.00029203884241295\cdots$$
$$\exp(\pi\sqrt{522}) = 14871070263238043663567627879007.9998487726482794\cdots$$
$$\exp(\pi\sqrt{652}) = 68925893036109279891085639286943768.00000000016373864\cdots$$
$$\exp(\pi\sqrt{719}) = 3842614373539548891490294277805829192.99998724956601218\cdots$$

最も驚くべき数は，
$$e^{\pi\sqrt{163}} = 262537412640768743.99999999999999250072\cdots$$
で，これはマーチン・ガードナーによって1975年のエイプリル・フールに使われた．彼は $e^{\pi\sqrt{163}}$ が自然数だと主張したのだが，当時これを数値的に調べるのは容易ではなかった．この数は，自然数でないどころではなくて，超越数である（⇒9章）．

この謎に答える手掛かりが1996年にジョン・コンウェイとリチャード・ガイが著した本[42]の224–226ページに記されている．163は特殊な算術的性質を導く9個のヘーグナー数の中で最も大きなものである（虚2次体 $\boldsymbol{Q}(\sqrt{-163})$ は一意分解環）．この性質は，オイラーによって発見された2次式 n^2-n+41 が $n=1,2,3,\cdots,40$ に対して常に素数を表す（$4\times 41-1=163$）ということや，$e^{\pi\sqrt{163}}$ が自然数にきわめて近いということを導くのだ．他のヘーグナー数は $1, 2, 3, 7, 11, 19, 43$ と 67．

π を底とする表記

フィッチ・チェニーは，1から100までの自然数を，高々4つの π と加法 +，乗法 ×，平方根 $\sqrt{}$，指数および整数部分 $[\ ]$ を組み合わせて表してみせた．以下に20までを紹介する．その先は自分で考えてみよう．

$1=[\sqrt{\pi}]$ $11=[\pi\times\pi+\sqrt{\pi}]$
$2=[\sqrt{\pi}\times\sqrt{\pi}]$ $12=[\pi\times\pi]+[\pi]$
$3=[\sqrt{\pi}]$ $13=[\pi\times\pi+\pi]$
$4=[\pi+\sqrt{\pi}]$ $14=[\pi\times\pi+\pi+\sqrt{\pi}]$
$5=[\pi\times\sqrt{\pi}]$ $15=[\pi\times\pi]+[\pi+\pi]$
$6=[\pi+\pi]$ $16=[\pi\times\pi+\pi+\pi]$
$7=[\pi^{\sqrt{\pi}}]$ $17=[\pi\times\pi\times\sqrt{\pi}]$
$8=[\pi\times\pi-\sqrt{\pi}]$ $18=[\pi\times\pi]+[\pi\times\pi]$
$9=[\pi\times\pi]$ $19=[\pi\times\pi+\pi\times\pi]$
$10=[\pi\times\pi]+[\sqrt{\pi}]$ $20=[\pi\times\sqrt{\pi}]\times[\pi+\sqrt{\pi}]$

幾何の時代

―― 求積法と多角形 ――

数学の教科書を取り出してみると，直接的であれ間接的であれ，必ず数 π を見つけることができる．4000 年前の古い記述においてもそうだ．π についての知識をほとんど持たなかった古代文明もあっただろうが，古代ギリシャ以来の名高い円の正方形化問題によって，人類は幾何学を通して π に出会ったのだ．この問題の探究はわれわれが数学に関心を持つ絶好の機会を与えてくれたし，数学はより深くより緻密に発展を遂げることができた．π は科学的精神の原動力なのだ．この章では，この素朴な生命である π が，西洋，インド，中国および他の高度文明においてどのように計算されてきたかを見てみよう．

古代の π

古代の数学について話をすると，たちまち時代錯誤に陥ってしまう．例えば《古代エジプト人は $\pi = (16/9)^2$ と計算していた》という主張は少々おかしい．まず《＝》という記号は 1557 年に英国の物理学者であるロバート・レコードによって初めて用いられたものだし，π という記号も本書で言う定数の意味では 18 世紀以降に用いられたものだ．さらに今日使われている数の概念は，暗黙のうちに実数としての π の定義に用いられているわけだが，19 世紀の終わりになってやっと確立されたものなのだ．ついでに言うなら，われわれの数字も算術記号も古代エジプト人は知らなかったわけで，彼らは決して $\pi = (16/9)^2$ のようには記述しなかった，ということがおわかりいただけるだろう．

だから，より正確に述べるとすれば，《円の面積とその半径の自乗の比は一定であり，その値は $(16/9)^2$ である，ということを前提として古代エジプト人たちは計算していた》と言わなければならないだろう．

しかしここでは古代の π の歴史を足早に眺めるのが目的だから，かなり隔たった時代のことを言及するときでも，現代の記号や概念を用いることにしよう．また古代の証明についても現代風の言い回しを用いる．古代の数学的概念や命題については，185 ページの数学史の専門書を参照していただきたい．

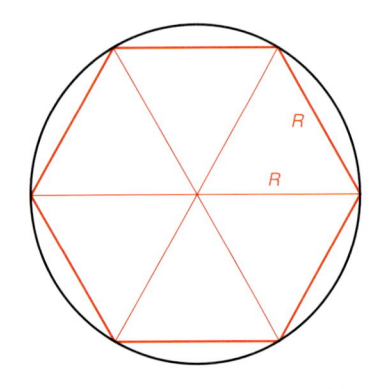

楔形文字で書かれたバビロニアの粘土板に π の近似値 3+1/8 を見つけることができる．バビロニア人たちは円と内接する正六角形の周長を比較して導いたのだろう．

バビロニア

　古代文明において実際に使用された証拠がある最も古い π の値は 3，3+1/7 および 3+1/8 である．

　この最後の値は 1936 年に発見された 4000 年前のバビロニア【メソポタミア南部，チグリス・ユーフラテス両川の下流地方の古称】の粘土板に楔形文字で書かれていたものだ．おそらくバビロニア人たちは次のようにしてこの値を見つけたのだろう．まず円に内接する正六角形の周長は直径の 3 倍である（幾何学的には明らかで，π の最初の近似値 3 を与えている）ということを知っていた．次に正六角形の周長と半径が 1 の円周の長さとの比を $57/60+36/60^2$ と見積もった（間違いなく当時用いられていた 60 進法によって近似値を測ったのだろう）．この仮定の下に，

$$\pi = 3 / \left(\frac{57}{60} + \frac{36}{3600} \right) = 3 + \frac{1}{8}.$$

　全体的な状況から同じバビロニア人たちが異なる π の値を使っていたこと，また円周と直径との比が円の面積と半径の自乗との比に等しいことを古代の幾何学者たちが皆知っていたわけではないことがうかがわれる．

古代エジプト

　1855 年に発見され大英博物館に所蔵されているリンド・パピルス[109]は，紀元前 1650 年頃に書記アーメスによって書き写されたものだが，さらに古い時代（間違いなく紀元前 1800 年頃）の問題に対する解答の手引

3. 幾何の時代

きが記されている．その計算からすると，π の値は $(16/9)^2=3.160493\cdots$ と見積もられていたことがわかる．

円の面積を計算する方法として次のような手順が記載されているのだ．

① 直径からその9分の1を引け．
② その結果を自乗せよ．

この手順はきわめて単純で，現代風に書けば $S=(D-D/9)^2$ となるが，一方 $S=(D/2)^2\pi$ だから，エジプト人たちは $\pi=(16/9)^2=3.160449\cdots$ と間接的に考えていたことになる．その値を近似値として認識していたかどうかはわかっていない．この方法を **9分の1減法** と呼ぼう．

この9分の1減法は，8分の1減法よりはすぐれている．当時のエジプト人たちはあらゆる計算を自然数の逆数の計算に帰着させていたから，このリンド・パピルスの公式は彼らが考案したものの中では最良だ．ではどうやって見つけたのだろうか．確信を持っては言えないが，リンド・パピルスに記された48番目の問題が1つのヒントをほのめかしている．

1辺の長さが9の正方形の内部に構成される図のような八角形を考える．この八角形の面積は，1辺の長さが3の小正方形とその半分の三角形の個数を数えることで63とわかる．一方，この正方形に内接する円の面積は（八角形の面積ときわめて近いが，わずかに大きく）$(9/2)^2\pi$ に等しい．そこで63を64で置き換えて（計算を簡単にするとともに，八角形の面積の不足分を補うため），$(9/2)^2\pi=64$ を得る．つまり $\pi=(16/9)^2$ であり，こうして《9分の1減法》が導かれる．

最後に，エジプト人たちは円周の直径に対する比（$P=2\pi r$ の π）と円の面積の半径の自乗に対する比（$S=\pi r^2$ の π）は同じだと知っていたことに注意しておこう．反対に，ピタゴラスの定理に匹敵するような一般的な記述は見あたらないようだ．

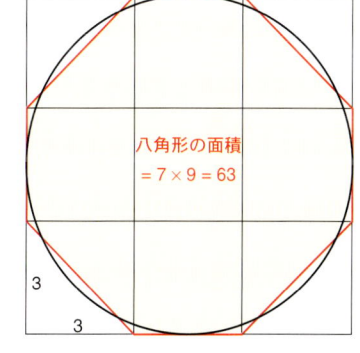

Photo R.M.N., Chuzeville.

リンド・パピルスに記された48番目の問題（左図は古代エジプトの僧用文字で書かれたもの）で用いられた9分の1減法．たぶん円の面積を八角形で近似することに由来するのだろう．

聖書

　旧約聖書の一節にソロモン寺院の建設の場面があり，青銅の鋳造主ヒラムの大鍋のことが書かれていて（『列王紀略』上，第7章23節および『歴代志略』下，第4章2節），暗に π＝3 が使われている．しかしヘブライ人たちは，3 が近似値にすぎないことや，3 よりよい近似値をおそらく知っていたのかも知れない．

　紀元前 550 年頃に書かれたその一節を紹介しよう．【『新訳旧約聖書』関根正雄著（教文館）より引用】

　　また海を鋳て造った．そのへりからへりまで十尺でぐるっとまん円く，高さは五尺，なわで測るとまわりが三十尺であった．

　それから数世紀がたち，すばらしいギリシャ幾何学が普及したあと，聖書で使われた π の値が深刻な事態をもたらした．150 年頃パレスチナに住んでいたユダヤ教の律法博士で数学者でもあったネヘミアは，聖書の値 3 とアルキメデスの与えた値 3＋1/7 の間で板ばさみにあっていたのだ（アルキメデスは近似値が問題であることをよくわかっていた⇒46 ページ）．ネヘミアは，アルキメデスの方が聖書の一節より真実に近いということを間違いなく理解していたが，聖書が間違いなのではなくて，容器の厚みのことを考えて内周の長さが外周の直径のきっかり3倍になると聖書に書いてあると主張して困難を乗り越えようとした．さらに人々は，信仰と幾何学を和解させてくれる彼の考えを弁護するために，円の直径と周長を同時に与えることは同じことを繰り返して言うに等しく，聖書がそのような無駄なことをするわけがないので，つまりはネヘミアの解釈以外に聖書を読むことはばかげている，などと言いわけをした．18 世紀のヨーロッパで

旧約聖書はヒラムの鋳造した海の直径と円周を与えており，暗に π＝3 を使っている．

Kolman.

は科学と信仰を和解させることに熱心な注釈者たちが,聖書にははっきりと真ん円くと書いてあるのに,実は大鍋は六角形だったのだと強く主張した.まあ当時の職人の技量を考えれば,近似値 π＝3 でも十分であっただろうから,聖書を正当化する必要はなかっただろうに.

古代ギリシャ —— 円の求積

　古代ギリシャでは π の歴史にとって決定的なエピソードが展開された.アナクサゴラス（前499-前428）は神として崇められていた太陽を否定的に論じ,月は単に太陽の光を反射しているだけだと主張して不敬虔の罪でアテネに投獄されていたとき,《円の正方形化問題》を解こうとしていた.
　それは与えられた円と同じ面積を持つ正方形を描く問題だ.以後23世紀にわたって幾何学者を絶望させ続けたこの問題では,一般に次の条件が課せられる.

- 目盛りの付いていない定木とコンパスのみを使用すること.
- 作図は有限回で終了すること.

　これら2つの制約のうち片方を課さない場合は,数多くの作図法が知られている（あとで述べる）.これらの制約の下では,円の正方形化問題は定木とコンパスのみを使って $\sqrt{\pi}$ を作図することに帰着され,その不可能性は1882年に証明された（⇒9章）.
　もう1つの有名な《円の直線化問題》とは,与えられた円の円周と同じ長さの線分を描く問題だ.これは定木とコンパスのみを使って π を作図する問題に帰着される.定木とコンパスのみを使って与えられた長さの積や開平が作図できることから,これら2つの問題は同等だとわかる（⇒141ページ）.
　古代ギリシャ人たちやその末裔を熱中させた幾何学問題には,ほかに次の2つがあった.

- ■《角の三等分問題》任意に与えられた角の3分の1の角度を作図せよ.ある特別な角度に対する解は確かにあるが,一般の角度に対する解法は存在しない.18世紀および19世紀の数学によって,例えば60°の3分の1の角度である20°は作図できないことが示された（もちろん60°自身は正三角形の内角だから作図可能）.
- ■《立方体の倍積問題》与えられた立方体の2倍の体積を持つ立方体の1辺を作図せよ.これを定木とコンパスのみで作図する問題は,平方根だけを使って2の立方根を表わす問題に帰着される.その不可能性は19世紀に示された.

　アナクサゴラスは円の正方形化問題を解決することはできなかったが,彼の弟子ペリクレスのおかげでこの問題を考えるのをやめることができた.その少しあと,アンティポン（紀元前5世紀のアテネの哲学者）は内接多角形の辺の数をだんだんに増やすことで円を正方形化することを思い

π - 魅惑の数

立方体の倍積問題と角の三等分問題の幾何学的解法．前者は1辺の長さ1の立方体の2倍の体積を持つ立方体の1辺を作図する問題（上図）で，長さ $\sqrt[3]{2}$ の線分の作図に帰着される．後者は与えられた角度 β から角度 $\alpha = \beta/3$ を作図する問題（下図）．古代ギリシャ人たちは目盛りのない定木とコンパスのみを使うという条件を課したが，それでは不可能だとわかっている．左側は長さ1の目盛り（2点のみ）の付いた定木を利用した作図法．まず点Aを支えに定木をすべらせて，0に相当する目盛りが直線 D_1 上に，そして1に相当する目盛りがそれぞれ直線 D_2 あるいは円周上にくるようにする（厳密に言えば有限回の操作ではできない）．こうして，上図では1に相当する目盛りと点Aまでの長さが $\sqrt[3]{2}$ となり，下図では直線 D_1 と定木のなす角が $\alpha = \beta/3$ になる．

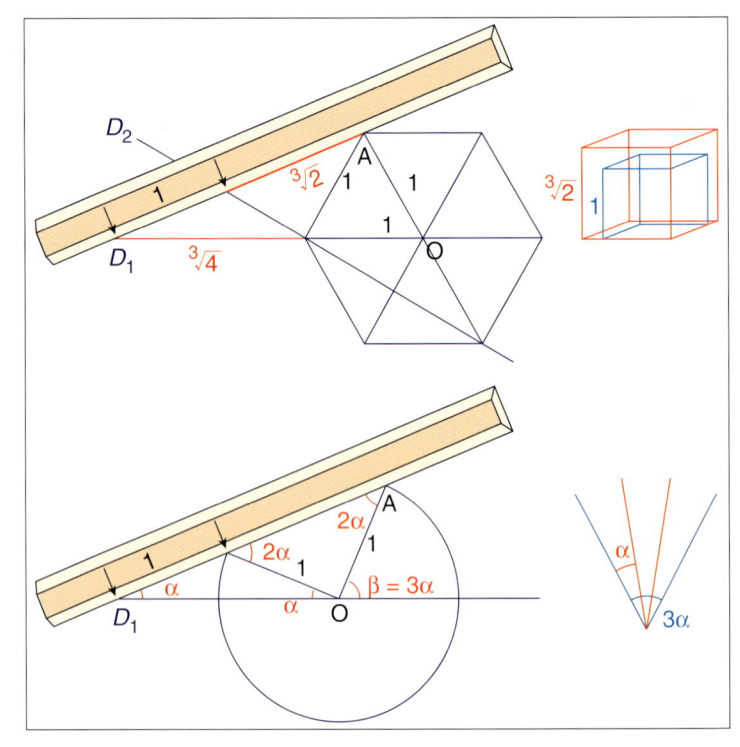

ついた．このアイデアはクニドスのエウドクソス（前408-前355）によって，**取り尽くし法**として実を結んだ．円に内接する多角形の辺の数を十分に大きくすることで，円全体をもれなくおおえるはずだ，と．

が，有限回の操作で本当に円まで到達できるのか，それとも（現代風に言って）極限をとるべきなのか，を理解していたかどうかが重要なポイントだ．今日ではよくわかっているが，両者は大違いなのだ．当時はこの点がはっきりしていなかったので，アンティポンは，個々の多角形は正方形化できるのだから，ゆえに円も正方形化できると主張した．彼の犯した間違いは，2章で紹介した π が有理数であることの証明と同じようなものだ．各段階の多角形の周長である π の近似値が定木とコンパスで作図できるからと言って，その極限としての π 自身が定木とコンパスで作図できることには全然ならない．

あらゆる時代を通して最も有名な数学書であるユークリッド（紀元前3世紀）の『原論』には，取り尽くし法の完璧な概念が記載されている．《どんなに小さな正数が与えられても，考えている図形の面積と内接する多角形の面積との差を，その多角形の辺の数を十分に大きくすることによって，その正数よりも小さくすることができる》と，ユークリッドは言う．この表現は，任意に与えられた正数 ε に対して，ある δ がとれて…という19世紀における厳密な極限の定義と何ら変わらない．よく知られているように，この取り尽くし法は（その名に先んじて）《積分法》に到達していたし，実際に面積や体積を正確に決定することができた．ユークリッド空間における円周の公式 $P = 2\pi r$ の "π" と円の面積公式 $S = \pi r^2$ の "π" が同一であることも，取り尽くし法によって厳密に証明できたの

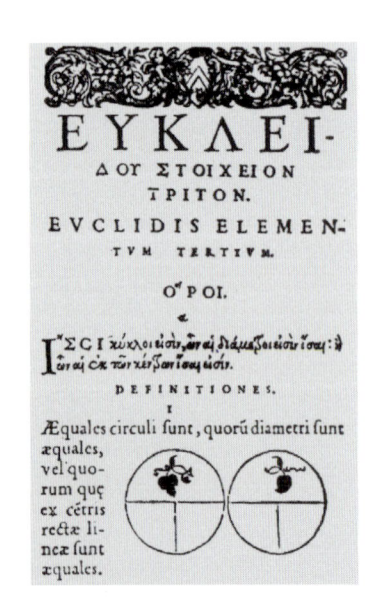

ユークリッド原論第7巻の最初のページ
（1573年のギリシャ・ラテン語版）

3. 幾何の時代

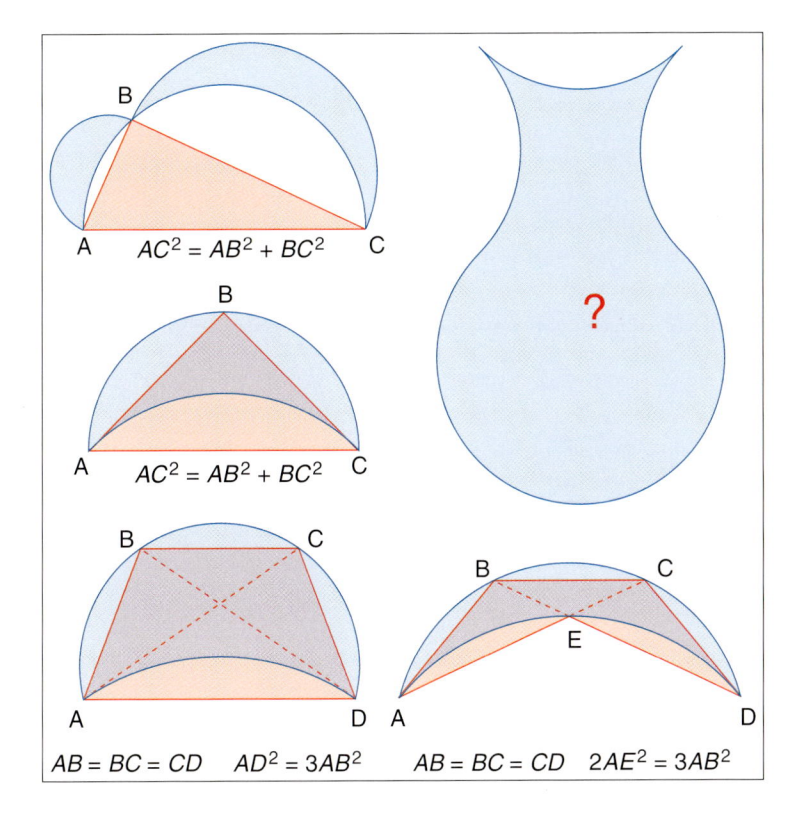

いくつかの月形図形の求積法．円と違って，円弧で囲まれた月形図形は求積できる．紀元前5世紀キオス島のヒポクラテスは最初にその求積法を発見した．4つの図において月形図形（青色）の面積は多角形（赤色）の面積に等しい．この証明には，円弧とそれを張る弦で囲まれた2つの図形が相似ならば，その面積比と弦の長さの自乗の比は一致するという原理を用いる．最初の例だと，辺 AB と BC をそれぞれ直径とする半円の面積の和は AC を直径とする半円の面積に等しい．右上の図形の求積を読者は試みて欲しい．

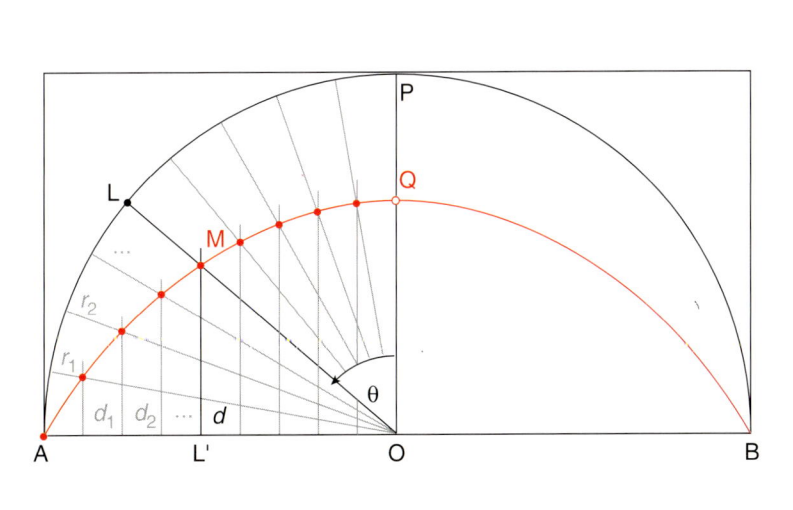

ヒッピアスの円積曲線（赤い曲線）は円の正方形化問題の解をほぼ与える．今，円弧 AP 上を一定速度でAからPまで動く点Lと，同じ時間をかけて線分 AO 上を一定速度でAからOまで動く（AB の）垂線 d を考える．このときの半径 OL と垂線 d との交点Mの軌跡がヒッピアスの円積曲線．円弧 AP を n 等分して半径 $r_1, r_2, \cdots$ を作図し，同様に n 本の垂線 $d_1, d_2, \cdots$ を等間隔に作図すると，それらの交点として円積曲線上のいくつかの点が作図できる．しかし円積曲線と OP との交点Qはこのようには作図できない．LがPに近づくときの極限としてならば得られるが，さて $AB/OQ = \pi$ となることを示そう．定め方から $AL'/(\pi/2 - \theta)$ は一定で値 $2r/\pi$ をとる（r はこの円の半径）．$AL' = r - OM \sin\theta$ だから $r - OM \sin\theta = 2r(\pi/2 - \theta)/\pi$ となり，ゆえに $OM \pi \sin\theta / \theta = 2r$．$\theta$ が0に近づくと，$(\sin\theta)/\theta$ は1に近づき OM は OQ に近づくから $\pi = 2r/OQ$ を得る．長さの比が π となる2つの線分を作図できたことで円の正方形化問題は一見解けたかのように見えるが，実は点Qは定木とコンパスによる有限回の操作では作図できない．ヒッピアスの解は創意工夫に富んではいたが，残念ながら真の解ではなかったのだ．

だ（⇒1章）．

紀元前5世紀にはキオス島のヒポクラテス（今でも医学を学び終えた学生が読み上げるヒポクラテスの宣誓書は，医術の祖と言われるコスのヒポクラテスのことでまったくの別人）は円の正方形化問題を解こうと試み，ある発見をした．彼は円弧で囲まれた**月形図形**と呼ばれる図形の求積に成功したのだ．このような求積可能な月形図形は他の幾何学者をも魅了したが，特にレオナルド・ダ・ヴィンチは100以上もの月形図形の作図を残している．

奇妙なことに，あの偉大なるアリストテレス（前384-前322）は，取り尽くし法やキオス島のヒポクラテスによる月形図形の求積証明には関心を示さなかったようだ．

最後に円の正方形化問題に対する興味ある試みを紹介しよう．紀元前480年頃に生まれたエリスのヒッピアスは，プラトンがたびたび言及したソクラテスと同時代の人物だ．彼は**円積曲線**の発見で数学史にその名を刻んでいるが，それを使ってディノストラトスは紀元前335年に円の正方形化問題の最初の解を与えた（もちろん真の解ではないが）．

アルキメデス

少し時代が下ると，数学者にして技術家であったシュラクサイ【現シラクサ，シチリア島東部】の偉大なるアルキメデス（前287-前212）が，注目すべき方法によってπに迫った．

著書『円の測定について』において，まず円の面積と半径の自乗との比が円周と直径との比に等しいことを証明し，正6, 12, 24, 48, 96角形を利用して念入りにπの両側からの評価 $3+10/71 < \pi < 3+1/7$ すなわち $223/71 < \pi < 22/7$ を与えた．数値的には $3.1408 < \pi < 3.1429$ を導いたわけだ．

彼の計算力には仰天させられる．というのは，代数記号が自由に使えなかったばかりでなく，今の位取り記数法を使って計算を実行したわけではなかったからだ．

アルキメデスの用いた幾何学的方法は，計測のためではなくて，抽象的な計算のためであった．つまり，われわれのこの世界がユークリッド的かどうか（⇒1章）という仮定には依存していなかったわけだ．おそらく理論的に望みの精度でπを計算する最初の方法だろう．

1章5ページで述べた整数の加減乗除や数え上げなどの初等的な算術計算によってπの近似値を求める方法はアルキメデスの方法より原理的には簡単だが，あまり効率がよくない．その算術的方法をアルキメデスが知っていたかどうかはわからないが，たぶん知っていたとしても，かなり悪い近似だとわかっていただろう．

そのアルキメデスのπの計算法を紹介しよう．半径が1の円に内外接する正 3×2^n 角形を考える．外接多角形の周長の半分を a_n，内接多角形の周長の半分を b_n とする．

幾何学的な考察から $n=1$ の場合（正六角形）は，$a_1 = 2\sqrt{3}$, $b_1 = 3$,

© B. N. U., Strasbourg.

© Pacioli, *De divina Proportione*, Ambrosiana, Milan.

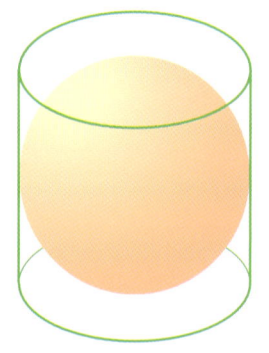

数学の巨星シュラクサイのアルキメデス．正五角形と正六角形を使った32面の準正多面体（レオナルド・ダ・ヴィンチのデッサン）と，球とそれに外接する円柱の体積比が2/3となることを発見した．

3. 幾何の時代

および一般の n に対して

$$\frac{1}{a_n}+\frac{1}{b_n}=\frac{2}{a_{n+1}}, \qquad b_n \times a_{n+1}=b_{n+1}^2$$

の成り立つことがわかる．この公式によって，開平の計算を知っていれば（少なくとも試行錯誤で計算できるだろうが），望みの精度で π を近似することができる．実際アルキメデスの評価は a_5 と b_5 の計算から得られた

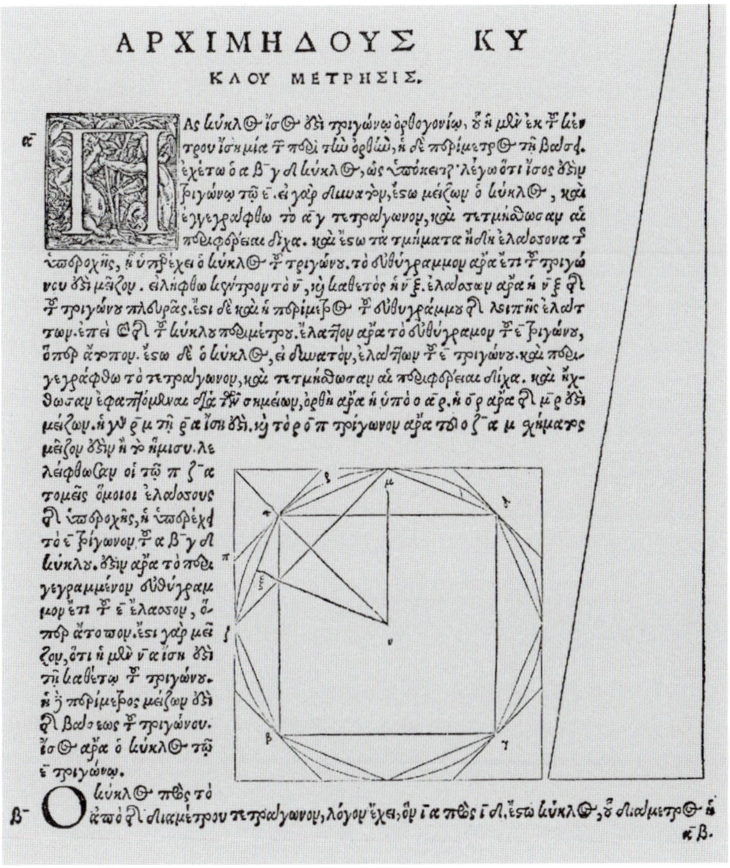

著書『円の測定について』においてアルキメデスは正多角形を使った π の計算法を与えた．円に内外接する正 3×2^n 角形の周長が満たす公式を計算することで，望みの精度で π を近似することができる．

Belin (coll. J. L. V.).

a_n = 外接 3×2^n 角形の周長の半分

b_n = 内接 3×2^n 角形の周長の半分

$n=1$

$n=2$

$a_1 = 2\sqrt{3} = 3.\underline{46}\cdots,$
$b_1 = 3$

$a_2 = \dfrac{12}{2+\sqrt{3}} = 3.\underline{21}\cdots,$

$b_2 = \dfrac{6}{\sqrt{2+\sqrt{3}}} = 3.1\underline{0}\cdots,$

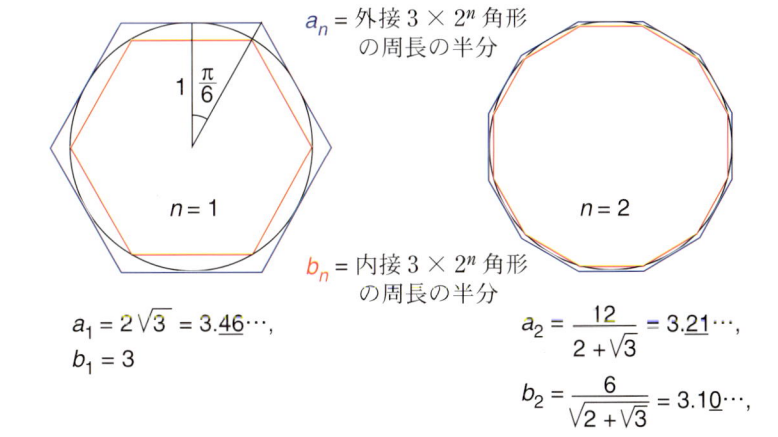

π-魅惑の数

ものだ．

このアルキメデスの式を現代風に示しておこう．図からただちに，

$$a_n = 3 \times 2^n \tan\frac{\pi}{3 \times 2^n}, \qquad b_n = 3 \times 2^n \sin\frac{\pi}{3 \times 2^n}.$$

角度の単位を変えればπを使わなくてすむから，πの値を使ってπを計算するという循環論法に陥っているわけではない．

簡単のために$\mu = \pi/(3 \times 2^n)$とおくと，第1式$1/a_n + 1/b_n = 2/a_{n+1}$は，

$$\tan\frac{\mu}{2} = \frac{\tan\mu \sin\mu}{\tan\mu + \sin\mu}$$

と同値．これが0と$\pi/4$の間のすべてのμに対して成り立つことを示せばよい．そこで$t = \tan(\mu/2)$とおくと，$\sin\mu = 2t/(1+t^2)$，$\tan\mu = 2t/(1-t^2)$だから，

$$\frac{\tan\mu \sin\mu}{\tan\mu + \sin\mu} = \frac{\dfrac{2t}{1-t^2} \times \dfrac{2t}{1+t^2}}{\dfrac{2t}{1-t^2} + \dfrac{2t}{1+t^2}} = t$$

となって正しいことがわかる．

次に第2式$b_n \times a_{n+1} = b_{n+1}^2$については，

$$2\sin\frac{\mu}{2} = \sqrt{2\tan\frac{\mu}{2}\sin\mu}$$

と同値であるが，これも0と$\pi/4$の間のすべてのμに対して成り立つ．というのは，$\sin\mu = 2\sin(\mu/2)\cos(\mu/2)$より，

$$\sqrt{2\tan\frac{\mu}{2}\sin\mu} = \sqrt{2\left(\sin\frac{\mu}{2} \middle/ \cos\frac{\mu}{2}\right) \times 2\sin\frac{\mu}{2}\cos\frac{\mu}{2}}$$
$$= \sqrt{4\sin^2\frac{\mu}{2}} = 2\sin\frac{\mu}{2}$$

だから．

アルキメデスによる両側からの評価を与える公式は正六角形から始める必要はないこと，および上述のような三角関数を使った証明ではなくて，純粋に幾何学的な証明をアルキメデスは行ったということに注意しておく．

さらにアルキメデスの方法には暗黙のうちに使われた仮定がある．πの両側からの評価を得るには，2つの多角形の間にはさまれた曲線の長さがそれらの多角形の長さによって両側から評価されることを仮定しなければならない．このことは円を含むある種の曲線に対しては証明できるが，簡単というわけではない．例えばフラクタルな曲線を考えればわかるように，すべての曲線に対しては成立しないのだ．

この公式による誤差は，各段階ごとに$1/4$以下になることが示せる．つまり段階を進むごとに得られる正しい数字は1個以下ということ．より正確には，$4^5 \approx 10^3$だから，5段階進むごとにほぼ3桁ずつの割で正しい数字が増える．5ページの算術的方法では，正しい数字を1桁増やすにはnを10倍以上にしなければならないから，アルキメデスの方法が格段にすぐれている．

以下にいくつかの数値例を示しておこう．

$$b_1 = 3 \qquad\qquad a_1 = 3.\underline{46410161}\cdots$$

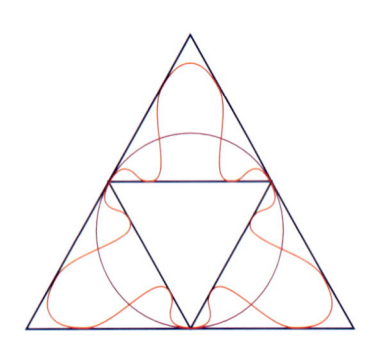

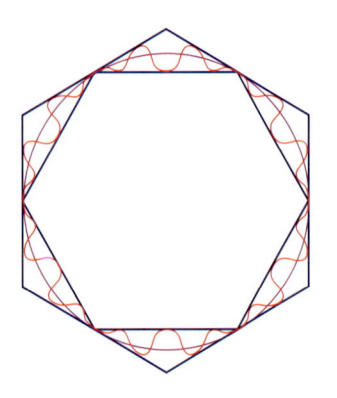

2つの多角形（青色）にはさまれた曲線（赤色）が，2つの多角形よりも長くなりうる．2つの多角形にはさまれた隙間がどんなに狭くてもだ．アルキメデスは，円の場合ということで，この事実には注意を払わなかった．

3. 幾何の時代

$b_2 = 3.1058285\cdots$ $a_2 = 3.21539030\cdots$
$b_3 = 3.13262861\cdots$ $a_3 = 3.15965994\cdots$
$b_4 = 3.13935020\cdots$ $a_4 = 3.14608621\cdots$
$b_5 = 3.14103195\cdots$ $a_5 = 3.142714\cdots$

もしアルキメデスが、さらにもう2段階ほど計算を続行していれば（すなわち正192角形および正384角形を考えていれば）、次のような両側からの評価が得られたことだろう．

$b_6 = 3.14145247\cdots$ $a_6 = 3.1418730\cdots$
$b_7 = 3.14155760\cdots$ $a_7 = 3.14166274\cdots$

アルキメデスは $223/71 < \pi < 22/7$ という評価を得るために，各段階において平方根自身を両側から評価する必要があった．

半径1の円に内接する正 p 角形の1辺の長さを $s(p)$ とおくとき，幾何学的あるいは三角関数の考察より，$s(p)$ から $s(2p)$ を与える公式

$$s(6) = 1, \quad s(2p) = \sqrt{2 - \sqrt{4 - s^2(p)}}$$

を示すことができる．これより内接正 n 角形の周長の半分である b_n について，

$$b_1 = 3, \quad b_n = 3 \times 2^{n-1} s(3 \times 2^n)$$

という式が成り立つから，ゆえに

$$b_1 = 3, \quad b_{n+1} = 3 \times 2^n \sqrt{2 - \sqrt{4 - (b_n/(3 \times 2^{n-1}))^2}}$$

という b_n の関係式を得る．この公式を使ってインドでは，アルキメデスよりもさらに高精度な π の値が求められた．

アルキメデス以来，数 π は理解しがたい完全な数学的対象となったし，それゆえ，人類の知性に対する永遠の挑発でもある．しかし，18世紀以上にわたって π についての新しい知見は何もつけ加わらなかった．もちろんアルキメデスよりもすぐれた近似値が計算されはしたが，彼の方法あるいはそれに近い方法によって少しばかりよくなったにすぎない．10進法表記や計算技法の発達，および一途に計算するしつこさだけが，15世紀までの進歩の源泉なのであった．

またアルキメデスは，一様に回転する半直線上を一様に動く点の軌跡（アルキメデスのらせんと呼ばれているが，すでにアレクサンドリアのコノンによって発見されていた）が，ヒッピアスの円積曲線とまったく同じように円の正方形化問題の解を与えることを示した．

アルキメデスはウォーム，動滑車や歯車などを発明し，また重心理論の定式化，てこの原理および《静止している液体中のすべての物体には，その物体が押しのけている流体の重さに等しい大きさの浮力が働く》というアルキメデスの原理を発見した．入浴中にこの原理を発見し，「エウレーカ（見つけたぞ）！」と叫びながら裸で町に飛び出したという．ローマ軍の攻撃に対し3年間にわたって彼はシュラクサイの防衛軍を指揮し，マルケルス率いる軍隊を阻止し続けた．しかしマルケルスは彼の命を助けるよう命令していたにもかかわらず，ついにローマ軍が町を占領した際にアルキメデスは非業の死を遂げた．キケロ【古代ローマの政治家，哲学者】が確認したように，彼の墓には円柱に内接する球の図が，それらの体積比を見い

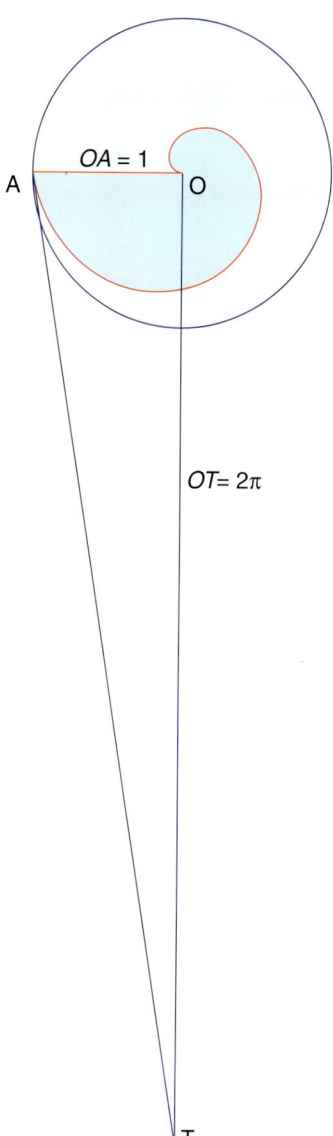

アルキメデスのらせんは，一様に回転する半直線上を一定速度で運動する点の軌跡．ちょうど1回転して囲まれる図形の面積は半径 OA の円の面積の3分の1に等しい．また点Aにおけるらせんの接線と点Oを通る垂直な直線との交点をTとすれば $OT = 2\pi OA$ となる．

出したということを記念して描かれていた．

　レオナルド・ダ・ヴィンチやアルバート・アインシュタインのような天才科学者も含めて，アルキメデスにちなんだ数多くの伝説が『アルキメデスの浴槽[106]』に詳しい．

マヤ文明

　今から2000年以上も前にさかのぼるマヤ文明の科学において，三角関数などの数学は，異常なまでに正確な暦のシステムから判断する限り，高度に洗練された域に達していたと思われる．専門家によれば，マヤの学者たちは旧世界からの侵略を受ける前に，少なくとも8桁のπの数値を使っていたらしい．1560年スペインが征服したユカタンの司教であったディエゴ・デ・ランダは，「迷信と悪魔による大嘘だ」と声高に叫びながら，あらゆるマヤの文書を見つけだしては焼き捨てたのだ．こうしてπの歴史についての貴重な一章が永遠に失われてしまった．

インド

　πの計算についての最古のインドの文書は380年の『シッダーンタ』で $3+177/1250=3.1416$ という値が使われていた．499年にアーリアバタによって書かれた『アーリアバティア』でも3.1416をまだ用いていたが，おそらくアルキメデスに近いか，まったく同じ方法で多角形から算出したのだろう．

　その少しあと，596年生まれのインド人数学者ブラフマーグプタ（同姓の別人がいて2人は混同されたらしい）は，πの値として以前より劣っている $\sqrt{10}=3.162277\cdots$ を提案した．

中国

　紀元前12世紀，中国では3を用いていた．130年『後漢書』で $\sqrt{10}$ にきわめて近い3.1622が使われた．当時中国では日常的に10進法が用いられていたので，間違いなくこの値は $\sqrt{10}$ の近似値として得られたものだろう．263年，数学者の劉徽（リュウ・ホイ）がアルキメデスと同じようにして正192角形を考察し，両側からの評価

$$3.141024<\pi<3.142704$$

を導いた．ついで正3072角形を使って $\pi\approx 3.14159$ を得た．

　5世紀に入ると祖沖之（ツウ・チュンチ）と息子の祖暅之（ツウ・ケンチ）が評価

$$3.1415926<\pi<3.1415927$$

を求め，近似有理数として355/113を見つけた．これはヨーロッパでは

16世紀になってやっと達成された精度だ．この進歩は他の記数法より計算面で優れている10進法のおかげと思われる．

イスラムの世界

800年頃フワーリズム（現ウズベキスタンのヒヴァ）で生まれ，アルゴリズムの語源にもなったムハンマド・イブン・ムーサー・アル゠フワーリズミーは値3.1416を用いていた．

1424年頃，（現ウズベキスタンの）サマルカンドの天文台を台長として管理していた天文学者のアル゠カーシーは，アルキメデスの正多角形法によってπの値を14桁まで計算した．詳しく言うと，内接正p角形の1辺の長さ$s(p)$の満たす関係式

$$s(6)=1, \quad s(2p)=\sqrt{2-\sqrt{4-s^2(p)}}$$

を用いた．彼はこの公式を計27回使った．すなわち正3×2^{28}角形を考察したわけだ．アル゠カーシーは60進法で$2\pi=6.16\ 59\ 28\ 01\ 34\ 51\ 46\ 14\ 50$を導き，$\pi=3.08\ 29\ 44\ 00\ 47\ 25\ 53\ 07\ 25$を得た．この値は最後の数字まで正確な近似値だ（⇒巻末183ページのπの60進展開）．

人類史上πを10桁以上計算したのは彼が最初なのだ．100桁は18世紀に，1000桁は20世紀に入ってから達成された．20世紀にはさらに1万桁，10万桁，100万桁，そして1989年にはついに10億桁まで到達した．地球上の人口や消費エネルギーなどと同様に，ここにも人類の歴史の加速現象が明瞭に現れている．

解析の時代以前のヨーロッパ

西欧諸国では10進法の採用が遅々として進まず，計算は骨の折れる作業だったので，アルキメデス以降πの計算に著しい進歩はなく，中国の値より劣ったままだった．

- アレクサンドリア学派の一員と推測されているクラウディオス・プトレマイオス（85?-165?）は，コペルニクスやケプラーの登場まで天文学を主導し続けた大著『アルマゲスト』の中で，値$3+8/60+30/60^2=3+17/120=377/120=3.1416666\cdots$を使った．
- 1220年にはピサのレオナルド，通称フィボナッチ（1180-1250）が近似値3.141818を計算した．
- 1464年ドイツのクザヌスのニコラウス（1401-1464）は値$3(\sqrt{3}+\sqrt{6})/4=3.13615\cdots$を提案したが，後にレギオモンタヌスが間違いを指摘した．
- 1573年にドイツのヴァレンティン・オトーは，中国で5世紀以降すでに知られていた近似値$355/113=3.14159292\cdots$を再発見した．この値は同時期にアドリアン・アンソニスゾーン（1527-1607）によっても見い出さ

π-魅惑の数

```
320.
HIC IACET SEPULTUS Mʳ. LUDOLFF VAN
CEULEN, PROFESSOR BELGICUS DUM VIVERET
MATHEMATICARUM SCIENTIARUM IN ATHENAEO
HUIUS URBIS, NATUS HILDESHEMIAE ANNO 1540
DIE XXVIII IANUARII, ET DENATUS XXXI
DECEMBRIS 1610, QUI IN VITA SUA MULTO
LABORE CIRCUMFERENTIAE CIRCULI PROXIMAM
RATIONEM AD DIAMETRUM INVENIT SEQUENTEM:

    QUANDO DIAMETER EST 1
TUNC CIRCULI CIRCUMFERENTIA PLUS EST
QUAM 31415926535897932384626433832795028/
     100000000000000000000000000000000
                & MINUS
QUAM 31415926535897932384626433832795029/
     100000000000000000000000000000000
       SED QUANDO DIAMETER
EST 100000000000000000000000000000000
TUM EST CIRCUMFERENTIA CIRCULI PLUS
QUAM 314159265358979323846264338327950288
                & MINUS
QUAM 314159265358979323846264338327950289
```

D. Huylenbrouck.

ルドルフ・ヴァン・クーレンの墓碑銘のコピー

れていたが，1625年に発表したのは息子のアドリエン・メティウスであった．それは両側からの評価 $333/106 < \pi < 377/120$ の分子分母どうしの平均をとったものだった．

● 1593年にはオランダのアドリエン・ヴァン・ルーマン（1561-1615）が正 2^{30} 角形を利用して15桁まで求めた．

● 現在はオランダのライデン大学数学教授ルドルフ・ヴァン・クーレン（フランス語ではルイ・ドゥ・コロン！）はアルキメデスの方法を用い，比類なき執拗な計算力によって以前の結果をさらに押し進めた．彼は1596年に π の20桁を正 60×2^{33} 角形から計算し，ついで1609年には34桁まで求めた（彼の計算は35桁目で間違っていた）．彼は自分の墓にその数値を刻むよう遺言したが，残念ながら19世紀に墓は壊されてしまった．ドイツでは時々彼にちなんで π を《ルドルフの数》と呼ぶ．

● パリではフランソワ・ヴィエト（1540-1603）が正 2^n 角形の面積の初等幾何学的な考察から，π を表示する最初の無限公式

$$\pi = 2 \times \frac{2}{\sqrt{2}} \times \frac{2}{\sqrt{2+\sqrt{2}}} \times \frac{2}{\sqrt{2+\sqrt{2+\sqrt{2}}}} \times \cdots$$

を得た．彼は無限乗積の収束性に関しては何も言っていない．収束に対する関心はずっとのちまでなかった．

初項の2は半径1の円に内接する正方形の面積で，次の $2 \times 2/\sqrt{2} = 2 \times 1/\cos(\pi/4)$ は内接正八角形の面積．これに $1/\cos(\pi/8)$ を乗じることによって内接正16角形の面積となり，さらに $1/\cos(\pi/16)$ を乗じることによって内接正32角形の面積を得る．$\cos$ の値は $\cos a = \sqrt{2 + 2\cos(2a)}/2$ から順次求まる．

この公式から得られるいくつかの数値例を示しておこう．

$V_1 = 2 \times 2/\sqrt{2} = \underline{2.8}28427124\cdots$,

$V_2 = 2 \times 2/\sqrt{2} \times 2/\sqrt{2+\sqrt{2}} = \underline{3.0}61467458\cdots$,

フランソワ・ヴィエトは幾何学的な考察から π の無限乗積を得た．半径1の円に内接する正 2^n 角形の面積を $n=2$ から5まで図示した．n が無限に大きくなるとき π に収束する．

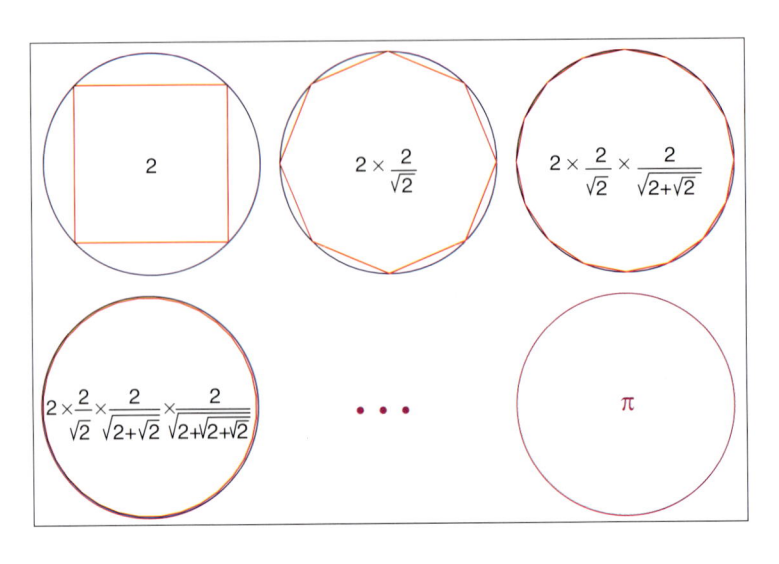

3. 幾何の時代

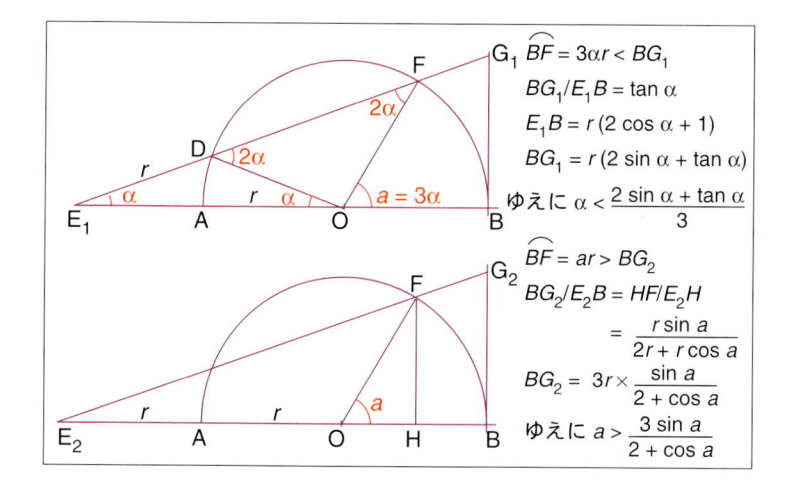

$\widehat{BF} = 3\alpha r < BG_1$
$BG_1/E_1B = \tan\alpha$
$E_1B = r(2\cos\alpha + 1)$
$BG_1 = r(2\sin\alpha + \tan\alpha)$
ゆえに $\alpha < \dfrac{2\sin\alpha + \tan\alpha}{3}$

$\widehat{BF} = ar > BG_2$
$BG_2/E_2B = HF/E_2H$
$\qquad = \dfrac{r\sin a}{2r + r\cos a}$
$BG_2 = 3r \times \dfrac{\sin a}{2 + \cos a}$
ゆえに $a > \dfrac{3\sin a}{2 + \cos a}$

ウイレブロード・スネリウスの幾何学的作図．これより彼は $3\sin a/(2+\cos a) < a < (2\sin a + \tan a)/3$ を見い出した．円弧 BF の長さが BG_1 と BG_2 によって両側からはさまれることを使っているが，これは1世紀以上たってからクリスチャン・ホイヘンス（上図）によって複雑な段階を経て証明された．

$V_3 = 2 \times 2/\sqrt{2} \times 2/\sqrt{2+\sqrt{2}} \times 2/\sqrt{2+\sqrt{2+\sqrt{2}}} = 3.121\underline{445152}\cdots,$

$V_4 = 3.136\underline{548490}\cdots,$

$V_5 = 3.140\underline{331156}\cdots,$

$V_6 = 3.141\underline{277250}\cdots,$

$V_7 = 3.1415\underline{13801}\cdots,$

アルキメデスの公式と同じく，5段階進むごとにほぼ3桁ずつの割で正しい数字が増える．だから実際上はあまり有効な公式とは言えない．

● 1621年オランダのウイレブロード・スネリウス（1580-1626）は円弧を線分によって近似する方法を考えついた．彼の作図から見い出された角度を評価する公式は，それから1世紀以上たってからクリスチャン・ホイヘンス（1629-1693）によって厳密に証明された．その公式を現代風に書けば，

$$\frac{3\sin a}{2+\cos a} < a < \frac{2\sin a + \tan a}{3}$$

となる．

この公式から π を計算することができる．例えば正 3×2^n 角形に登場する $a = \pi/(3\times 2^{n-1})$ という角度に対しては，すでに見ているように，$\sin a$, $\cos a$ および $\tan a$ が平方根によって表示できるからだ．例えば円周を6等分した円弧を考えてみると，この公式から導かれる π の評価は，アルキメデスの方法で正96角形から得られるものと同じくらい正確だ．

等　周　法

●有名な哲学者かつ数学者であるフランスのルネ・デカルト（1596-1650）は，《理性を正しく導き科学に真理を求める》ための彼の方法に従い，物理学に完全性の観念を導入した．しかしのちにニュートンが受け入れざるを得なかった遠隔作用【万有引力など媒体なしで伝わる作用】に対しては反対していた．幾何学においては，作図問題と実数の計算との関係を注意深く解明し，それを利用するというきわめて独創的な方法を考案した（⇒9章）．今日デカルト座標と呼ばれている点の表示はペルゲのアポロニオス（紀元前2世紀）のアイデアを取り入れたもので，デカルトによって組織的に用いられた．

やはりデカルトも有名な円の正方形化問題を熟考していたことは驚くにあたらない．彼のやり方は，もちろん無限の操作によって π を得るので真の解ではないが，興味深いものだ．つまり周長を固定したままで，正多角形の辺数をだんだんと増やしていくのである．これらの正多角形の外接円の半径は，初めに固定した周長を 2π で割ったものに近づく．こうして望みの精度で π を計算することができるわけだ．

一定の周長 L を持つ正多角形の列 $P_0, P_1, P_2, \cdots, P_n$（各 P_k は正 2^{k+2} 角形）まで構成されているとき，次のように P_{n+1} を作図する．P_n の1辺を $A_n B_n$，その外接円の中心を O，線分 $A_n B_n$ の中点を H_n とする．さらに $OH_n = r_n$，円弧 $A_n B_n$ 上の中点を E とおき，点 A_{n+1}, B_{n+1} をそれぞれ線分 $A_n E, B_n E$ の中点として定める．こうして線分 $A_{n+1} B_{n+1}$ を正多角形 P_{n+1} の1辺とする．その長さは $A_n B_n / 2$．

このとき2つの三角形 $OH_{n+1} A_{n+1}$ と $A_{n+1} H_{n+1} E$ は相似だから，$(A_{n+1} H_{n+1})^2 = EH_{n+1} \times H_{n+1} O$ を得る．すると $EH_{n+1} = H_{n+1} H_n = r_{n+1} - r_n$ および $A_{n+1} H_{n+1} = A_n H_n / 2 = A_0 H_0 / 2^{n+1} = r_0 / 2^{n+1}$ だから，

$$r_{n+1}^2 - r_n r_{n+1} - \frac{r_0^2}{4^{n+1}} = 0 \quad \text{ゆえに} \quad r_{n+1} = \frac{r_n + \sqrt{r_n^2 + r_0^2/4^n}}{2}$$

を得る．

このようにして構成した正多角形の外接円は同心円となり，例えば辺の長さが1の正六角形から出発すれば（すなわち周長6），その半径は $3/\pi$ に近づく．この近似法に対する収束の程度は，アルキメデスやヴィエトの場合と同じく5段階進むごとにほぼ3桁ずつの割で正しい数字が増える．

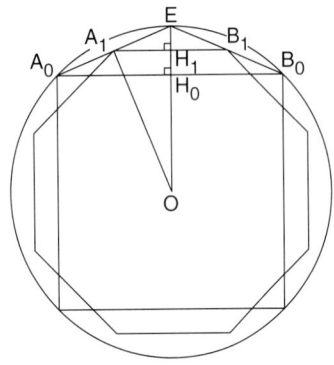

デカルトによる等周法．正方形から正八角形を構成する．各段階で正多角形の周長を一定とするので外接円の半径は減少する．

解析の時代

―― 無限公式 ――

4

　近代解析学（微分積分学）の誕生は，幾何学から独立した新しい π の定義を発見する絶好の機会を与えた．無限乗積，無限級数，連分数などの純粋に算術的な公式が発見されたのだ．初めは数値的な求積として考えられていたこれらの公式は，収束がきわめて遅いので実際上ほとんど興味のないものであった．しかし，その後1973年まで決定的な影響力を持ち続けた強力なアーク・タンジェント公式を導くことになる奥深い進歩でもあった．今日ではその公式も，やはり解析学から導かれた他の公式にその座を奪われてはいるが，π は純粋数学の新しい存在となり，その幾何学的要素は二次的なものとなった．$1-1/3+1/5-1/7+\cdots=\pi/4$ という公式において，π は円と間接的な関係しかなくなったのだ．この章では17および18世紀の偉大な数学者たち，ライプニッツ，ニュートン，オイラーが登場する．彼らは遅かれ早かれ皆 π のことをじっくりと考えるようになり，その魅力に屈していった．

ジョン・ウォリス

　内乱時の機密文書を解読するために1649年オックスフォード大学教授に任命されたジョン・ウォリス（1616-1703）は《ロンドン王立協会》の創立メンバーの一人である．彼はウィリアム・ハーヴィーの血液循環説を支持したり，古代ギリシャ・ローマの主要作品を出版したり，幾何学から代数学や算術を分離することに貢献した．また彼は，トーマス・ホッブスが言い張った円の正方形化問題の解に間違いを指摘した（⇒27ページ）．さらに現在われわれが使っている数学記号，特に不等号 "<"，">" や無限大 "∞" の普及に尽力した．ウォリスによる無限乗積の研究は，その後のニュートンやライプニッツによる無限小解析の先駆けになった．またウォリスの著作はニュートンによって念入りに読まれ，彼の理論構成に決定的な影響を与えた．

　ジョン・ウォリスは1655年に出版された『無限算術』の中で，

$$\pi = 2 \times \frac{2\times 2}{1\times 3} \times \frac{4\times 4}{3\times 5} \times \frac{6\times 6}{5\times 7} \times \cdots$$

という無限乗積を発表した．これを少し変形して，

$$\pi = 2\prod_{p=1}^{\infty}\frac{4p^2}{(2p-1)(2p+1)} = 2\prod_{p=1}^{\infty}\left(1-\frac{1}{4p^2}\right)^{-1} = \lim_{n\to\infty}\frac{2^{4n}\times n!^4}{n(2n)!^2}$$

と書くこともできる．この現代風の証明を64ページの補足1に示そう．しかしウォリスがこの公式を発見するにいたった方法はまったく別物だ．

彼の言う《代数的かつ幾何学的》方法とは四半円の面積を考察することであり、円弧が方程式 $y=(1-x^2)^{1/2}$ で表せることは知っていた。そのためにウォリスはいろいろな h の値に対して、曲線 $y=(1-x^2)^h$ で囲まれた図形の面積を考えた。小さい長方形群に分割し、以前に求めていた和 $S_p=1^p+2^p+3^p+\cdots+n^p$ の公式を巧みに応用することで、上述の無限乗積の公式を導くことに成功した。しかし証明を理解するのは恐ろしく手間のかかる家の修理のようなもので、その詳細を現代風に厳密に正当化していくのがきわめて難しいのだ。そうは言っても、この修繕で決して忘れることのできない見事な π の無限乗積を得ることができる。

実際これは本当に美しい公式で、ヴィエトの公式と違って、根号を用いないで π を表わす最初の無限公式だ。

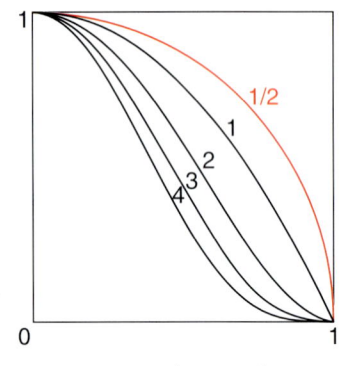

ジョン・ウォリス (1616-1703). いろいろな h の値に対する曲線 $y=(1-x^2)^h$ を考えて π を表示する無限乗積を発見した。$h=1/2$ のとき（赤色）が円弧.

$$2\times\frac{2\times2}{1\times3}\times\frac{4\times4}{3\times5}=\underline{2.844444444}\cdots$$

$$2\times\frac{2\times2}{1\times3}\times\frac{4\times4}{3\times5}\times\frac{6\times6}{5\times7}=\underline{2.925714285}\cdots$$

$$2\times\frac{2\times2}{1\times3}\times\frac{4\times4}{3\times5}\times\frac{6\times6}{5\times7}\times\frac{8\times8}{7\times9}=\underline{2.972154194}\cdots$$

$$2\times\frac{2\times2}{1\times3}\times\frac{4\times4}{3\times5}\times\frac{6\times6}{5\times7}\times\frac{8\times8}{7\times9}\times\frac{10\times10}{9\times11}=\underline{3.002175954}\cdots$$

$$2\times\frac{2\times2}{1\times3}\times\frac{4\times4}{3\times5}\times\frac{6\times6}{5\times7}\times\frac{8\times8}{7\times9}\times\cdots\times\frac{50\times50}{49\times51}=\underline{3.126078900}\cdots$$

$$2\times\frac{2\times2}{1\times3}\times\frac{4\times4}{3\times5}\times\frac{6\times6}{5\times7}\times\frac{8\times8}{7\times9}\times\cdots\times\frac{500\times500}{499\times501}=\underline{3.140023818}\cdots$$

$$2\times\frac{2\times2}{1\times3}\times\frac{4\times4}{3\times5}\times\frac{6\times6}{5\times7}\times\frac{8\times8}{7\times9}\times\cdots\times\frac{5000\times5000}{4999\times5001}=\underline{3.141435593}\cdots$$

残念ながら π の計算公式としては収束が遅い。3.14 まで求めるのにさえかなりの掛け算が必要だ。

ウィリアム・ブラウンカー

ウィリアム・ブラウンカー (1620-1684) は、ウォリスとともにロンドン王立協会の創立メンバーの一人で、その会長職も務めた人物である。彼は、

$$a_0+\frac{b_1}{a_1}, \quad a_0+\cfrac{b_1}{a_1+\cfrac{b_2}{a_2}}, \quad a_0+\cfrac{b_1}{a_1+\cfrac{b_2}{a_2+\cfrac{\cdots}{\cdots+b_n}}}$$

のような**連分数**と呼ばれるものを扱った。$n\to\infty$ のときの極限を一種の無限分数として、

$$a_0+\cfrac{b_1}{a_1+\cfrac{b_2}{a_2+\cfrac{\cdots}{\cdots+\cfrac{b_n}{a_n+\cdots}}}}$$

のように書く。あるいは、

$$a_0+b_1/(a_1+b_2/(a_2+b_3/(a_3+\cdots+b_n/(a_n+\cdots)\cdots)))$$

4. 解析の時代

というように 1 行で書くこともある．例のウォリスの公式を変形して，ブラウンカーは

$$\frac{4}{\pi} = 1 + \cfrac{1^2}{2 + \cfrac{3^2}{2 + \cfrac{5^2}{2 + \cfrac{\cdots}{\cdots + \cfrac{(2n+1)^2}{2 + \cdots}}}}}$$

という美しい公式を得た．また，すべての b_i が 1 であるような連分数

$$a_0 + 1/(a_1 + 1/(a_2 + 1/(a_3 + \cdots + 1/(a_n + \cdots) \cdots)))$$

を特に**正則連分数**と言い，簡単に $[a_0, a_1, a_2, a_3, \cdots, a_n, \cdots]$ と表わす【a_0 は整数，他の a_i は正の整数】．

すべての実数は正則連分数で表わされる．π を例にとってその方法を示そう．まず π を整数部分と小数部分とに分ける．

$$\pi = 3 + 0.14159\cdots$$

次に小数部分の逆数（もちろん 1 より大きい）をとり，それを整数部分と小数部分とに分ける．

$$\pi = 3 + 1/7.0625\cdots = 3 + 1/(7 + 0.0625\cdots)$$

この操作を，小数部分が何らかの整数の逆数になるまで，そうでなければ無限に続けるのだ．10 進展開の方が絶対にすぐれていると思えるような数であっても，ある人たちにとっては正則連分数展開が同じように自然な表示法になるのだ．インドの並はずれた数学者スリニヴァサ・ラマヌジャン（⇒7章）は，連分数を使って数を考えることで驚くべき結果を得たのだと言われている．

連分数についての重要な性質の 1 つとして，《ある数が有理数（すなわち 2 つの整数の比）になるのはその正則連分数展開が有限であるとき，かつそのときに限る》ということを示すことができる．

π は無理数だから，無限の正則連分数に展開されるわけだが，その表示は果たして簡単なのだろうか．π の無理数性から，その 10 進展開がいかなる周期性をも示さないことがわかる．しかし 10 進展開の中に繰返しパターンがないことから，正則連分数展開の列 a_n の中にも周期性がないのだと，ただちに導けるわけでは決してないのだ．例えば $\sqrt{3}$ の 10 進展開は周期的ではないが，その正則連分数展開は $[1, 1, 2, 1, 2, 1, 2, \cdots]$ という単純な繰返しになる．残念だけれども，今のところ π の正則連分数展開の中にいかなる周期性もいかなる規則性も発見されていない．

π の正則連分数展開は，

$\pi = 3 + 1/(7 + 1/(15 + 1/(1 + 1/(292 + 1/(1 + \cdots)))))$
$= [3, 7, 15, 1, 292, 1, 1, 1, 2, 1, 3, 1, 14, 2, 1, 1, 2, 2, 2, 2, 1, 84, 2, \cdots]$

のようになる．この展開を有限のところで打ち切ることにより，π の非常によい近似有理数【主近似分数と言う】が得られる．

$$\frac{3}{1}, \frac{22}{7}, \frac{333}{106}, \frac{355}{113}, \frac{103993}{33102}, \frac{104384}{33215}, \frac{208341}{66317}, \frac{312689}{99532}, \cdots$$

それぞれの近似有理数の分母をより小さい自然数で置き換えると，分子がどんな数であろうと必ず π より遠ざかる．例えば分母が 113 より小さいどんな有理数も，π との距離は 335/113 よりは大きくなるのだ．この意

Explorer.

ウィリアム・ブラウンカー (1620-1684)

味で主近似分数は**最良近似分数**だが，その逆は正しくない．つまり π の主近似分数でない π の最良近似分数がある．例えば 311/99 がそうだ．

最後に π に関連したきれいな連分数展開を紹介しよう．

$$4/\pi = 1+1^2/(3+2^2/(5+3^2/(7+4^2/(9+\cdots))))$$
$$\pi = 3+1^2/(6+3^2/(6+5^2/(6+7^2/(6+\cdots))))$$
$$\pi/2 = 1+2/(3+1\times 3/(4+3\times 5/(4+5\times 7/(4+\cdots))))$$
$$\pi/2 = 1+1/(1+1\times 2/(1+2\times 3/(1+3\times 4/(1+\cdots))))$$
$$16/\pi = 5+1^2/(10+3^2/(10+5^2/(10+7^2/(10+\cdots))))$$
$$1+4/\pi = 2+1^2/(2+3^2/(2+5^2/(2+7^2/(2+\cdots))))$$
$$6/(\pi^2-6) = 1+1^2/(1+1\times 2/(1+2^2/(1+2\times 3/(1+3^2/(1+3\times 4/(1+\cdots))))))$$
$$\pi/2 = 1-1/(3-2\times 3/(1-1\times 2/(3-4\times 5/(1-3\times 4/(3-6\times 7/(1-\cdots))))))$$
$$12/\pi^2 = 1+1^4/(3+2^4/(5+3^4/(7+4^4/(9+\cdots))))$$

ジェームズ・グレゴリー

セント・アンドリュース大学ついでエジンバラ大学の教授であったスコットランドの数学者ジェームズ・グレゴリー（1638-1675）は，とりわけ副鏡に凹面鏡を用いた反射望遠鏡を発明したことで知られている．彼は円の正方形化問題を解くことは不可能であることを証明しようとむなしく試みていた．ついにできたと思い込み，証明を発表したのだが，ホイヘンスやライプニッツを納得させるものではなかった．数学の理論がまだ熟成していない時代にもかかわらず，円の正方形化問題の不可能性が念頭におかれていたことは注目に値する．

ジェームズ・グレゴリーは次の公式

$$\arctan x = x - \frac{x^3}{3} + \frac{x^5}{5} - \frac{x^7}{7} + \cdots = \sum_{n=0}^{\infty} \frac{(-1)^n x^{2n+1}}{2n+1}$$

を発見した．彼の方法は $1/(1+x^2) = 1-x^2+x^4-x^6+x^8-\cdots$ の不定積分を計算したものと今では解釈することができる．この公式によってその後数世紀にわたる π 計算の基礎が築かれたのだ．

特に $x=1$ を代入すると次のすばらしい無限級数

$$\pi = 4\left(1-\frac{1}{3}+\frac{1}{5}-\frac{1}{7}+\cdots\right) = 4\sum_{n=0}^{\infty} \frac{(-1)^n}{2n+1}$$

が得られる．残念ながらグレゴリーは一度もこの式を書き残してはいない．たぶん π の計算にはほとんど使いものにならないと考えていたからだろう．実際，

$$4(1-1/3+1/5) = 3.466666666\cdots$$
$$4(1-1/3+1/5-1/7) = 2.895238095\cdots$$
$$4(1-1/3+1/5-1/7+1/9-1/11) = 2.976046176\cdots$$
$$4(1-1/3+1/5-1/7+1/9-\cdots+1/101) = 3.161198612\cdots$$
$$4(1-1/3+1/5-1/7+1/9-\cdots+1/1001) = 3.143588659\cdots$$
$$4(1-1/3+1/5-1/7+1/9-\cdots+1/10001) = 3.141792613\cdots$$
$$4(1-1/3+1/5-1/7+1/9-\cdots+1/100001) = 3.141612653\cdots$$

Explorer.

ジェームズ・グレゴリー（1638-1675）

4. 解析の時代

となり，収束は最悪だ！正確な数字を 1 桁増やすのにさらに加えるべき項数は一定でなく，だんだんと多くしなければならない．つまり 1 つずつ計算する項数を増やしていくとすれば，正確な数字の最後尾が描く曲線は放物線のようになるだろう．

後でグレゴリーの $\arctan x$ の公式は，1 より小さい x を代入することで π の計算に利用される．x が 0 に近い方が，収束がずっと速くなるからだ．

ところで上述の π の公式はすでに 1410 年頃にインドの女性数学者マダヴァによって見い出されていたが，長い間，西欧諸国には知られずじまいだった．

さらにグレゴリーは，アルキメデスの方法のように，反復して π を計算する方法を見つけている．正 n 角形を使うところは同じだが，周長ではなくて面積に注目したのだ．半径 1 の円に内外接する正 n 角形の面積をそれぞれ A_n，B_n とおくと，

$$A_{2n} = \sqrt{A_n B_n}, \quad B_{2n} = \frac{2A_{2n}B_n}{A_{2n}+B_n}$$

という関係式を示すことができる．もちろんグレゴリーの級数から導かれた π の公式よりはるかに効率的だが，アルキメデスの方法とさほど違いはない．

ゴットフリード・ウィルヘルム・ライプニッツ

偉大なるライプニッツ（1646-1716）は同時に哲学者であり数学者であり情報科学者でもあった．彼は主著『モナドロジー』において独自の単子論的形而上学思想を説いたことや微分法を発明したことによってよく知られているが，同時期にニュートンも微分法を発明したので二人の間に辛らつな論争が沸き起こった．さらにパスカルの計算機《パスカリーヌ》を次の 2 点において改良した．まず何回も実行しなければならない操作を記憶させておくことのできる溝のついたドラムを思いついて，加法の繰り返しとしての乗法を自動的に行わせることができた．ついで 10 による乗除算で必要になる桁の上げ下げを苦もなく実行させることのできるキャリッジ・システムを開発したのだ．

ライプニッツはもはや極限をとることにためらうことはなかった．1674 年，彼はグレゴリーがまさに書こうとしていた π の公式を明らかにした．このライプニッツの公式はグレゴリーの公式とも呼ばれるが，いっそのことマダヴァ=グレゴリー=ライプニッツの公式と呼んではどうだろうか．しかしライプニッツが π と出会ったのはこれだけではなかった．少し変形して，

$$\pi = 8\left(\frac{1}{1\times 3} + \frac{1}{5\times 7} + \frac{1}{9\times 11} + \cdots\right) = 8\sum_{n=0}^{\infty}\frac{1}{(4n+1)(4n+3)}$$

という式も得ている．前よりわずかばかり収束が速いが，これまた π の計算にはあまり役立たない．

Roger-Viollet.

ゴットフリード・ウィルヘルム・ライプニッツ（1646-1716）

π - 魅惑の数

ライプニッツによって1694年に製作されたハノーヴァーの計算機．軸の上をすべる不規則な歯のついたドラムで，掛ける回数を機械的に記憶させることができた．

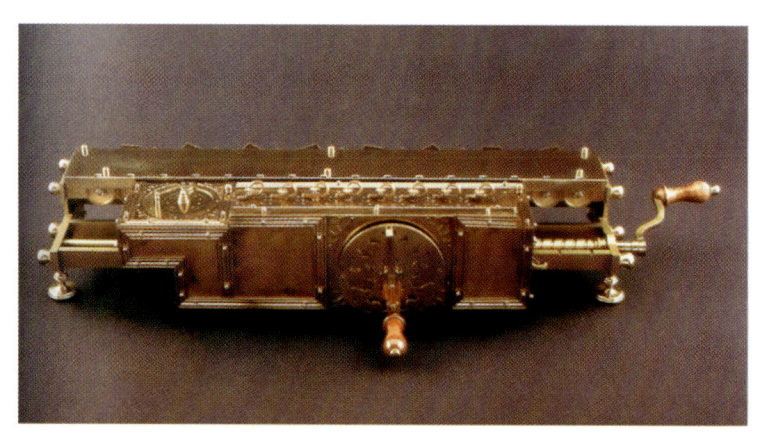

IBM coll. Images/Neuhart Donges Neuhart Designers Inc./Mardaga.

アイザック・ニュートン

アイザック・ニュートン（1642-1727）は**流率法**，すなわち今で言う**微分法**を発明したが，そのことでライプニッツと優先権を争うことになった．またニュートンは万有引力を発見し，力の単位として国際単位系に今でもその名をとどめている．屈折光学に関する研究と反射望遠鏡の製作が認められ，彼は1672年に《ロンドン王立協会》会員となり，1703年には会長となった．1727年に死去し，ウェストミンスター寺院に埋葬された．

ニュートンは π を計算する面白い新公式を見つけた．彼の方法をそのまま以下に紹介しよう．まずは2項展開

$$(1+x)^n = 1 + \binom{n}{1}x + \binom{n}{2}x^2 + \binom{n}{3}x^3 + \cdots + x^n$$

から出発する．ここで $\binom{n}{i} = \dfrac{n!}{i!(n-i)!}$ は2項係数と呼ばれ，上式の右辺は，

$$1 + nx + \frac{n(n-1)}{2}x^2 + \cdots + \frac{n(n-1)(n-2)\cdots(n-p+1)}{p!}x^p + \cdots + x^n$$

と書ける．ここで項数を無限にすることで，自然数 n を任意の実数 a に一般化すると，

$$(1+x)^a = 1 + ax + \frac{a(a-1)}{2}x^2 + \cdots + \frac{a(a-1)(a-2)\cdots(a-p+1)}{p!}x^p + \cdots$$

を得るだろう．こうして $\arcsin x$ の導関数が $(1-x^2)^{-1/2}$ であることより，無限級数

$$\arcsin x = x + \frac{1}{2} \times \frac{x^3}{3} + \frac{1\times 3}{2\times 4} \times \frac{x^5}{5} + \cdots$$
$$+ \frac{1\times 3\times \cdots \times (2p-1)}{2\times 4\times \cdots \times (2p)} \times \frac{x^{2p+1}}{2p+1} + \cdots$$

が導ける．

特に $x=1/2$ を代入して，

$$\pi = 6\left(\frac{1}{2} + \frac{1}{2}\times\frac{1}{3}\times\frac{1}{2^3} + \cdots + \frac{1\times 3\times\cdots\times(2p-1)}{2\times 4\times\cdots\times(2p)} \times \frac{1}{2p+1} \times \frac{1}{2^{2p+1}} + \cdots\right)$$

J. Whitaker.

アイザック・ニュートン (1642-1727)

4. 解析の時代

というπの公式を得るが，この収束は速い．いくつか計算してみると，

$N_1 = 6(1/2 + 1/2 \times 1/3 \times 1/2^3) = 3.12500000000000\cdots$
$N_5 = 3.1415767157748664096320346320346320346\cdots$
$N_{10} = 3.14159264687556079607822377507885066701\cdots$
$N_{20} = 3.14159265358979070504702871491957876 05\cdots$
$N_{50} = 3.14159265358979323846264338327950228625\cdots$

のように，アルキメデスの方法と同じく，5加えるごとにほぼ3桁ずつの割で正しい数字が増える．

同じような方法でニュートンはもう1つのより複雑なπの公式

$$\pi = \frac{\sqrt{27}}{4} + 24\left(\frac{1}{3\times 2^2} - \frac{1}{2\times 5\times 2^4} - \frac{1}{2\times 4\times 7\times 2^6}\cdots\right.$$
$$\left. - \frac{1\times 3\times\cdots\times(2p-1)}{2\times 4\times\cdots\times(2p+2)} \times \frac{1}{2p+5} \times \frac{1}{2^{2p+4}} - \cdots\right)$$

も見つけた．

ジェームズ・スターリング

ジェームズ・スターリング (1692-1770)，通称ヴェネツィアンはスチュアート派との関係がこじれてオックスフォード大学から追放された．こうして彼はヴェネツィア（ヴェニス）で研究を続けることになり，これがあだ名の由来となった．ニュートンの結果を補足したことがスターリングの数学的な業績であるとされている．特に彼の得た $n!$ の漸近式（⇒65ページの補足2）

$$n! \sim \left(\frac{n}{e}\right)^n \sqrt{2\pi n} \quad (n \to \infty)$$

は e と π を含む不思議で美しい公式だ【記号～は右辺と左辺の比が $n\to\infty$ のとき1に近づくことを意味する】．

ジョン・マチン

ロンドン大学の天文学教授であったジョン・マチン (1680-1752) は1706年に公式 $\pi = 4(4\arctan(1/5) - \arctan(1/239))$ を発見した．彼はグレゴリーの $\arctan x$ の展開を使って，

$$\pi = 4\sum_{n=0}^{\infty}\left(\frac{4(-1)^n}{(2n+1)\times 5^{2n+1}} - \frac{(-1)^n}{(2n+1)\times 239^{2n+1}}\right)$$

を得た．この公式のおかげでマチンはπの100桁を計算した最初の数学者となった．

いくつか計算してみると，

$M_0 = 4(4/5 - 1/239)$
$ = 3.18326359832635983263598326359832635983\cdots$
$M_1 = 4(4/5 - 1/239 - 4/(3\times 5^3) + 1/(3\times 239^3))$
$ = 3.14059702932606031430453110657922 88981\cdots$

Roger-Viollet.

ジョン・マチン (1680-1752)

$M_2 = 3.1416210293250344250468325171164080697\underline{0}\cdots$
$M_3 = 3.14159\underline{17721821772950182122911123297950}2\cdots$
$M_4 = 3.141592\underline{6824043995172402598360735958604}\cdots$
$M_5 = 3.1415926\underline{52615308608149350747666502755}36\cdots$
$M_{10} = 3.141592653589793\underline{2947473748577153455433}7\cdots$
$M_{20} = 3.14159265358979323846264338327\underline{981813208}\cdots$

のように,この公式による誤差は1項加えるごとに 1/25 以下になる.すなわち1項加えるごとに平均 1.4 個の割で正確な数字が増える.

記号 π

1647年にウィリアム・オートレッド (1574-1660),ついでニュートンの先生であったアイザック・バーロー (1630-1677) は,半径 R の円周の長さを表わすのに記号 π を用いた.これは,アルキメデスが『円の測定について』の中で円周の長さを $περίμετρος$ と表したことから,それを略したものと考えられる.

1706年にはウィリアム・ジョーンズが『新数学入門』の中で,円周の長さと直径との比として文字 π を使った.同時期のヨハン・ベルヌーイは文字 c で表わしている.1736年書簡の中でオイラーは文字 c を使ったが,1747年には文字 p を用いている.しかしオイラーは1748年に出版されたラテン語による『無限小解析入門』の中で文字 π を使った.この本は広く読まれ記号 π が最終的に定着していった.

ウィリアム・オートレッド (1574-1660)

レオンハルト・オイラー

レオンハルト・オイラー (1707-1783) はあらゆる時代を通じて最高の数学者であると,何人もの歴史家が評している.スイスのバーゼルに生まれ,神学と数学を学び,ヨハン・ベルヌーイから教育を受けた.彼は驚異的な計算能力とずば抜けた記憶力を持っていた.ある寝苦しい夜のこと,オイラーは1から100までのすべての自然数の6乗を暗算で計算し,数日後,その計算結果をすべて思い出すことができたという.さらにこの驚くべき天賦の才によって,$2^{2^n}+1$ 型の数はすべて素数であろうというフェルマーの予想をくつがえすことができた.実際,彼は $2^{2^5}+1 = 4294967297 = 6700417 \times 641$ となることを発見したのだ.

オイラーの著作は著しく多い.出版した理系学術書は年に平均して約 800 ページになる.生誕 200 年を記念して刊行された彼の全集は,各巻 600 ページの全 75 巻からなっている.これには,ベルヌーイ兄弟やクリスチャン・ゴールドバッハなどの高名な数学者との間でやりとりされた 4000 通以上もの書簡類は含まれていないのだ.

彼は π に関連した公式をいくつも見つけている.中でも著しく簡素なものとして,

New York Public Library.

レオンハルト・オイラー (1707-1783)

4. 解析の時代

$$\frac{\pi^2}{6}=\sum_{n=1}^{\infty}\frac{1}{n^2}=1+\frac{1}{4}+\frac{1}{9}+\cdots+\frac{1}{n^2}+\cdots$$

があり，これより，

$$\pi=\sqrt{6}\times\sqrt{1+1/4+1/9+1/16+\cdots}=\Big(6\sum_{n=1}^{\infty}\frac{1}{n^2}\Big)^{1/2}$$

と表わすことができる．

オイラーがこの公式を導いた論理は厳密とは言えないが，傑出した創意に富んでいたことは間違いない．彼はまず展開 $\sin x = x - x^3/3! + x^5/5! - x^7/7! + \cdots$ から出発する．右辺を x で割っておいて $x^2 = y$ とおけば，方程式 $0 = 1 - y/3! + y^2/5! - y^3/7! + \cdots$ を得る．この方程式は，$\sin\sqrt{y} = 0$ のことだから，明らかに解として $\pi^2, (2\pi)^2, (3\pi)^2, \cdots$ を持つ．

オイラーは，方程式 $1 + a_1 y + a_2 y^2 + \cdots + a_n y^n = 0$ のすべての解の逆数の和が $-a_1$ に等しいことを知っていた．上述した方程式の右辺を無限次数の多項式と考えて，この結果を適用することで彼は $1/3! = 1/\pi^2 + 1/(2\pi)^2 + 1/(3\pi)^2 + \cdots + 1/(n\pi)^2 + \cdots$ を得た．こうして両辺に π^2 を掛けて，求める公式 $\pi^2/6 = 1 + 1/4 + 1/9 + \cdots + 1/n^2 + \cdots$ を導いたのだ．

厳密なこの公式の証明は手数がかかるが，付録の171ページに載せておこう．この美しいオイラーによる公式の収束はと言うと，かなり遅い．

$$\sqrt{6}\times\sqrt{1+1/4}=2.7386127\cdots$$
$$\sqrt{6}\times\sqrt{1+1/4+1/9}=2.8577380\cdots$$
$$\sqrt{6}\times\sqrt{1+1/4+\cdots+1/16}=2.9226129\cdots$$
$$\sqrt{6}\times\sqrt{1+1/4+\cdots+1/25}=2.9633877\cdots$$
$$\sqrt{6}\times\sqrt{1+1/4+\cdots+1/100^2}=3.1320765\cdots$$
$$\sqrt{6}\times\sqrt{1+1/4+\cdots+1/1000^2}=3.1406380\cdots$$

同じようにしてオイラーは，

$$\sum_{n=0}^{\infty}\frac{1}{(2n+1)^2}=\frac{\pi^2}{8}$$

という公式も見つけている．もっとあとで，今度は違う方法によって，次の級数

$$\sum_{n=1}^{\infty}\frac{1}{n^{2m}}$$

の値が，すべての正整数 m に対して，π と関係していることを明らかにした（⇒172ページの公式）．

オイラーはまた驚くべき公式 $e^{i\pi} = -1$ を発見している．これはパリにある発見館（⇒71ページ）の π の部屋に飾られている公式だ．この4つの基本定数 e, i, π と -1 間の関係式ほど不思議で深遠なものは，ほかにはないだろう．この公式の様々な変種を172ページの表に載せておいた．

さらに彼は，

$$\arctan x=\frac{x}{1+x^2}\Big(1+\frac{2}{3}\frac{x^2}{1+x^2}+\frac{2\times 4}{3\times 5}\Big(\frac{x^2}{1+x^2}\Big)^2+\frac{2\times 4\times 6}{3\times 5\times 7}\Big(\frac{x^2}{1+x^2}\Big)^3+\cdots\Big)$$

という展開公式も得た．この式を示すために，まず $y = x^2/(1+x^2)$ とおき，$((1+x^2)\arctan x)/x$ を y の関数と考えて $z(y)$ とおく．すると微分方程式 $y(1-y)z' + (1-2y)z = 1$ を満たすことがわかり，

$$z(y) = \sum_{n=0}^{\infty} a_n y^n$$

とおいて係数間の関係を定めれば，求める展開が得られる．

特に $x=1$ と代入して，美しい公式

$$\pi = 2\left(1 + \frac{1}{3} + \frac{1 \times 2}{3 \times 5} + \frac{1 \times 2 \times 3}{3 \times 5 \times 7} + \frac{1 \times 2 \times 3 \times 4}{3 \times 5 \times 7 \times 9} + \cdots\right)$$

$$= 2 \sum_{n=0}^{\infty} \frac{1 \times 2 \times \cdots \times n}{1 \times 3 \times \cdots \times (2n+1)} = 2 \sum_{n=0}^{\infty} \frac{2^n (n!)^2}{(2n+1)!}$$

を得る．この公式の収束については，

$$E_1 = 2(1+1/3) = 2.\underline{6}66666666666666666666\cdots$$
$$E_2 = 2(1+1/3+2/15) = 2.\underline{933333333333333}\cdots$$
$$E_5 = 3.1\underline{21500721500721500721500721}\cdots$$
$$E_{10} = 3.141\underline{10602160137763852934131571}9024\cdots$$
$$E_{50} = 3.14159265358979\underline{30216555470536272}29\cdots$$
$$E_{100} = 3.14159265358979323846264338327\underline{9364}\cdots$$

のように，1 項加えるごとに平均 0.3 個の割で正確な数字が増える．

もちろんオイラーも π の値を計算して楽しんでいた．例えば，上述の $\arctan x$ の展開を公式 $\pi/4 = 5\arctan 1/7 + 2\arctan 3/79$ に適用して 1 時間ほどで 20 桁を計算したという．

補足 1 ── ウォリスの公式の証明

以下に，ウォリスとスターリングの公式の古典的な証明をアルノーディエとフレイスによる『解析学教程[4]』から引用しよう．

まず $W_n = \int_0^{\pi/2} \cos^n x\, dx$ とおき，部分積分を実行すれば，

$$W_n = \int_0^{\pi/2} \cos^{n-1} x \cos x\, dx$$

$$= \sin x \cos^{n-1} x \Big|_0^{\pi/2} + (n-1) \int_0^{\pi/2} \sin^2 x \cos^{n-2} x\, dx$$

となる．ここで $\sin^2 x = 1 - \cos^2 x$ を代入すれば $W_n = (n-1)(W_{n-2} - W_n)$，すなわち $nW_n = (n-1)W_{n-2}$ がわかる．この 1 つとびの漸化式から，

$$W_{2p} = W_0 \frac{1 \times 3 \times 5 \times \cdots \times (2p-1)}{2 \times 4 \times 6 \times \cdots \times (2p)} = \frac{\pi}{2} \times \frac{(2p)!}{2^{2p}(p!)^2},$$

$$W_{2p+1} = W_1 \frac{2 \times 4 \times 6 \times \cdots \times (2p)}{3 \times 5 \times 7 \times \cdots \times (2p+1)} = \frac{2^{2p}(p!)^2}{(2p+1)!} = \frac{\pi/2}{(2p+1)W_{2p}}$$

が得られる．

次に，すべての $x \in [0, \pi/2]$ に対して成り立つ不等式 $\cos^{n+1} x \leq \cos^n x$ から，$W_{n+1} \leq W_n$ および $W_{n+2} \leq W_{n+1} \leq W_n$ がわかり，

$$0 < \frac{W_{n+2}}{W_n} \leq \frac{W_{n+1}}{W_n} \leq 1$$

が従う．ところで $W_{n+2}/W_n = (n+1)/(n+2)$ は n が無限に大きくなるとき 1 に近づくから，はさみうちの原理によって W_{n+1}/W_n が 1 に収束することがわかる．こうして上述の W_{2p} と W_{2p+1} の式から，

4. 解析の時代

$$\lim_{p\to\infty}\frac{(2\times 4\times 6\times\cdots\times(2p))^2}{(1\times 3\times 5\times\cdots\times(2p-1))^2}\frac{1}{2p+1}=\frac{\pi}{2}$$

の成り立つことがわかる．

これを書き直せば，ウォリスの公式

$$\pi=2\times\frac{2\times 2}{1\times 3}\times\frac{4\times 4}{3\times 5}\times\frac{6\times 6}{5\times 7}\times\cdots=2\prod_{p=1}^{\infty}\frac{4p^2}{(2p-1)(2p+1)}=2\prod_{p=1}^{\infty}\left(1-\frac{1}{4p^2}\right)^{-1}$$

を得る．さらに変形して平方根をとった式

$$\sqrt{\pi}=\lim_{n\to\infty}\frac{2^{2n}(n!)^2}{(2n)!\sqrt{n}}$$

は次のスターリングの公式の証明に用いられる．

補足2 ── スターリングの公式の証明

まず一般項が $S_n=(n+1/2)\log n-n-\log n!$ $(n\geq 1)$ という数列を考える．さらに数列 u_k を $u_1=-1$, $u_k=S_k-S_{k-1}=-(k-1/2)\log(1-1/k)-1$ $(k\geq 2)$ によって定めると，u_k の第 n 部分和が S_n となる．対数関数 $\log(1-x)$ のマクローリン展開を2次の項までとることによって，u_k は $1/k^2$ のオーダーで0に収束することがわかり，級数 $\sum_{k=1}^{\infty}u_k$ は収束する．

この級数の値を L とおく．すると $\exp(S_n)=n^{n+1/2}e^{-n}/n!$ は e^L に収束するわけだから，

$$n!\sim\frac{1}{e^L}n^{n+1/2}e^{-n}\quad(n\to\infty)$$

となる．上式の n に $2n$ を代入した式と，上式を自乗した式

$$(2n)!\sim\frac{1}{e^L}(2n)^{2n+1/2}e^{-2n},\quad(n!)^2\sim\frac{1}{e^{2L}}n^{2n+1}e^{-2n}$$

の比をとれば，

$$e^L=\lim_{n\to\infty}\frac{(2n)!\sqrt{n}}{(n!)^2 2^{2n+1/2}}$$

となるが，前節の最後で述べた等式から，この値は $1/\sqrt{2\pi}$ に等しいことがわかる．こうして初めの式に戻って，スターリングの公式

$$n!\sim\sqrt{2\pi n}\left(\frac{n}{e}\right)^n\quad(n\to\infty)$$

が得られた．これから導かれる公式 $\pi=\lim_{n\to\infty}(n!)^2 e^{2n}/2n^{2n+1}$ は計算にはあまり適さない．

もう少し細かい考察をすることによって，$n!$ の漸近展開

$$n!=\left(\frac{n}{e}\right)^n\sqrt{2\pi n}\left(1+\frac{1}{12n}+\frac{1}{288n^2}-\frac{139}{51840n^3}+o\left(\frac{1}{n^3}\right)\right)$$

を得ることができる．ここで記号 $o(1/n^3)$ は，$n\to\infty$ のとき，n^3 を乗じてもなお0に収束するような何らかの数列を意味する．

$n!$ と π を結ぶ不思議な関係式をさらに見るためにガンマ関数

$$\Gamma(x)=\int_0^{\infty}t^{x-1}e^{-t}dt$$

を導入しよう．このガンマ関数は，すべての自然数 n に対して $\Gamma(n+1)=n!$ を満たし，さらに π と結びついた次の公式

π-魅惑の数

$$\Gamma\left(\frac{1}{2}\right)=\sqrt{\pi}, \quad \Gamma\left(\frac{1}{2}\right)\Gamma\left(-\frac{1}{2}\right)=-2\pi, \quad \sqrt{\pi}\,\Gamma(2x)=2^{2x-1}\Gamma(x)\,\Gamma\left(x+\frac{1}{2}\right)$$

を満たすことが知られている．

手計算からコンピュータへ

──アーク・タンジェント公式──

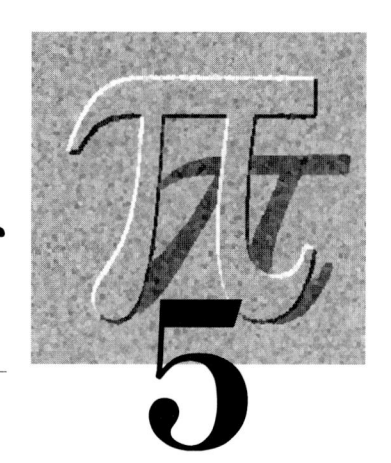

解析学の進歩によって π を効率よく計算する公式がもたらされた．ジョン・マチンは，自ら得た公式によって π の100桁に初めて達したのだ．その後は，ねばり強い根気と不屈の精神力だけが計算屋にとっての主な功績であった．この章では，いくぶん退屈な彼らの歴史を足早に駆け抜けることにしよう．誰もがアーク・タンジェント公式を使い，おびただしい枚数の計算用紙を数字で埋め尽くしていった．特に1973年ジャン・ギューとマルティヌ・ブイエが初めて100万桁に到達したことに留意したい．この時点で π の歴史の中であまり創造的でなかった一時期に終止符が打たれたからだ．1945年頃のコンピュータ時代の幕開けは π の追求者たちにとってちょっとした革命であった．しかし思いに反して， π の追求に完全に夢中になる前に，人の関心を引くための計算競争に巻き込まれていった．コンピュータのプログラミングは常に徹底した数学的理解が必要とされる仕事だということが1950年代には気づかれていたが，それは今日では間違いなく単なる前提条件でしかない．

π を追求する理由

考えられるすべての応用に十分な30桁の π の値が求められると， π の計算屋たちは小数部に何らかの周期性がないか探すようになった．しかし，それも1761年にヨハン・ランベルトが π の無理数性を証明するまでのことだったが．実際そのような周期性があったなら，発見者に2つの大勝利をもたらすはずだった．1つ目は，それ以上計算する必要がない，言い換えれば π の無限の小数部を計算したことになるから，すべての先輩とは比較にならないほどの大発見の幸せを独り占めすることができるはず．2つ目は，有理数であることと10進展開のある位から先が周期的になることとは同値だから（⇒127ページ）， π が有理数であることが示されることになり，ただちに輝かしいことこの上ない円の正方形化問題の解が得られるはず．

だから1761年以降，小数部を追求する者の動機はあまり明確なものではなくなった．もしかしたら次のようなものだったかも知れない．

- それでも周期性を見つけ出して，数学者たちの巧妙な証明が間違っていることを示したい．
- π の小数部に周期性以外の規則性（無理数の小数展開が何らかのパターンを持ちうることは，例えば0.199111999911111999991…のように1と9のブロックが交互に1つずつ長くなるような小数を考えればよい）を見つ

け出したい．
- 数学的な処女地を最初に踏みたい．
- 計算競争に勝ちたい．
- 何かはまったくわからないが，何かの役に立つことがしたい．πの小数部にいつの日か買手がつくのだろうか．何の応用も見出せない数多くの分野で数学研究を続けることの正当化に，数学者は不確かな将来の有用性をよく口実にするものだ．

　コンピュータの時代がくると，πの計算はモンテ・カルロ法に基づくアルゴリズムに用いられる《乱数列》を提供するとか，コンピュータの性能を点検するのに役立つとか主張され始めた．しかし，このような新口実もどれ1つとして本当に説得力のあるものはない．さらには今日までπの小数展開が乱数列だといういかなる証明もないのだ（むしろ乱数列ではないという議論がある⇒10章）．性能試験と言われることについても本気とは思えない．なぜならハードウェアやソフトウェアをテストする1000以上もの方法がすでにあり，そのほとんどが，πの計算プログラムよりは多様な命令を含んでいるという点でより優れているからだ．しかしデイヴィッド・ベイリーが1988年に報告しているように，実際にπ計算のおかげでクレイ-2 コンピュータの不具合が検出できたことがある．

　πの小数部の絶えざる計算競争を正当化するためには，それを単に1つの挑戦としてとらえる方がより正直ではないだろうか．それでもやはりエヴェレストに登ることに劣らず面白いし，いつも記録更新がかかっている自転車競技や棒高跳びと同じように人々の気を引くだけの価値はあると思う．もしπの無限小数部に新たに何かを見つけようとするならば，最新式のコンピュータを念入りに準備し，新しい数学を発見しなければならない．そしてそれが何か有用なものであったなら，しめたものだ．まあ，困難な仕事を一歩一歩進める素朴な喜び自体が1つの正当化にはなるであろうが．

　7章で述べるように，πの小数部を効果的に計算する方法を抽象的に研究することで具体的な興味ある結果がもたらされることもある．さらに，このような研究は数学の発展に一般的に寄与しているのだから，こうなると誰もその有用性を疑わなくなると思うのだが，でもやっぱり心に迷いがあるのはなぜなんだろう．

ウィリアム・シャンクスの《7》のいたずら

　1609年，狂ったようにアルキメデスの方法を使ってπの小数点以下34桁まで計算したルドルフ・ヴァン・クーレン（52ページ）の後，天文学者だったエイブラハム・シャープ（1651-1742）はアーク・タンジェント公式からπの小数点以下72桁までを計算することに成功した．そのすぐあとにジョン・マチンが，彼の有名なアーク・タンジェント公式を使って，1706年ついに100桁まで到達した．しかし，その記録も1719年フラ

5. 手計算からコンピュータへ

```
3,14159265358979323846264338327950 2
8841971693993751058209749445923078 16
40628620899862803482534211706798 11480
8651327230664709384 46  +.
```

トマ・ドゥ・ラニュイによって1719年に計算されたπの127桁．オイラーによって発見された公式 $\pi/4 = \arctan(1/2) + \arctan(1/3)$ が使われた．点の印のついた113桁目が間違っていて，正しくは8だ．

ンス人トマ・ファンテ・ドゥ・ラニュイ（1660-1734）によって打ち破られることになった．彼は127桁まで計算したのだ．

ドゥ・ラニュイの記録は，1794年オーストリアのゲオルグ・フォン・ヴェガ男爵（1754-1802）が，オイラーによって発見されたアーク・タンジェント公式を用いて140桁まで計算するまで破られなかった．しかも，ドゥ・ラニュイの計算した小数点以下第113桁目の《7》は間違いで，正しくは《8》でなければならないことが暴かれたのだ．

また18世紀の終わりに，オックスフォードのラドクリフ図書館の中でフォン・ツァッハによって発見された作者不明の謎の手書き原稿には，なんとπの154桁が計算してあり，そのうち152桁までが正確だったということもつけ加えておこう．

この時代，はるか地球のもう一方の端において，アルキメデスの方法が脈々と息づいていた．実際，解析学の進歩を待つことなく，建部賢弘（1664-1739）は正1024角形を使って1722年にπの小数点以下41桁まで，ついで松永良弼（1692?-1747）は1739年に50桁まで計算している．

19世紀に入ると，小数部の追求はいくぶんプロ化してきたと言える．実際ウィーン人シュルツ・フォン・シュトラスニツキー（1803-1852）のとった方法はまったく誠実ではなかった．彼自身は計算せずに，恐るべき暗算家のヨハン・マルティーン・ツァハリアス・ダーゼを利用したのだ．1844年ダーゼはπの小数点以下200桁までの計算を2カ月ほどでやり終えたという．

ダーゼの計算能力はすさまじいものだった．彼は数を瞬時に認識し苦もなく記憶することができた．羊の群れの頭数や図書館の本の冊数や50個ほどのドミノの点数の合計を一目見ただけで正確に言いあてることができたのだ．18世紀のもう一人の驚異の暗算家ジェデディア・バクストンは，ある劇場に招待されたとき，それぞれの出演者が話した単語の総数を披露することで招待してくれた人々に感謝の意を表したという．すぐれた暗算家たちの多くは，自らの能力を見せ物として公開することで生活費をかせいでいたが，ダーゼもまた数奇な運命をたどっていた．1824年にハンブルグで生まれ十分な教育を受けたが，この天賦の才に磨きをかけることにほとんど没頭した．例えば暗算で100桁どうしの掛け算を8時間あまりで計算することができたし，途中でいったん計算を中断して記憶しておき，ぐっすり寝た翌朝にその続きを計算することもできた．

16歳からダーゼは見せ物に出演し始めたが，そこで知り合ったシュトラスニツキーに科学的な目的に才能を使うべきだと忠告された．それでπの200桁の計算に加え，当時の物理学や天文学にはとりわけ重要であった数表の計算に従事することとなった．ダーゼは数多くの科学者と出会ったが，中でも偉大な数学者カール・フリードリッヒ・ガウス（1777-1855）

3.

14159	26535	89793	23846	26433
83279	50288	41971	69399	37510
58209	74944	59230	78164	06286
20899	86280	34825	34211	70679
82148	08651	32823	06647	09384
46095	50582	23172	53594	08128
48473	78139	20386	33830	21574
73996	00825	93125	91294	01832
80651	744			

1841年にロンドン王立協会紀要に発表されたウィリアム・ラザフォードの間違ったπの数値. 彼はそこで計算結果を吟味するのに用いた方法を詳しく説明している. 「要するに計算はきわめて念入りになされ, ほとんどの部分は自分自身あるいは別人によって独立に検ண்されたことを申し添えたい」. ほとんどの部分とは…

3.

1415926535	8979323846	2643383279
5028841971	6939937510	5820974944
5923078164	0628620899	8628034825
3421170679	8214808651	3282306647
0938446095	5058223172	5359408128
4811174502	8410270193	8521105559
6446229489	5493038196	4428810975
6659334461	2847564823	3786783165
2712019091	4564856692	3460348610
4543266482	1339360726	0249141273
7245870066	0631558817	4881520920
9628292540	9171536436	7892590360
0113305305	4882046652	1384146951
9415116094	3305727036	5759591953
0921861173	8193261179	3105118548
0744623799	6274956735	1885752724
8912279381	8301194912	9833673362
4406566430	8602139501	6092448077
2309436285	5309662027	5569397986
9502224749	9620607497	0304123668
8619951100	8920238377	0213141694
1190298858	2544681639	7999046597
0008170029	6312377381	3420841307
9145118398	0570985	

1874年に発表され, 70年間も使われたウィリアム・シャンクスの間違ったπの数値. その後もまだ引用している出版物がある. これは1962年発行の書物から引用.

のおかげでハンブルグ科学アカデミーから経済的な援助を得ることができた. こうして彼は100万500までの素数の対数表を7桁の精度で作製した. 次に1000万までの整数の素因数分解の計算にとりかかったが, 路半ばにして1861年に死去した.

驚異の暗算家によってπの200桁が計算される20年前の1824年, ウィリアム・ラザフォードなる人物(20世紀初頭に原子模型を発見した英国の物理学者アーネスト・ラザフォードとは別人)がπを208桁まで計算していたが, 残念なことにダーゼの値と153桁目以降が食い違っていた. その後1847年になってトマス・クラウゼン(1801-1885)がπを248桁まで計算し, シュトラスニツキー=ダーゼ組に軍配が上がったというわけだ.

1853年にはレーマンが261桁まで計算し, 同年にウィリアム・ラザフォードが, 今度は正確にπを440桁まで計算して自分の名誉を守った. しかしそれも長くは続かず, 2年後にはリヒテルが500桁まで計算した. その記録も1874年にウィリアム・シャンクス(1812-1882)が707桁まで計算したことによって打ち破られた(1853年にまず530桁, ついで同年に607桁まで得ていた).

シャンクスが人生の20年をかけて計算した707桁の中には数字の《7》が少なすぎるという奇妙な現象が現れていた. 他の数字は700桁中ほぼ70回出現しているのに, 《7》だけはたった52個しかなかったのだ. それは数学的な説明か何かを要する驚くべき現象の徴候と思われた. だから, できるだけ早くもっと先を計算してみる気になったはずなのに, 不思議にも現実はそうではなかった. 計算するより思索するほうが簡単という理由に違いないのだろうが.

発見館でのウィリアム・シャンクス

シャンクスの記録は1945年まで持ちこたえることができた. この年ファーガソンが, 今までと同様に手計算でπを539桁まで計算した(発表されたのは1946年)が, またもや残念なことに, シャンクスの値とは528桁以降が食い違っていたのだ.

1947年, 今度は卓上計算機を使ってファーガソンはπを710桁まで計算した. ついでジョン・レンチと共同して, 思いがけない計算間違いを検出するための検査を行いながら, 1948年1月に彼は保証つきの808桁を計算した. 反論しようのないこの結果から, シャンクスの528桁以降が間違っているということが確認された. 間違いがわかるまでの70年間に彼の値は全世界に普及してしまっており, 最近の出版物にもまだ誤って引用されることがあるくらいだ.

ファーガソンは注意深くシャンクスの計算間違いを調べ, ある級数の中の $1/(145 \times 5^{145})$ という項を見落としたことが原因だろうと推定した. 20年もの間シャンクスは, 他の項は誤りなく計算しておきながら, この項だけを忘れ続けていたのだ.

5. 手計算からコンピュータへ

シャンクスが計算した値の《7》の出現頻度が異常に低いことでおびただしい数の憶測が沸き起こっていたが，本当の値ではそれほど低くはないことが判明した．

その憶測の主たるものは，本当にシャンクスが707桁まで計算したのかどうか疑わしいというものであった．仮に彼がどこかで計算間違いをしたとしても，これほどまで《7》の頻度に偏りが出るとは考えにくい．たぶん計算を続けることにうんざりし疲れきったあげく，周囲の人たちに一杯食わせようと面白がってやったのではないか，と．でも実際はそのような疑惑は根拠のないものだった．というのはシャンクスの527桁までの正確な部分において《7》の不足がすでに見られるからだ．つまり527桁中に《7》は37個しかない．ところが528桁から700桁までの部分が《7》を28個含んでいることで，奇妙なことに前部の不足分を埋め合わせている．ちなみに間違ったシャンクスの528桁から700桁までには《7》が15個ほど含まれており，この部分だけを見るかぎり本当のπの小数部よりもっともらしい！

πの700桁中に《7》が65個しかないという若干の不足が見られるものの，もっと先まで見ればこの不足は解消してしまう．要するに527桁中の《7》の不足という現象は統計上の意味のないゆらぎのようなものと考えるべきだろう．

70年にわたる根拠のない憶測にいらだつあまり，ひどい反応が沸き起こった．「もし円を測ろうとする者たちと黙示録【ユダヤ教・キリスト教の終末論的文書】に取り憑かれた者たちが全員一致の評決となるまで努力を結集していたならば，わが民族を誇りに思っただろうに」という評が残っているくらいだ．

このシャンクスの計算間違いは呪いのように今でも発見館（パリのフランクリン・ルーズベルト通りにある科学館）に迷惑をかけ続けている．1937年パリ万国博覧会の際に，第31番の部屋をシャンクスによって得られたπの数値で飾ることになった（**πの部屋**と呼ばれる．明らかに故意に選ばれた部屋番号だ）．この丸い部屋の天井の一部をぐるっと何重にも渦巻くようにして数字が並べられ，入り口にはオイラーの公式 $e^{i\pi}=-1$ が飾られている．

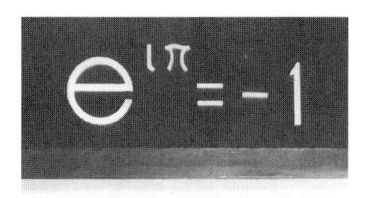

© Palais de la Découverte.

パリの発見館の入り口に飾られたオイラーの公式．

© Palais de la Découverte.

上図はシャンクスの数値を修正する前の1947年のπの部屋．最初の白いブロックから間違った数字が始まっている．左図は修正後のπの部屋．

MULTIPLES OF π	
00001	03141592653589793238462643383
00002	06283185307179586476925286766
00003	09424777960769349715387930149
00004	12566370614359172953850573532
00005	15707963267948966192313216915
00006	18849555921538759066775860298
00007	21991148575128482669238503681
00008	25132741228718345907701147064
00009	28274333882308049314616379047
00010	31415926535897932364626433830
00011	34557518158487615623089072213
00012	37699111184307398861551720596
00013	40840704496667182100014363979
00014	43982297150256965338477007362
00015	47123889803846748576939630745
00016	50265482457436531815402294128
00017	53407075110263515053864937511
00018	56548667764616098292327580894
00019	59690260418205881530790224277
00020	62831853071795664769252867660
00021	65973445725385448007715051043
00022	69115038378975231246178154426
00023	72256631032565014484640797809

© Trustees of the Science Museum.

チャールズ・バベッジ (1791–1871) の解析機関によって計算され印刷された π の倍数．一種のプログラムを実行できた点では最初のコンピュータと言えるかも知れない．π の計算自体はできなかったが，与えられた π の値からその倍数を計算することはできた．バベッジは1850年頃にこの機械を思いついたが，組み立てられた実物を見ることはなかった．実際，上の表は彼の息子たちが部分的に再現した機械によって1906年に計算されたもの．初期データの π の値が小数点以下第14位で間違っているので，数表自体は正しくない．

発見館の責任者は 1949 年に数値を修正した．したがって今日皆が感心して見ているのは正確な数値であり，中高生たちが群れをなしてやって来ては，感嘆し熱狂しながら，π を記念した世界で唯一のこの部屋を通り過ぎていくのだ（筆者もその中の一人だった）．

すでに修正して 40 年以上もたっているのに，π の部屋の数値は小数点以下第 528 位から間違っていると無邪気に記述している本が多い．例えば 1997 年版の『クイド』【年刊の百科辞典】が，このおぞましい嘘の悪口をまき散らしているのだ．『クイド』は π の項目の中でさらに間違いを犯していて，次章で紹介するチュドゥノフスキーの綴りを間違え，もっとひどいことにリンド・パピルスに記載してある π の値を 32/9 と間違えている（正しくは $(16/9)^2$）．

もし発見館を訪れることがあれば，ぜひ π の部屋に入り《…021395016…》が《…021394946…》に修正されたところ，ちょうどポアンカレとポワソンの名前の上のあたりを注目して欲しい．筆者は正しい数字と修正された数字の境目のあたりを注意深く探ってみたが，その痕跡を見つけることができなかった．きっと修正時にすべての数字が書き替えられたに違いない．

ファーガソンの使った卓上計算機は，間違いなく，加法の繰り返しとしての乗法や桁の上げ下げができる加算器だったと思われる．すなわち 1694 年にライプニッツが製作した計算機に機能的に近く，製造者の経験から頑丈に作られた加算器にすぎなかっただろう．この時代，計算機はまさにコンピュータと呼ばれる電子式になろうとしていた．計算機はもう決して π を放ってはおかない．

計算機だと何でも簡単になるか

難しい問題が計算機を使うやいなや簡単になるとか，問題なのはもはや時間とお金だけだなどとうっかり信じてしまいそうだ．以下に抜粋するように，この考えはペートル・ベックマンの『π の歴史[13]』の中にも見い出すことができる．

《アルキメデス以来，到達できる π の桁数は計算能力と根気だけの問題であった．それもここ数年のうちにコンピュータのプログラミングだけの問題となり，今では原則として計算時間にいくら支払えるかというお金の問題以外の何物でもなくなった》

このような考えはまったく間違っているように筆者には思える．計算できる桁数を増やしてくれるのは数学の進歩なのだ．もしアーク・タンジェント公式がなかったなら，たぶん手計算とさほど違わなかっただろう．同じように，もし数学の新しい進展がなかったなら，今日 10 億桁には到達していなかっただろう．さらに，もしサイモン・プラウフの発見（⇒8章）がなかったなら，π の 2 進展開の小数点以下第 1 兆位が何であるかを知るのに間違いなく 100 年以上はかかっていたことだろう（そこまでの数値をすべて計算することなく，それが 1 であるとわかっている）．コンピ

5. 手計算からコンピュータへ

ュータやそのユーザーを軽視する人たちはプログラミングの難しさがわかっていない．毎日毎日，情報科学者は体験を通じてよく知っているからこそ，情報理論と数学がだんだんと緊密に強力しあうようになるのだ．

超巨大な数が関与する問題を正しく理解していないと，やはり計算機なら何でも簡単にできるという誤った考えに傾いてしまう．たとえコンピュータの性能が2倍ずつになっていく（これとて人々の努力を必要とするのであって際限なく続くものではない）としても，超巨大な数の《近郊》にたどり着くのにさえ数世代では足らないということを肝に命じておく必要がある．簡単に導ける次のような考察を読者もじっくりと考えてみて欲しい．

《コンピュータの性能が毎年2倍になる（現実には難しいだろうが）としても，計算力が現在の10^{1000}倍になるのにたっぷり3000年以上はかかる》

だから超巨大な数というものを区別して考える必要があるのだ．われわれの射程距離にある大きな数（例えば10^{10}）と，たぶん決して手の届かない10^{1000}のような数とにだ．

過去40年間プログラミングに取り組んできた経験から，われわれの複雑性に対する理解が変わってきている．それは何も無限の世界の中だけの話ではなく，超巨大な数の世界にも関係してくる．そしてこのような複雑性こそ，決してわれわれの手に負えない代物なのだ．

やはりコンピュータは賢い

卓上計算機を使ってファーガソンとレンチが1947年にπの808桁を確定し翌年に発表したあと，やはり卓上計算機によってレンチとレヴィ・スミスは1949年の6月に1120桁まで計算した．

その結果が確認される間もなく，1949年9月エニアック（ENIAC，電子式数値積分計算機）と呼ばれた世界初のコンピュータがπを2037桁まで計算した．米国フィラデルフィアにあるムーア電気工学科の弾道研究所のために設置され，1945年の11月から稼動を開始したこのコンピュータを使ってプログラムしたのはジョージ・ライトウィーズナーであった．誰しも認めるように，このとき以来コンピュータがπの小数部の計算競争を支配するようになった．

エニアックはこの計算を一度も故障で中断することなく70時間かけて行った．これはちょっとした奇跡と言えよう．何しろ30トンの巨体で，72m^2も床面積を占有し，とりわけ寿命の短い真空管を1万8000本も使っていたのだから．おまけに真空管の過熱を防ぐための換気システムを動かすのに12馬力のクライスラー社製エンジン2台が必要だった．このコンピュータには，戦時中ゆえ秘密裏に，もはや迅速に供給できなくなった照準表を弾道研究所で計算する目的のために15万ドルもの予算が投じられた．しかし戦争のために働くにはあまりに完成が遅すぎたようだ．広島と長崎への原爆投下（1945年8月）のあと，それでも初めて計算したの

π - 魅惑の数

世界初の電子計算機エニアックはアメリカ陸軍のための弾道計算用に製作され，1945年11月から稼動．πに対する魅惑はあまねく万人に配されているらしく，1949年エニアックに委託された民間プロジェクトの1つとして，πの世界記録樹立を目指した．結果的に機械式計算機で同年に達成された前記録のほぼ2倍にあたる2037桁までやり遂げた．

coll. P. P. P./I. P. S.

は水爆に関連した問題だった．つまり何の役にも立たなかった！

10進法で計算するこのコンピュータが初めて一般に公開されたのは1946年の2月だった．性能的には現代のプログラマブル・ポケット電卓にも及ばないのに，エニアックは《電子頭脳》と形容され，知性の驚異として大々的に宣伝された．πを2037桁まで計算したのも，間違いなく，巨大な怪物ではないことを示したいがための宣伝策略の一環だったのだ．

1949年には数学者であり物理学者であったジョン・フォン・ノイマンがエニアックによって計算されたπの小数部にえらく興味を持った．それで彼はメトロポリスとライトウィーズナーとともに統計的解析による共同研究を行った．しかし結論はちょっと期待はずれで，πの小数部には0から9までの数字を公平に無作為に選んで作った列（乱数列）からのいかなる偏りも検出できなかったという．以後，引き続いてますます先まで計算されるπの小数部に対する様々な統計的研究の結論は，決まってこのような結果に落ち着くのであった（この問題については10章で再び取り扱う）．

エニアック以後，高精度計算の記録は順調にのびていき，1973年ついに100万桁に到達した．しかしこの間は，たぶんコンピュータの性能の進歩に陶酔してある種の怠けぐせがついたせいか，あるいは当時の使いにくいプログラミング言語で細心の注意を払って符号化することに気を使いすぎたせいか，ほとんど数学的にも情報理論的にも著しい進展はなかった．使われたのはいつもアーク・タンジェント公式とグレゴリーによるその展開公式だったのだ．

この時期に行われた計算には，時間については2次，メモリーについては1次のアルゴリズムが用いられていた．すなわち，得られる桁数を2倍にするには少なくとも4倍以上の計算時間と自由に使える2倍以上のメモリーを必要とした．10倍の計算結果を得るためには，計算時間を100倍

5. 手計算からコンピュータへ

にメモリーを 10 倍にしなければならなかったわけだ．

　1954 年には米国で，海軍兵器研究計算機（NORC）を使ってニコルソンとジーネルがわずか 13 分の計算時間で π の 3092 桁までを計算した．

　パリでは 1958 年 1 月，コンピュータ IBM 704 を使ってフランソワ・ジェニューイが π を 1 万桁まで計算し，翌年 6 月には同じプログラムを使って，フランス原子力庁で 1 万 6167 桁を達成した．

　ロンドンでは 1959 年 5 月に，フェランティ情報処理センターのペガサスと呼ばれたコンピュータを用いて，フェルトンもまた 1 万桁まで計算した．これにはちょっと苦労したようで，前年に 1 万 21 桁まで計算できたと発表したが 7481 桁目に間違いが見つかり，この年に 33 時間をかけて計算し直したという．

　1961 年 6 月 29 日，ワシントンではダニエル・シャンクス（20 年間も無駄に計算し続けたウィリアム・シャンクスとは無関係）とジョン・レンチ（1948 年にファーガソンによる計算結果の検査に協力し，そうこうするうちに卓上計算機をコンピュータに入れ替えていた）が，IBM 7090 を使って 8 時間 43 分で π の 10 万桁までを計算した．

　シャンクスとレンチの計算を少し詳しく解説しよう．エニアックと違って彼らのコンピュータは 2 進法で計算した．78 ページの公式(10)を使い，各 arctan の計算にはそれぞれ 3 時間 7 分，2 時間 20 分および 2 時間 34 分かかった．この arctan の計算では，グレゴリーの展開公式を 2 項ずつまとめた新しい公式を採用することで，元の公式と比べて 27％ ほど計算時間が節約できた．3 項ずつまとめればさらに節約できただろうが，コンピュータの方が十分長い語長を扱えなかった．さらに単純な桁の上げ下げが出てくる積の計算をうまく処理することで 2 時間ほど計算時間が節約できた．ここまでのすべての計算は 2 進法で行われ，検証には 78 ページの公式(9)が使われた．こうして 2 通りの方法で計算された値が 0.16 秒以内で比較され，エラーを 1 つだけ検出して修正したあと，10 進の数値に 42 分かけて変換された．

ジャン・ギユーとマルティヌ・ブイエの 100 万桁

　1966 年 2 月，パリでジャン・ギユーとフィヤートルが IBM 7030 を使って π の 25 万桁までを計算した．この結果も，やはりパリでジャン・ギユーと今度はディシャンとによってコンピュータ CDC 6600 を使って 50 万桁にまで改良された．

　その後，何年かたった 1973 年，同じジャン・ギユーが今回はマルティヌ・ブイエとともに，コンピュータ CDC 7600 上でシャンクスとレンチが用いたのと同じ公式の組を使って，ついに 100 万桁まで到達した．1973 年 5 月の週末 18, 19 日と 20 日にかけて，リュエーユ=マルメゾン【パリ西郊にある衛星都市】のフランラブ社の一室において最初の計算が行われ，2 進法による計算に 22 時間 11 分，ついで 10 進小数への変換に 1 時間 7 分かかった．つまりほぼ 1 日要したわけだ．この計算の検証はジュネーヴの

π - 魅惑の数

ヨーロッパ原子核研究機関（CERN）において 1973 年の 8 月 25, 26 の両日および 9 月の 2, 3 の両日に行われた．彼らの計算結果は，統計解析とともに 415 ページの本として発表された．その 1 冊を持っている人物が著者に教えてくれたところによると，おかしなことに指でさわったところの数字が消えてしまう欠陥があると言う．ジャン・ギユーが親切にも献本してくれた分にはそんなことはなかったのだが．

　この 100 万桁の数値は，当時ランド・コーポレーション【米国カリフォルニア州】が出していた乱数表に偏りがないかどうかを調べるためにすでに使われていた方法を用いて，丹念すぎるほど細かく調べられた．その結果

ジャン・ギユーとマルティヌ・ブイエによる『πの 100 万桁』という本の最後のページ．ときに《世界で最も退屈な本》と形容される．このページは小数点以下第 99 万 7501 位から第 100 万位までの 2500 桁分にあたる．

```
              TABLE DES DECIMALES DE PI                           400

19951   41908 16682   24900 74207   11186 48815   47728 91718   65359 67765
19952   39579 93350   33427 28214   60541 69649   60098 47069   79585 59264
19953   30428 70363   66471 30713   14782 33061   15764 19913   22242 06460
19954   99898 83076   26858 36055   52740 99047   84676 10760   42417 84215
19955   06285 17557   35299 96478   62552 95428   36742 98706   64579 43375

19956   80101 40740   21161 86144   84329 76574   42634 28528   70477 85563
19957   08309 63143   52787 83041   94501 97029   46575 77773   28167 46858
19958   08745 39316   03937 25331   58992 80579   43463 14087   35860 86177
19959   88263 34927   74615 11849   11655 13068   18467 13677   34882 33410
19960   85136 40394   79392 08876   88633 63394   61382 35834   47940 81569

19961   61091 42938   77347 13893   42377 36191   09646 05642   44474 77908
19962   20760 49660   27135 61689   54106 44483   21365 98082   93890 97296
19963   18912 11834   29149 06163   89638 61069   37520 89534   68839 83344
19964   46718 98212   43478 07238   74074 57697   55450 74368   46747 13502
19965   48588 18399   66556 81963   44528 81194   18331 72636   82505 06118

19966   64900 39412   55205 74571   20360 35578   02514 19043   52671 83721
19967   92138 48299   05803 22469   58424 32315   89844 32510   39654 43535
19968   05354 32292   16747 04077   86146 84859   76255 74461   53511 88003
19969   14305 69954   92784 71674   54497 26976   12839 33251   83819 72223
19970   28360 70752   27812 92813   01065 69412   62948 73063   42688 37338

19971   18174 21706   08647 54827   63942 42391   40275 32180   42951 90341
19972   16351 70469   80742 33515   56057 85756   24509 99253   20178 74996
19973   36640 47347   70389 85587   30650 76038   97997 73184   31281 09897
19974   89882 08543   55955 09432   53902 37189   52168 20233   44245 57257
19975   53078 79263   39855 09016   45594 23733   96625 22335   16487 50589

19976   55694 21729   72448 95998   82508 92321   12034 79589   41546 54603
19977   03787 86175   91571 66139   88693 26873   74968 47305   49653 29378
19978   21475 64810   57938 08285   30053 24608   80506 56929   42234 00109
19979   59348 29461   45390 78890   66162 64021   50130 73533   00331 92074
19980   56372 63770   77099 93999   22886 21224   32488 02062   63485 08885

19981   30360 10723   43689 01360   64275 81425   28398 78594   91799 79611
19982   21963 79757   65192 45218   67096 08809   21371 11977   50008 78159
19983   30430 72934   48839 30957   57415 92413   75285 97779   72918 93453
19984   85050 80383   19867 74590   02518 65791   72370 80857   41642 97153
19985   80788 40607   13068 68036   19824 19715   77476 38950   72534 68404

19986   56919 27595   31937 22370   22290 15580   06560 76047   38547 35990
19987   44779 96748   74996 97694   27137 66869   55331 95125   33776 40985
19988   87096 68386   32639 26164   94560 86841   40374 56842   07194 05950
19989   70174 30354   69182 15090   04664 93998   55174 13893   85197 57312
19990   15682 61622   86223 18810   96729 74760   60130 28331   19371 61140

19991   87472 70676   25585 67775   11995 66674   86151 96491   29701 93318
19992   08499 41096   18139 29649   27893 60902   12535 44332   73750 64260
19993   62429 94120   32736 25582   04174 98345   09273 09453   43661 59072
19994   84163 19368   30757 19798   06823 15357   37155 57181   61221 56787
19995   93642 50138   87117 02327   55557 79302   26678 58031   99930 81083

19996   18939 85761 97873   33205 87490   13939 09580   79016 37717   67875 87877
19997                       72941 25678   19055 55621   80504 87674   69911 40839
19998   97791 93765   42320 62337   47117 24703   85674 33579   25891 51526
19999   03156 14033   32127 28491   94418 43715   06965 52087   54245 05989
20000   56787 96130   33116 46283   99634 64604   22090 10610   57794 58151
```

C. E. A./J. Guilloud/M. Bouyer.

5. 手計算からコンピュータへ

何も特別なことは暴かれなかった．いくらたくさん計算してみても，πの小数部は，あくまでつまらない数列のように振る舞おうとする．残念なことに，このような検査でπの小数展開が乱数列であると証明されうるわけではないから，用心することが肝心だ．だからπの小数部を，乱数列のように考えたり乱数列として機能しなければならないアルゴリズムの中で使うことは控えるべきだろう．πの100万桁に対するデータ解析を依頼された研究者は，次のような最悪の結論を出さざるをえない．興味あることは何も示さないし，興味あるものが何もないことを数学的に証明できるような新しい徴候が一切ない（そのこと自体には興味ある！）．

遺伝子列というかなり長い記号列に出会う生物学者たちも似たような状況にあると言えるが，事態はπほど深刻ではない．実際DNAの塩基配列は，それぞれの種類によって異なる，あらゆるタイプの統計的な偏りを示すからだ．そこでは特定の語が頻繁に現れたり，ある断片の繰り返しとかほとんど繰り返しに近いものがあったり，はっきりとした構造が観察できたりする．要するにπとは違って，ゲノムの生物学的情報には何世紀にもわたって科学者の大軍を従わせる価値があるので，困難な全ゲノムの解読をやがては可能ならしめるのだろう．

補足1──アーク・タンジェント公式の歴史

（1）　$\pi = 16\arctan\dfrac{1}{5} - 4\arctan\dfrac{1}{239}$

ジョン・マチンが発見し1706年に100桁まで計算した公式．1852年にはウィリアム・ラザフォードが用いた．ウィリアム・シャンクスもすべての計算にこれを使った．また1948年エニアックのプログラミングにも用いられた．

（2）　$\pi = 20\arctan\dfrac{1}{7} + 8\arctan\dfrac{3}{79}$

1755年にレオンハルト・オイラーが見い出した公式．ヴェガが1794年にこれを用いた．

（3）　$\pi = 16\arctan\dfrac{1}{5} - 4\arctan\dfrac{1}{70} + 4\arctan\dfrac{1}{99}$

オイラーが1764年に見つけた公式．ラザフォードは1841年これを使って208桁まで計算し，初めの152桁分だけが正確だった．

（4）　$\pi = 4\arctan\dfrac{1}{2} + 4\arctan\dfrac{1}{5} + 4\arctan\dfrac{1}{8}$

フォン・シュトラスニツキーが見い出した公式．これでツァハリアス・ダーゼが1844年に200桁まで到達した．

（5）　$\pi = 4\arctan\dfrac{1}{2} + 4\arctan\dfrac{1}{3}$

チャールズ・ハットンが1776年に見つけた公式．1853年にレーマンが261桁まで計算するのに使った．

(6) $\quad \pi = 8\arctan\dfrac{1}{3} + 4\arctan\dfrac{1}{7}$

1776年にハットンが，1779年にはオイラーがそれぞれ独立に見い出した公式．これで1789年にヴェガが143桁まで計算し，初めの126桁分だけが正確だった．ついで1847年にトマス・クラウゼン，1853年にはレーマンによって用いられ，レーマンは公式(5)を使って検証した．

(7) $\quad \pi = 12\arctan\dfrac{1}{4} + 4\arctan\dfrac{1}{20} + 4\arctan\dfrac{1}{1985}$

1893年にローニーが，1896年にはカール・シュテルメルが見つけた公式．1945年にファーガソンが使った．

(8) $\quad \pi = 32\arctan\dfrac{1}{10} - 4\arctan\dfrac{1}{239} - 16\arctan\dfrac{1}{515}$

1730年にクリンゲンシュティルナが見い出した公式．これを使って1957年にフェルトンが1万21桁まで計算し，初めの7480桁分だけが正確だった．

(9) $\quad \pi = 48\arctan\dfrac{1}{18} + 32\arctan\dfrac{1}{57} - 20\arctan\dfrac{1}{239}$

カール・フリードリッヒ・ガウスが1863年に見つけた公式．1958年にフェルトンがこれを使って，今回は正確に1万21桁まで計算した．さらに1961年にはダニエル・シャンクスとレンチによって，また1973年にはギューとフイエによって用いられた．

(10) $\quad \pi = 24\arctan\dfrac{1}{8} + 8\arctan\dfrac{1}{57} + 4\arctan\dfrac{1}{239}$

1896年にシュテルメルによって見い出された公式．1961年にシャンクスとレンチによって，また1973年にギューとブイエにより用いられた．

補足2 —— アーク・タンジェント公式の証明

$\pi/4$の値をいくつかのアーク・タンジェントの和で表わすには，正接関数の加法定理

$$\tan(a+b) = \frac{\tan a + \tan b}{1 - \tan a \tan b}$$

を何回も用いるのが最も簡単だ．例えば，すでにオイラーが見つけていた次の公式

$$\arctan\frac{1}{n} = \arctan\frac{1}{n+p} + \arctan\frac{p}{n^2+np+1}$$

は，

$$\tan\left(\arctan\frac{1}{n+p} + \arctan\frac{p}{n^2+np+1}\right) = \frac{\dfrac{1}{n+p} + \dfrac{p}{n^2+np+1}}{1 - \dfrac{1}{n+p} \times \dfrac{p}{n^2+np+1}} = \frac{1}{n}$$

のように簡単に確かめられる．特に$n=1$，$x=1/(1+p)$とおけば，公式

$$\frac{\pi}{4} = \arctan x + \arctan\frac{1-x}{1+x}$$

を得る．

5. 手計算からコンピュータへ

さらに

$$\frac{\pi}{4} = \arctan\frac{1}{n_1} + \arctan\frac{1}{n_2} + \cdots + \arctan\frac{1}{n_p}$$

という型の公式について組織的に考察したジャン=クロード・エルツは，次のような解を見つけている．

$p=2$ の場合	$n_1=2$	$n_2=3$		
$p=3$ の場合	$n_1=2$	$n_2=4$	$n_3=13$	
	$n_1=2$	$n_2=5$	$n_3=8$	
	$n_1=3$	$n_2=3$	$n_3=7$	
$p=4$ の場合	$n_1=2$	$n_2=4$	$n_3=14$	$n_4=183$
	$n_1=2$	$n_2=4$	$n_3=15$	$n_4=98$
	$n_1=2$	$n_2=4$	$n_3=18$	$n_4=47$
	$n_1=2$	$n_2=4$	$n_3=23$	$n_4=30$
	$n_1=2$	$n_2=5$	$n_3=9$	$n_4=73$
	$n_1=2$	$n_2=5$	$n_3=13$	$n_4=21$
	$n_1=2$	$n_2=6$	$n_3=7$	$n_4=68$
	$n_1=2$	$n_2=6$	$n_3=8$	$n_4=31$
	$n_1=2$	$n_2=7$	$n_3=8$	$n_4=18$
	$n_1=3$	$n_2=3$	$n_3=8$	$n_4=57$
	$n_1=3$	$n_2=3$	$n_3=9$	$n_4=32$
	$n_1=3$	$n_2=3$	$n_3=12$	$n_4=17$
	$n_1=3$	$n_2=4$	$n_3=5$	$n_4=47$
	$n_1=3$	$n_2=4$	$n_3=7$	$n_4=13$
	$n_1=3$	$n_2=5$	$n_3=7$	$n_4=8$

pを固定すると可能な正の整数の組合わせは有限個しかない．各pの最初にリストされた公式は次に述べるように次々と定められ，こうして解の無限列を得ることができる．まず公式 $\pi/4 = \arctan(1/1)$ から出発し，毎回右辺の最後の項に，すでに見ている公式

$$\arctan\frac{1}{n} = \arctan\frac{1}{n+1} + \arctan\frac{1}{n^2+n+1}$$

を適用していくのだ．こうしていくつか求めると次表のようになる．

n_1	n_2	n_3	n_4	n_5	n_6
1					
2	3				
2	4	13			
2	4	14	183		
2	4	14	184	33673	
2	4	14	184	33674	1133904603

この表の対角線部に現れる整数 d_n は漸化式 $d_1=1$，$d_{n+1}=d_n^2+d_n+1$ によって定まっている．

組織的にアーク・タンジェント公式をさらに導く重要な結果を2つ紹介

π/4 = arctan (1/1)

π/4 = arctan (1/2) + arctan (1/3)

π/4 = 2 arctan (1/3) + arctan (1/7)

π/4 = arctan (1/2) + arctan (1/5) + arctan (1/8)

π/4 = 2 arctan (1/2) − arctan (1/7)

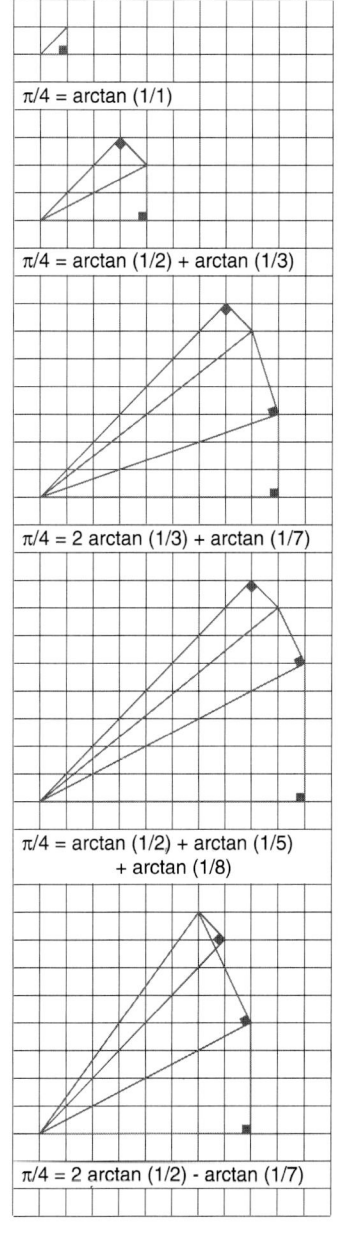

πを簡単なアーク・タンジェントの和で表わす視覚的な証明．

しておこう．証明はどれも簡単だ．

- $a_1, a_2, \cdots, a_n, b_1, b_2, \cdots, b_n, k$ を整数とするとき，和 $\arctan(b_1/a_1) + \arctan(b_2/a_2) + \cdots + \arctan(b_n/a_n)$ が $k\pi$ になるのは，複素数 $(a_1+ib_1) \cdot (a_2+ib_2)\cdots(a_n+ib_n)$ の虚部が0であるとき，かつそのときに限られる．
- m, n, u, v, k を整数とするとき $m\arctan(1/u) + n\arctan(1/v) = k\pi/4$ となるのは，複素数 $(1-i)^k(u+i)^m(v+i)^n$ の虚部が0であるとき，かつそのときに限られる．

補足3 —— アーク・タンジェント公式の効率

http://www.cacr.caltech.edu/~roy/upi/pi.formulas.html というインターネット・サイトでアーク・タンジェント公式の効率に関する話題を見つけたので以下に紹介する．

最も効率のよい公式は，$\pi/4 = 44\arctan(1/57) + 7\arctan(1/239) - 12 \cdot \arctan(1/682) + 24\arctan(1/12943)$ で，ジョン・マチンの公式と比べて85.67%の《計算費》ですむ．つまり14.33%も計算が節約できるのだ．この計算費という概念は，もう1桁正確な数字を計算するのに必要な新たに加えるべき項数のことで，この場合 $1/\log 57 + 1/\log 239 + 1/\log 682 + 1/\log 12943$ という量に相当する．

簡単のために，自然数 m, n に対して $m \star n = m\arctan(1/n)$ と略記することにしよう．するとマチンの公式以上の効率を持つ15個の公式は以下のようになる．

$44 \star 57$	$+7 \star 239$	$-12 \star 682$	$24 \star 12943$			85.67%
$22 \star 28$	$+2 \star 443$	$-5 \star 1393$	$-10 \star 11018$			88.28%
$17 \star 23$	$+8 \star 182$	$+10 \star 5118$	$+5 \star 6072$			92.41%
$88 \star 172$	$+51 \star 239$	$+32 \star 682$	$+44 \star 5357$	$+68 \star 12943$		93.56%
$100 \star 73$	$+54 \star 239$	$-12 \star 2072$	$-52 \star 2943$	$-24 \star 16432$		96.38%
$12 \star 18$	$+8 \star 57$	$-5 \star 239$				96.51%
$8 \star 10$	$-1 \star 239$	$-4 \star 515$				96.65%
$44 \star 53$	$-20 \star 443$	$-5 \star 1393$	$+22 \star 4443$	$-10 \star 11018$		97.09%
$17 \star 22$	$+3 \star 172$	$-2 \star 682$	$-7 \star 5357$			97.95%
$16 \star 20$	$-1 \star 239$	$-4 \star 515$	$-8 \star 4030$			99.13%
$61 \star 38$	$-14 \star 557$	$-3 \star 1068$	$-17 \star 3458$	$-34 \star 27493$		99.14%
$227 \star 255$	$-100 \star 682$	$+44 \star 2072$	$+51 \star 2943$	$-27 \star 12943$	$+88 \star 16432$	99.32%
$24 \star 53$	$+20 \star 57$	$-5 \star 239$	$+12 \star 4443$			99.61%
$127 \star 241$	$+100 \star 437$	$+44 \star 2072$	$+24 \star 2943$	$-12 \star 16432$	$+27 \star 28800$	99.92%
$4 \star 5$	$-1 \star 239$					100.00%

底を変えたり計算を工夫して簡単にすることでこの効率の順位は変わりうるが，それぞれの計算の特殊性を考慮に入れた絶対的な効率の順位を定めることは無理だろう．

π を計算しよう

——こつこつアルゴリズム——

手計算あるいはコンピュータで，非常に長い小数部を持つ数の計算を行うときの一般的な方針を見つけ出そう．例として π を2400桁まで計算することのできる短くて（158語）巧妙なプログラムを紹介する．これを少し工夫すれば，数時間あるいは数日かけてルドルフ・ヴァン・クーレンの35桁やヨハン・ダーゼの200桁を越える桁数まで π を手計算で求めることができるだろう．さらに収束数列の加速法の簡単な説明も終わりにつけ加えておく．

π を計算する一般原理

級数を使って巨大な桁数まで π を計算するための基本的な原理は，手計算であろうがコンピュータであろうがそう変わりはしない．一挙にたくさんの数字を計算しなければならないわけだ．例えば1000桁まで計算しようと思うとき，そこに1/3という初項があれば，1枚の紙かコンピュータのメモリーの中に0.3333333…3（1000個の《3》）を書き込むことから始めることになる．

そのような数に四則演算を施すには，学校で習うように，手計算ならば1枚の紙を取り出して必要に応じて計算を細分化するだろうし，コンピュータなら教わった通りの手順でプログラムするだろう．

ところがコンピュータの基本演算は，例えば10桁までの数を扱うようにしか設定されていないから，巨大な数をそのまま取り扱うことができない．だからそのような数に対する初等演算を小さな桁数の基本演算に帰着させるようにプログラムし直す必要がある．このとき10よりも大きな底を採用する方が，取り扱う桁数が減るから，使用できる基本演算を最大限に活用できるという点で有利となる．計算したあとで10進法に変換する

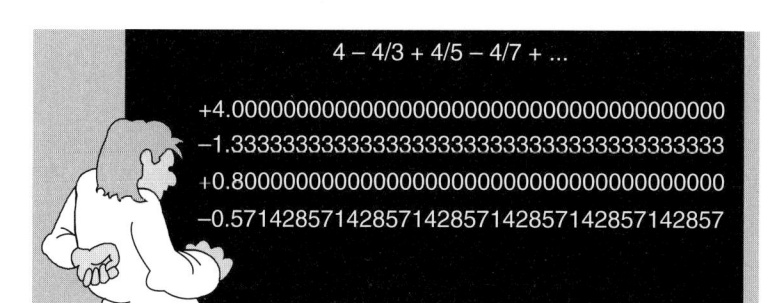

```
        4 − 4/3 + 4/5 − 4/7 + …

    +4.000000000000000000000000000000000
    −1.333333333333333333333333333333333
    +0.800000000000000000000000000000000
    −0.571428571428571428571428571428571
```

例えばライプニッツの公式を使って π を大きな桁数まで計算するには，まず大きな桁数の数を計算しなければならな

のが簡単だから，100とか1000などを底に選ぶとよい．例えば1000進法で3桁の数字 324, 746 と 783 を普通の10進法を使って表すと，9桁の数 324746783 になる．

また正確に計算できる整数の範囲が，例えば $32768=2^{15}$ までに制限されている環境では，そのようなプログラミング言語の提供する基本演算を最大限有効に利用できるように底 b を選ぶ必要がある．底 b において2つの数の掛け算を実行するには，10進法で用いる九九の表のように，b 以下の整数どうしの積の表が必要になる．その表には 0 から b^2 までの整数が並ぶから，正確に計算が実行されるためには，この例で言えば $b^2 <$ 32768 となるように底 b を選ばなければならない．こうして，以上の条件を満たすなるべく大きな10の累乗を b として選ぶのがよい．今の場合では $b=100$ となるわけだ．

乗法のプログラミングに関しては，学校で習う普通の掛け算が最善ではないことが次章で示される．普通の掛け算でも100万桁までならプログラマーは満足するかもしれないが，それ以上計算するためにはより完成度の高い方法を使わなければならない．

また π の計算屋たちが効果的に行ってきたように，同じ演算を繰り返さないとか計算途中や最後の計算結果をうまく処理する工夫によって，計算手順を短縮することができる．

不思議なプログラム

アーク・タンジェント公式を使ってプログラムしようと思えば，巨大な数の掛け算が必要となるから，初等演算を再定義しなければならない．この作業のせいでプログラム自体が長くなるわけだが，うまく工夫すればあまり長くならないようにできる．この最短記録は，π を 2400 桁まで計算できる次のC言語で書かれたプログラムであることに間違いないだろう．作者不詳だが，わずか 158 語でまんまとやってのけた．

```
int a=10000,b,c=8400,d,e,f[8401],g;main(){for(;b-c;)
f[b++]=a/5;for(;d=0,g=c*2;c-=14,printf("%.4d",e+d/a),
e=d%a)for(b=c;d+=f[b]*a,f[b]=d%--g,d/=g--,--b;d*=b);}
```

同じプログラムをベーシック（Basic）言語で書くと次のようになる．

```
DEFLNG a-g:DIM f(8401) AS LONG
a=10000:c=8400
WHILE(b<>c)
      f(b)=a\5:b=b+1
WEND
WHILE(c>0)
      g=2*c:d=0:b=c
      WHILE(b>0)
```

6. πを計算しよう

```
        d=d+f(b)*a:g=g-1:f(b)=d MOD g
        d=d\g:g=g-1:b=b-1
        IF(b<>0) THEN d=d*b
    WEND
    c=c-14:x$=STR$(e+d\a):L=LEN(x$)
    PRINT LEFT$("0000",5-L);RIGHT$(x$,L-1);
    e=d MOD a
WEND
```

　筆者はこのプログラムを雑誌『プー・ラ・シアンス』の1994年5月号で紹介した．C言語の方はエリック・ヴェグルジノフスキーがインターネットで見つけて知らせてくれたもので，ベーシックの方はそれをフィリップ・マテューが書き直してくれたものだ．当時はよくわからなかったので，プログラムの機能について説明できなかったのだが，何人かの読者がその仕組みを教えてくれた．中でも明解な解答を寄せてくれたフランシス・ダローディエ，エマニュエル・ディマレリ，フランソワ・バルサロブル，アラン・デスプレ，ロベール・ドマン，クロード・ショニエ，ジル・エスポジト＝ファレーズ，ジャン＝ポール・ミシェル，ルネ・マンゾーニ，そしてこのことについて論文[119]を書いているダニエル・サーダ各氏に感謝したい．奇跡のように思えたこのプログラムをうまく説明することができるのも彼らのおかげなのだ．このπの計算プログラムに隠された巧妙な仕掛けを，これ以上うまくは明かせないだろう．

　その前に，ある種のコンピュータ言語にはπの高精度の数値に直接アクセスできる特殊な命令が備わっていることを指摘しておきたい．例えば，エンジニアや理系の教育課程で非常によく使われているメイプル（Maple）という数式処理ソフトがそうだ．わずか1行の

```
                evalf(Pi,10000);
```

という命令で，即座にπの1万桁が表示される．しかし奇妙なことに，

```
                evalf(Pi,10001);
```

によってπの1万1桁が表示されるまでに，比較にならないほどの時間がかかるのだ．まずメイプルは，次章で説明する方法によるπ計算のサブルーチンを固有ライブラリーの中に持っている．次に，多くのユーザーが望むのはπの100桁か1000桁か1万桁だということがわかっているので，メイプルの開発者たちは，そのような命令が来るたびに単にコピーすれば済むように，πの1万桁そのものをサブルーチンの中に書き込んでいる．メイプルの中にはπの1万桁がレンガのように固められて入っているなどと悪ふざけを言う人もいる．もちろんこれは，あまり口うるさくない初心者に即座に答えるためであり，また1万桁と1万1桁の間の不連続性を説明している（著者が嘘をついているように思わせるために，メイプルの開発者たちは次のヴァージョンから1万1桁分のレンガに置き換えて不連続点の位置をずらすかも）．

　もちろん，ここで興味があるのはπを最初からいんちきなしで計算することであり，82ページの2つのプログラムはそれを見事にこなしてい

π - 魅惑の数

πの1万桁を最も速く表示させる方法は，πの小数部をデータベース化しておいてそれを読むことだ．メイプルの開発者たちはそのことをよく知っている．

るのだ．ではどうやって？

見事に使われたオイラーの級数

　実はこのプログラムは，すでに4章で出会っているオイラーが見つけた級数

$$\pi = 2\left(1 + \frac{1}{3} + \frac{1\times 2}{3\times 5} + \frac{1\times 2\times 3}{3\times 5\times 7} + \frac{1\times 2\times 3\times 4}{3\times 5\times 7\times 9} + \cdots\right)$$
$$= 2\sum_{n=0}^{\infty} \frac{1\times 2\times \cdots \times n}{1\times 3\times \cdots \times (2n+1)}$$

を使っているのだ．この級数の各項は正だからπに下から収束している．また隣り合う2項の比は1/2より小さいから，第n項a_nまでで打ち切ったときの剰余はa_nより小さくなる．実際，隣り合う2項の比がちょうど1/2だとしても$a_n/2 + a_n/2^2 + a_n/2^3 + \cdots = a_n$だから．したがってπを$n$桁まで計算するには，だいたい$\log_2 10^n \approx 3.32n$項くらいまで和をとれば十分だろう．

　このオイラーの級数の収束はアルキメデスの方法に比べてかなり遅い．しかしアルキメデスの方法は開平の計算を含んでいるのでやっかいなのだ．この級数は，ある程度の桁数を求める短いプログラムに適していても，それ以上望む場合には適当ではない．

　このプログラムでは1万を底にとって計算しているので，計算結果は4つずつの数字のグループに分けられて出力される．だからC言語によるプログラムでは printf("%.4d") となっている．ベーシックだと数字の前の

0は表示されない（例えば21だと，0021のようには表示されない）ので，ちょっと工夫して PRINT LEFT$("0000",5-L);RIGHT$(x$,L-1) としているわけだ．

　1万を底としたときの数字600個が，10進法の2400桁に相当する．上述した級数の剰余評価から，計算すべき項数は600×4×3.32くらいとなり，かなり大きく見積もって8400とした数値がそれぞれのプログラムの最初の行に現れている．また4×3.32より少し大きい整数14が，隣り合う2つの数字に対するずれを命令する部分に現れているのも同じ理由による．計算された数字は f( ) という配列に格納される．プログラムは初期化ループおよび計算と表示を実行する二重ループから成り立っている．

　二重ループにおける計算は，元の級数を
$$1000\pi = \frac{10000}{5}\left(1 + \frac{1}{3}\left(1 + \frac{2}{5}\left(1 + \frac{3}{7}\left(1 + \cdots \left(1 + \frac{8399}{16799}\right)\cdots\right)\right)\right)\right)$$
と書き表わしたときに，それを1項ずつ使って計算を積み重ねていくことに対応している（これはホーナー表示と呼ばれ，なるべく少ない掛け算で多項式の値を計算するときによく用いられる）．

　このプログラムはπの正確な小数展開を最初から徐々に決定し，ただちに表示していく．と同時に，まだ決定されていない数字の格納場所を，あとの計算で必要になる剰余のたぐいを一時的に蓄えるために使っている．この章の初めに述べたように，初めから求めたい大きな桁数で計算しなければならないのだ．

こつこつアルゴリズム —— 表による π の計算

　さて，このプログラムが行っている計算の仕組みを細部まで理解するために，それを手計算で実行することを考えてみよう．もちろんそれは，コンピュータ・プログラムとは一切無関係のπを正確に計算する1つの方法であると同時に，掛け算や割り算および91ページに示すような開平を効率よく手計算で行う方法をも与えてくれる．

　1968年にサールが数eの計算において使ったアイデアが，このπの計算方法に用いられている．サールのアイデアをπに適用することは，1988年にダニエル・サーダが，そして1991年にはスタンレー・ラビノヴィッツがそれぞれ独立に提案していた．たぶん158語のC言語プログラムの作者は，このラビノヴィッツの1991年の論文を読んでいたのだろう．計算された数字の正しさを保証する剰余項の評価の部分は，後述するように巧妙なアイデアをいくつも含んでいる．洗練されたπの計算プログラムには，そういった緻密さが先験的に備わっていなければならないのだろう．他の計算結果と比べることでプログラムの正しさを確認するような経験的なものではないのだ．1995年にスタンレー・ラビノヴィッツとスタン・ワゴンはこのアルゴリズムの詳細な解析を行った（⇒87ページ）．

　このプログラムが行っている計算を丹念に再構成することで，**こつこつアルゴリズム**と名づけられたπの手計算法が得られる．計算力さえあれ

ば，しつこく何年もこの計算に没頭したルドルフ・ヴァン・クーレンと同じくらいの π の値を，数時間ほどで得ることができるだろう．e や π に対するこつこつアルゴリズムは，イワン・スチュアートが雑誌『プー・ラ・シアンス』の 1995 年 9 月号[134]に紹介したことで有名になったものだ．

　このアルゴリズムによる π の計算は，割り算のときに数字を書き込むのに似た一連の小さな計算の積み重ねからなっている．こうして π の値が 1 桁ずつ，雫がポツンポツンと垂れるように，こつこつと得られる．むしろ割り算よりもさらに手間がかかるのだが，その仕組みはきわめて魅力的なのだ．つい最近になってから発見されたというのも面白い．

表計算のルール

● 初期化
　① 最上段の A 行と B 行には 1 つ空けて正の整数および 3 以上の奇数をそれぞれ並べる．
　② 《先頭行》には《2》を並べ，すべての《繰上げ》行の右端に《**0**》を入れる（太字の《**0**》）．
　③ その下の《×10》行には上の行の値を 10 倍したものをそれぞれ書き込む．
● 第 1 段の小表の最右列から左方向に，《繰上げ》，《和》および《余り》の各行において次のルールで計算を進めていく．
　① 《×10》行の値と《繰上げ》行の値の和を計算し，
　② その結果を《和》に書き込む．
　③ 次に，この値を同じ列にある B 行の数値で割った余りを下の《余り》行に入れる．商の方は同じ列にある A 行の数値と積をとって，左隣りの列の《繰上げ》行に入れる（計算は常に同じ列で行う）．
　④ この計算を左へ同様に続けていく．この例だと，まず 20＋0＝20 を 25 で割って商 0 と余り 20 を得る．商 0 が 3 回ほど続き，A 行に 9 が入っている列まで来ると，20 を 19 で割った余り 1 と商 1 を得る．この商に 9 を掛けた 9 をその左隣りの《繰上げ》行に入れる．次に 9＋20＝29 を 17 で割って余り 12 と商 1 を得るが，この商に 8 を掛けた 8 が次の《繰上げ》行に入る．
● こうして最左列（A, B に何も入っていない列）まで計算を進めたあと，この列の《和》行の値を 10 で割った商 3 が π の最初の数字になる．その余りはすぐ下の《余り》行に入れて，第 1 段の小表は完成する．
● π の 2 番目の数字を得るために，第 2 段の小表を計算する．《×10》行には，上の段の《余り》行の各値を 10 倍したものを入れ，前段と同様に右端から左へ計算を進めていく．こうして最左列の《和》行の値 13 を 10 で割った商 1 が π の 2 番目の数字となる．
● π の n 番目の数字を得るには，約 $332 \times n$ 列の表を使う必要がある．この例では 3 個の数字が求まった時点で終了しなければならない．次に続く数字が 9 でない限り，その数字は確定する．また，次段の《和》行の値が

6. π を計算しよう

A		1	2	3	4	5	6	7	8	9	10	11	12
B		3	5	7	9	11	13	15	17	19	21	23	25
先頭行	π	2	2	2	2	2	2	2	2	2	2	2	2
×10		20	20	20	20	20	20	20	20	20	20	20	20
繰上げ		10	12	12	12	10	12	7	8	9	0	0	0
和	3	30	32	32	32	30	32	27	28	29	20	20	20
余り		0	2	2	4	3	10	1	13	12	1	20	20
×10		0	20	20	40	30	100	10	130	120	10	200	200
繰上げ		13	20	33	40	65	48	98	88	72	150	132	96
和	1	13	40	53	80	95	148	108	218	192	160	332	296
余り		3	1	3	3	5	5	4	8	5	8	17	20
×10		30	10	30	30	50	50	40	80	50	80	170	200
繰上げ		11	24	30	40	40	42	63	64	90	120	88	0
和	4	41	34	60	70	90	92	103	144	140	200	258	200
余り		1	1	0	0	4	12	9	4	10	6	16	0
×10		10	10	0	0	40	120	90	40	100	60	160	0
繰上げ		4	2	9	24	55	84	63	48	72	60	66	0
和	1	14	12	9	24	55	124	183	138	112	160	126	160
余り		4	0	4	3	1	3	1	3	10	8	0	22

100 を超えた場合には，繰上げを行って計算を調整する必要がある．このようなことはほとんど起こらないが，例えば，35 個の数字を得るために 116 列の表から計算を始めた場合，32 段目の小表から数字《4》を得るが，次の 33 段目からは数字《10》が出現してしまう．したがってこの場合，数字《4》を《5》に修正しなければならない．

可変ピッチ底による計算

こつこつアルゴリズムの計算を理解するために，次の可変ピッチ底という数の表示法を導入する．

普通の 10 進展開による π の表示は，

$$\pi = 3 + \frac{1}{10}\left(1 + \frac{1}{10}\left(4 + \frac{1}{10}\left(1 + \frac{1}{10}\left(5 + \cdots\right)\right)\right)\right)$$

と書け，これはピッチが一定の底 $\boldsymbol{d} = (1/10, 1/10, 1/10, \cdots)$ に対する表示 $\pi_d = \langle 3; 1, 4, 1, 5, \cdots \rangle$ と考えられる（固定ピッチ底表示）．これに対し，オイラーの級数

$$\pi = 2 + \frac{1}{3}\left(2 + \frac{2}{5}\left(2 + \frac{3}{7}\left(2 + \frac{4}{9}\left(2 + \cdots\right)\right)\right)\right)$$

は，ピッチが一定でない底 $\boldsymbol{b} = (1/3, 2/5, 3/7, 4/9, \cdots)$ に対する表示 $\pi_b = \langle 2; 2, 2, 2, 2, \cdots \rangle$ とみなすことができよう．このように一般化したものを**可変ピッチ底**表示と呼ぶ．

そうすると，こつこつアルゴリズムというのは，単に底 $\boldsymbol{b}$ に対する π の表示を底 $\boldsymbol{d}$ に対する π の表示に変換するアルゴリズムにほかならない．

この変換を以下に説明しよう．

π を表示するオイラーの級数の最初の 13 項の和を π' とおく．前表の先頭行 $\langle 2, 2, 2, \cdots \rangle$ は底 b に対する π' の表示であり，それぞれを 10 倍することで第 1 段の小表の最初の行が得られる．つまり底 b で $10\pi'$ を表したものではあるが，底 b の各分母よりも大きな数字が出現しているから，標準的な表示にはなっていない．そのことは普通の 10 進法でも起こっているわけで，例えば 453 という数をうかつに 5 倍すれば [20 25 15] となるが，これを 0 から 9 までの数字を使った 10 進法の標準的な表示 2265 に直すには，右側から左側の数字に繰上げを行う必要がある．まず 15 に対して 5 を残して 1 を次の数字 25 に繰り上げて 26 にし，次に 6 を残して 2 を繰り上げるわけだ．最初の小表の中で行っている計算は，まさにこれと同じことを底 b で実行しているだけなのだ．

この $10\pi'$ の表示を標準化する計算の結果生じた整数 30 は，π' が 3 から始まる数であることを意味している．そして第 1 段の《余り》の行には $10\pi'-30=1.415\cdots$ という数の底 b による表示が残っている．次段の小表の計算は，したがって $10(10\pi'-30)=100\pi'-300$ の底 b による表示の標準化に対応している．この結果の 13 は π' の小数点以下 1 位の数字が 1 であることを意味する．こうして底 b による π' の表示から，以下同様に π' の 10 進展開が得られるのだ．

このように，こつこつアルゴリズムは実数を扱わないばかりか，大いなる野心を抱かなければ，ほどよい大きさの整数計算しか必要としない．例えば π を 1000 桁まで求めるには，10 桁の整数計算ができればよい．このことは何も驚くべきことではなくて，π 計算のプログラムのほとんどに共通した性質だ．加法であれ乗法であれ，結局は整数だけの計算に帰着できるのだから．こつこつアルゴリズムは，繰上げのメカニズムを完璧に取り入れながら，大きな数どうしの計算（底 b から 10 進への変換）を非常にエレガントに小さな数の計算に帰着させている．

要するに，こつこつアルゴリズムは，π 計算の短いプログラムを可能にしてくれるし，π を快適に手計算する方法をも与えてくれる．とは言っても，1974 年頃のプログラムと比べて，ほかに何も進歩したところは見あ

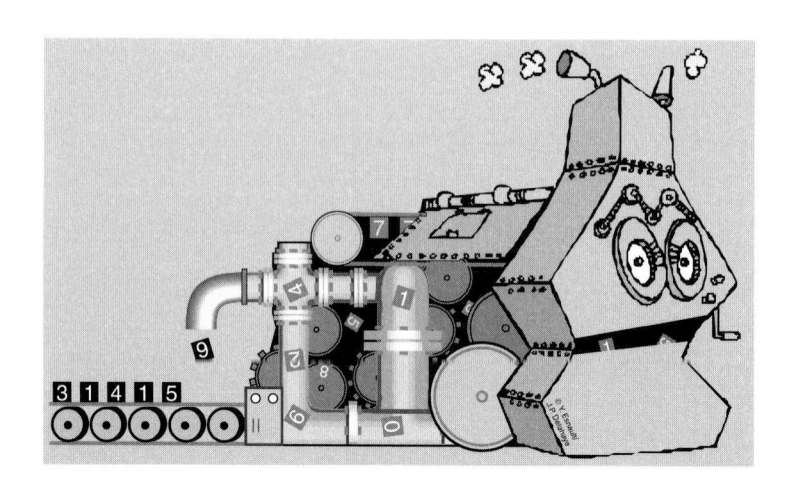

こつこつアルゴリズムは，π の小数部を 1 桁ずつこつこつと計算していく．

たらない．というのは，

● あらかじめ何桁まで計算するのかを決めておく必要がある．大きな桁数を望むのなら，最初から大きな桁数で計算しなければならないのだ．計算途中で桁数を増やすことはできない．
● 8章で述べるベイリー=ボールウェイン=プラウフの公式から導かれるアルゴリズムと違って，こつこつアルゴリズムで π を n 桁まで計算するには n に比例したメモリー容量が必要．
● また，その計算時間は n^2 あるいは $n^2 \times \log n$ に比例する．1973年以前のすべての π の計算プログラムは，このような性質を持っていた．その後，次章で述べるように，高速乗法のおかげでかなり計算時間が節約できるようになった．

終わりに，数年前にウィリアム・ゴスパーによって発見された公式

$$\pi = 3 + \frac{1}{60}\left(8 + \frac{2\times 3}{7\times 8\times 3}\left(13 + \frac{3\times 5}{10\times 11\times 3}\left(18 + \frac{4\times 7}{13\times 14\times 3}(\cdots)\right)\right)\right)$$

を紹介して，この節をしめくくろう．これを使えば前よりずっと効率のいいこつこつアルゴリズムができるだろう．

収束の加速法

こつこつアルゴリズムで使われたオイラーの級数は，実際，ひどく収束の遅いライプニッツの公式を加速化したものであるし，加速法の見事な応用例でもある．数値解析では，π の計算ばかりやっているわけではなくて，様々な数値列の極限値を計算しなければならない．だからゆっくりと収束する列をより速く収束させる変換法が必要になるわけだ．今まで数学者は数々の加速法を見つけてきたが，単純で強力な加速法の1つをここで紹介しよう．

数学者であり驚くべき計算家でもあったアレグザンダー・エイトケンが1926年に発明した，いわゆるエイトケンのデルタ-2法は，加速させたい数列 x_n から同じ極限値を持つ新しい数列 t_n を

$$t_n = \frac{x_n x_{n-2} - x_{n-1}^2}{x_n - 2x_{n-1} + x_{n-2}} \quad (n \geq 2)$$

によって定めていく．x_{n-2}, x_{n-1}, x_n という3項だけで t_n を定めていることに注意しよう．

このエイトケンのデルタ-2法は，きわめて収束の遅いライプニッツの公式（例えば $x_{500} = 3.14\underline{35}\cdots$ でわずか2桁まで！）を，

$$t_2 = 3.1\underline{66}\cdots$$
$$t_{10} = 3.1418\underline{39}\cdots$$
$$t_{50} = 3.141594\underline{6}\cdots$$
$$t_{500} = 3.14159265\underline{5}\cdots$$

のようにより速く収束する数列 t_n に変換する．またこの例では，ある番号以降 t_n の誤差は x_n の誤差の10分の1以下になり，さらに先では誤差

の比が100分の1以下になり，もっと先では1000分の1以下になるということが示せる．つまり $(\pi-t_n)/(\pi-x_n)$ は n が無限に大きくなるとき0に収束するということだ．これが《列 t_n は列 x_n を加速する》ということの正確な定義である．

典型的な加速法であるエイトケンのデルタ-2法は，等比数列に対して完璧に働くように作られている初等的な方法だ．少し一般に $L+a\times b^n$ という数列を考えてみよう．もし $|b|<1$ であれば，明らかにこの数列は L に収束するが，エイトケンの方法によってこの数列は極限値 L そのものに変換される．もちろん実際に取り扱う数列はもっと複雑で決してこのようなものではないが，ライプニッツの公式のように等比数列に十分似ている場合には，この方法でうまく加速できる．こうして，《数列に何らかの規則性を見つけて極限値を察知できないときは，加速してみよ》という経験則が生まれた．

この経験則はきわめて単純だが，等比数列に十分似ていることが多々あるので，びっくりするくらいうまくいくのだ．だが《十分似ている》とはどういう意味だろうか．数列 x_n の隣り合う2項の差を《偏差》と呼ぶことにすれば，デルタ-2法に関して次のことが知られている．《隣り合う2つの偏差の比が-1と1の間の0でないある数 b に収束するならば，エイトケンのデルタ-2法は元の x_n を加速する》．数式を使えば，もし x_n が L に収束し，比 $(x_{n+2}-x_{n+1})/(x_{n-1}-x_n)$ が $b\in[-1,0)\cup(0,1)$ に収束すれば，$(L-t_n)/(L-x_n)$ は0に収束するということ．このとき数列 x_n は1次収束すると言う．ライプニッツの公式は実際に1次収束しているから，エイトケンのデルタ-2法によって加速されて当然なのだ．

みかけは単純なこのデルタ-2法について，特に1次収束する数列の加速については最良であることがわかっている．正確に述べれば，

- 1次収束するすべての数列を加速するもっと簡単な代数変換は存在しない．
- 1次収束するすべての数列 x_n に対して，ある正数 ε がとれて $|L-t_n|/|L-x_n|^{1+\varepsilon}$ が0に収束するような変換 t_n は存在しない（したがって加速指数1は $1+\varepsilon$ に改良できない）．

数列の加速法は，興味深いものではあるが，収束に関するあらゆる問題を解決してくれるわけではない．π の計算のような特殊な場合，ゆっくりと収束する数列の加速法を選んでいるよりは，より速く収束する数列を直接見つける方が役に立つことが多い．さらに次に述べる2つの否定的な結果から，加速させる変換を選んでいるばかりではだめだということがわかるだろう．

■まず，ゆっくりと収束する数列は特別な方法によってしか加速できない．極限値 L を持つ数列の隣り合う2つの誤差の比 $(L-x_{n+1})/(L-x_n)$ が1に収束するとき，この数列は**対数型収束**をすると言う．先へ行けば行くほど遅々として進まないわけだ．何らかの方法で加速することができる数多くの対数型収束列の例が知られているので，あらゆる対数型収束列を

6. π を計算しよう

加速できる一般的な方法をつい期待してしまう．要するに収束が遅い列は必ずうまく急がせることができるに違いないと．しかしこの夢もはかなく吹き飛ばされてしまう．というのは，すべての対数型収束列に有効な変換など存在しないことが証明できるからだ．言い換えると，いくつかの対数型収束列を加速できても，その方法をすべての対数型収束列には決して適用できないということ．対数型収束列はあまりに多くありすぎて，みかけだけの規則性しかなくて，振舞いがあまりに無秩序であまりに多彩なので，どんな方法をもってしても抑えつけることができないのだ．

■ もう1つは隣り合う2つの誤差の比が0に収束するような数列，つまり非常に速く収束する列に対する結果だ．先へ行けば行くほどますます速く収束するようになるから，正確な桁数もうなぎのぼりに増えていく．このような数列は加速する必要がないと考えるだろうが，この場合も上述した対数型収束列と同じく，すべての数列を加速できるいかなる変換も存在しないことが証明できる．

これらの不可能性の証明で用いられる方法は，言うならば虎狩りの数学版だ．例えば，すべての対数型収束列を加速することができる変換の存在という罠を仕掛ける．これに対して，ある特殊な数列を与えてその振舞いを観察する．しばらくするとこの変換の癖を見抜くことができて，それでは加速することができない1つの数列を念入りにこしらえてしまうというわけだ．また，2つの変換のそれぞれで加速される数列全体の和集合は必ずしも1つの変換で加速されるわけではない，という否定型の結果も知られている．つまり2つの加速アルゴリズムの合成が，いつも両者の長所を統合するわけではないということだ．

数列の加速法についての全般的な問題については，クロード・ブレジンスキーの本[31]を，また数列の変換に関する特殊な問題については著者の書物[53]を参考にするとよい．

補足 —— 開平の計算

この節では，望みの精度で平方根を計算できる割り算に似た手計算による計算方法を紹介しよう．次の章で平方根を計算する別の方法を述べるが，昔からのみごとなこの計算方法をここで味わっていただきたい．

n桁の自然数の平方根の計算が，この方法では短い整数と長い整数の約$n/2$回の掛け算に帰着できる．巨大な数に対しては途中の掛け算をうまく再編成しない限り適さないので，次章で述べる高速乗法を用いたニュートン法を採用する方がより簡単ではある．しかし数千桁程度の数に対しては，次章で述べるユージン・サラミンとリチャード・ブレントによる公式を使えば多分この方法は有効と思われる．

まず計算したい数を右から2桁ずつに区切っていく．次にxの自乗が区切られた先頭の数を越えないような最大の自然数xを求める．下の例では89以下の最大の平方数は$9 \times 9 = 81$だから$x = 9$となり，これを引い

π - 魅惑の数

て余り 8 を得る．2 桁下がって次に考える数は 841 になる．

そこで $[2\times x]y\times y$（積 $2\times x$ を計算し，それに数字 y を右から添えてできる数を y 倍したもの）が 841 を超えないような最大の自然数 y を求める．この例では $y=4$ となる．以下同様に計算を繰り返していく．

x, y, z, t として $9, 4, 5, 5$ がそれぞれ求まるから $\sqrt{89415213}$ の値は 9455 より大きく 9456 より小さい．xy および xyz は単に数字を並べただけの 2 桁および 3 桁の数のことで，積ではない．

```
                              8 9 4 1 5 2 1 3    x y z t
  9×9    [x×x] →             -8 1                9 4 5 5
                                 8 4 1
  184×4  [(2×x)y×y] →          -7 3 6
                               1 0 5 5 2
  1885×5 [(2×xy)z×z] →         -9 4 2 5
                               1 1 2 7 1 3
 18905×5 [(2×xyz)t×t] →        -9 4 5 2 5
                                 1 8 1 8 8
```

活躍する数学

―― 10億桁の達成 ――

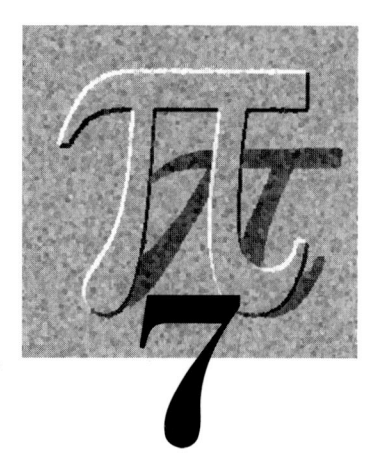

　手計算やコンピュータでさらに計算を進める前に，ここ25年の間に π に起こった出来事をじっくりと振り返ってみよう．誰もが受け入れている明白な事実をも見直す必要があった．すなわち，意外なことに，大きな数の計算では普段行っている掛け算は最善ではなかったのだ．そのためにより高性能な，しかし理解しづらくプログラムしにくい複雑な方法を用いることになった．さらに，長い間よく理解されていなかったインドの数学者スリニヴァサ・ラマヌジャンの数学を使って，ほぼ3世紀もの間 π を君臨し続けてきたアーク・タンジェント公式を著しく改良することができた．これら2つの理論的な進歩とともに，ハードウェアやソフトウェアの驚くべき改良によって，数学者や情報科学者たちは思った以上に π を知ることができるようになったのだ．

100万桁から10億桁へ

　アーク・タンジェントあるいは他の関数の級数展開に基づいていた1973年以前の π の計算法は，皆，次のような性質を満たしていた．2倍の桁数を得るには2倍の長さの整数の掛け算が必要になる．すると学校で教わる掛け算では，利用する掛け算の表が縦横それぞれ2倍になることから，基本演算の計算量（これを**複雑度**という）は4倍になる．また級数展開の中の計算すべき項数も増加することを考慮に入れれば，一般に n 桁の小数部を得るこのアルゴリズムの複雑度は n^2 以上であり，たいていの場合 $n^2 \times \log n$ 程度になる．

　前章のこつこつアルゴリズムの複雑度は，最近の計算法にもかかわらず，$n^2 \times \log n$ 以上になる．このことは，列の数と小表の個数が求める桁数に比例して増えることと，それぞれの区画で計算する数の桁数は $\log n$ に比例し，したがって各区画ごとに少なくとも $\log n$ に比例した仕事量の増加をもたらすことからわかる（実際 $(\log n)^2$ に比例するような簡単なプログラムがある）．

　結局，100万桁から10億桁へ1000倍の飛躍をするには，100万（1000×1000）倍以上も強力なコンピュータを自由に使う必要がある．それは20回ほど倍増を繰り返すことに匹敵する（$2^{20}=1048576$ だから）．

　1965年に発表されて以来，ほぼ正しいことが確かめられているムーアの法則によれば，1チップ上の1mm^2 内に組み込めるトランジスタの個数は18カ月ごとに2倍になるという．この経験則が将来も有効であると仮定しコンピュータの能力の増大だけを考えるものとして30年はかかる

だろうと（つまり2003年頃まで待たなければならないだろうと）予測されていたのだ．

今では経済性や基礎物理学上の理由から，このムーアの法則は長くはあてはまらないだろうと考えられている．マイクロプロセッサにかかるコストは4年ごとに2倍になるというロックの法則から，あまりに投資額が高騰すると従来のペースを維持するのが難しくなるだろうというわけだ．さらにムーアの法則は今日でさえあまりに楽観的すぎるようだ．コンピュータの計算能力の推移を詳しく分析したハンス・モラヴェックは，コンピュータの能力はむしろ2年ごとに2倍になるのだと主張している．

要するに，より現実的なモラヴェックの仮定の下でコンピュータの進歩だけを考えた場合，πの10億桁に行き着くには2年ごとに2倍を20回，すなわち40年が必要になる（つまり2010年頃）という計算になる．

しかし，現実にはグレゴリーとデイヴィッドのチュドゥノフスキー兄弟によって1989年に10億桁が達成された．ではなぜ予測を20年も上回ったのだろうか．それをこの章で説明しよう．その前に10億桁がどれほど大きな数かちょっと考えてみてほしい．

● 1つの数字を1 mmの幅で書くとして（かろうじて読めるくらいに小さいが），ギユーとブイエによる100万桁を書き上げるには長さ1 kmのリボンが必要．チュドゥノフスキー兄弟の10億桁には1000 kmのリボンがいる．
● 1行50文字，1ページ50行の400ページからなる本には100万桁分が書き込める．チュドゥノフスキー兄弟の10億桁を出版しようとすると，一挙に1000巻となる（これはこれで出版界の記録だろうが）．1日に1冊読むとしてもほぼ3年かかってしまう．

ところでヒトゲノムの文字数は30億個と見積もられている．われわれの体の中で行なわれる細胞分裂では1秒間に100万回の割で遺伝情報の複製作業が実行されている．人類は，それとほぼ同じくらいの計算能力を今のところ特殊な場合にかろうじて身につけたばかりなのだ．しかしこれは大きな一歩ではある．もしかしたら人工知能の研究における相対的な不成功は，われわれの技術がやっと追いつき始めた生命機構に比べて，コンピュータの能力がひ弱すぎるのが原因なのかもしれない．1988年モラヴェックはこのような観点を示し，さらに2020年頃には人間と同等の能力が情報技術によって達成されるだろうと予想している．

なぜ20年も早く達成できたか

20年も早く10億桁へ到達できたのは数学のおかげだ．πを計算する新公式と巨大な整数の積の計算法が発見されたからだ．これらの数学的進展は，すでに述べたようにたいして役に立たないπの小数部よりはずっと重要だ．

πを計算する新公式は三角関数や双曲線関数の計算に一般化され，ま

7. 活躍する数学

すます効率的なアルゴリズムや電子回路が作られるようになった．この革新的な技術はコンピュータ・グラフィックス，特に画像解析および画像合成に応用されている．今日広く用いられているコンピュータ・グラフィックスによる映画の美しいシーン，探査機器，医療用断層画像装置，そしてある種のデータ圧縮技術などは π の小数部を追求する者たちによる研究の間接的な結果なのだ．π の計算を通して提起された数学的問題を一般的に考えることは，多くの数学的関数の計算方法の改良を導き，さらには数えきれないほどの実際的な応用をもたらす数学のアルゴリズム化という深遠な目標達成の一助にもなっているのだ．

乗法の高速アルゴリズム

普通の掛け算だと，桁数が大きくなれば計算が膨大になることは誰でも知っている．例えば2数が2倍の長さになれば，掛け算の計算時間は4倍になるし，10倍の長さだと100倍の計算時間になる．つまり学校で習う普通の掛け算には n^2 に比例した仕事量が必要だということだ．すでに述べたようにこの増大ぶりは深刻な問題である．正確には，計算に要する時間すなわちコンピュータが実行する基本演算の回数が，何らかの定数 C に対して近似的に Cn^2 と表せるということ．ここで C そのものを明示することは重要ではない．

ところが驚くべきことに，桁数に対してそれほど計算時間の増大しない乗法アルゴリズムがあって，巨大な数の掛け算に用いれば，仕事量あるいは計算時間の相当な節約を実現できるのだ．

普通の掛け算を節約する方法を最初に発見したのはたぶんカラツバだろう．彼は1962年に $2k$ 桁の整数 $a+b10^k$ (a と b は k 桁の整数)どうしの掛け算が，

$$(a+b10^k)(c+d10^k) = ac - \{(a-b)(c-d) - ac - bd\}10^k + bd10^{2k}$$

と表せることを見つけた．例えば1000桁どうしの掛け算が，この等式によって，$k=500$ 桁どうしの3種類の掛け算 ac, $(a-b)(c-d)$, bd と桁上げと加法だけで実行できることがわかる（普通の掛け算だと4種類の掛け算が必要）．この方法を繰り返し用いて，500桁どうしの掛け算を3種の250桁どうしの掛け算に置き換え，次いで250桁どうしの掛け算を3種の125桁どうしの掛け算に置き換える，というふうにしていけば，結局のところ基本演算の回数が $n^{\log_2 3} = n^{1.58\cdots}$ に比例するような乗法アルゴリズムが得られる．計算の仕方が複雑になるが，普通の乗法アルゴリズム n^2 よりはるかにすぐれた方法だ．

今度は整数を2分割する代わりに3分割して同様の方法を実行すれば，計算量をさらに節約することができる．4分割すればもっと節約できる．こうして任意の正数 $\varepsilon>0$ に対して，基本演算回数による複雑度が $n^{1+\varepsilon}$ に比例するような乗法アルゴリズムを構成することができる．ただし，このことは複雑度が n であるような乗法アルゴリズムに少しずつ近づいているという意味ではない．たぶん不可能ではないかと予想されていて，今日

x	$x^{1.58}$	x^2
1	1	1
10	138.01⋯	100
100	1445.43⋯	10^4
1000	54.95⋯×10^3	10^6
10^6	30.19⋯×10^8	10^{12}
10^9	16.59⋯×10^{13}	10^{18}
10^{12}	91.20⋯×10^{17}	10^{24}

x	$x\log x$	$x\log x\log\log x$
1	0	0
10	23.02⋯	19.20⋯
100	460.51⋯	703.29⋯
1000	6907.75⋯	13350.23⋯
10^6	13.81⋯×10^6	36.27⋯×10^6
10^9	20.72⋯×10^9	62.81⋯×10^9
10^{12}	27.63⋯×10^{12}	91.70⋯×10^{12}

関数 $x, x^{1.58}, x^2, x\times\log x, x\times\log x\times\log\log x$ の増加の比較．

でも n 桁どうしの掛け算を複雑度が n に比例するような乗法アルゴリズムで実行できるかどうかわかっていないのだ.

1968 年にシュトラッセンは, すでにクーリーとテューキーによって 1965 年に導入されていた**離散フーリエ変換**を用いて, ある乗法アルゴリズムを発見した. そして彼はこの複雑度が $n \times \log n \times \log \log n$ に比例することをシェーンハーゲとともに 1971 年に示した. 対数関数は非常にゆっくりと増大するので $n^{1+\varepsilon}$ よりもすぐれている.

1980 年代初頭以来, π の記録更新を支えてきたのはこの離散フーリエ変換を用いた乗法アルゴリズムなのだ. カラツバのより若干複雑なこのアルゴリズムの原理を 107 ページの補足に示した. 要するに, いかに計算を巧妙に組織化するかの問題なのだ.

除法と開平の高速アルゴリズム

乗法の高速アルゴリズムだけでは十分ではない. 次章で登場する新しい π 計算の公式では特にそうなのだが, 除法や開平の計算にもたびたび出会うことになる.

やはり意外なことに, 掛け算とたいして変わらない時間で除法や開平を実行することができる. 実際, それらは乗法に帰着できるのだ. そのようなアルゴリズムは, 1669 年頃に考え出された**ニュートン法**に基づいているが, 3 世紀後にようやくその本領を発揮したというわけだ. ニュートン法の歴史についてはシャベールらの本『アルゴリズムの歴史[37]』の 195-226 ページに詳しい.

《連続な 2 階導関数を持つなめらかな関数 $f(x)$ が単根 a を持つとする ($f(a)=0$, $f'(a) \neq 0$). この a からあまり遠くない点 x_0 を選び, 公式

$$x_{n+1} = x_n - \frac{f(x_n)}{f'(x_n)}$$

によって点列 x_n を定めると, これが a に 2 次収束する》というのがニュートン法の原理だ. すなわち各 x_n を a の近似値と見るとき, 反復を 1 回繰り返すごとに正確な桁数が 2 倍に増えることになる.

例えば関数 $f(x)=1/x-b$ は単根 $x=1/b$ を持ち, $1/b$ を近似するニュートン法の公式は $x_{n+1}=2x_n-bx_n^2$ となる. このとき列 x_n が $1/b$ に 2 次収束することは, 関係式 $x_{n+1}-1/b=-b(x_n-1/b)^2$ から明らかだろう.

逆数を計算するこの反復公式は, ニュートン法に基づく他の公式と同様, 初期値に依存せず自動的に誤差が埋め合わされるという点で, 数値的に安定なアルゴリズムだ. 例えば 1 万桁の整数の逆数を計算する場合でも, まず数桁程度の初期値から始め, 次々に反復を繰り返すことによって桁数を倍々にしていくことができる. 結果的に, 整数の逆数を n 桁計算するのに要する基本演算の回数は, n 桁どうしの掛け算のほぼ 5 回分に相当する.

開平の計算についても同様だ. 関数 $f(x)=x^2-b$ を考えると, ニュートン法の公式は $x_{n+1}=(x_n^2+b)/(2x_n)$ となり, 列 x_n は $\sqrt{b}$ に 2 次収束す

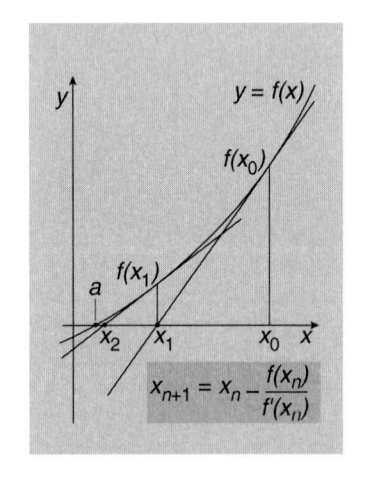

連続な 2 階導関数を持つなめらかな関数 $f(x)$ の単根 a を近似するニュートン法. x 座標が x_0 である曲線上の点において接線を引き, x 軸との交点を x_1 とする. 同様に, 曲線上の点 $(x_1, f(x_1))$ において接線を引く. 一般に $f(x_n) = (x_{n+1}-x_n)f'(x_n)$ から, $x_{n+1}=x_n-f(x_n)/f'(x_n)$ を得る. 列 x_n は a に収束する.

る．除法の場合と同じ理屈で，開平の計算量は乗法のほぼ7回分に相当することがわかる．バビロニアの人たちは，この公式を1度か2度使って平方根の近似値を得ていたらしい．昔，学校で習った開平の方法（⇒前章の補足）は，ある程度の大きさの数に対しては有効だろう．

加法の基本演算回数による複雑度が $n \times \log n \times \log \log n$ であるような乗法アルゴリズムは，それがわずかに n より大きいということを考えると，足し算に比べてかろうじて複雑だというにすぎない．同様に除法や開平の計算もまたほとんど複雑とは言えないのだ．今日使われているアルゴリズムが絶対に最良だと確信しているわけではないが，複雑度を n より小さくすることはできないのだから，改良できたとしてもほんのわずかな量でしかない．

要するに，このような高速アルゴリズムを次節で紹介する効率のよい π の計算公式に適用すれば，プログラムしづらいし手計算はよけい難しくなるが，時間に関してほぼ線形（1次）の計算法が得られる．だから，そのようなプログラムを用いれば，コンピュータの性能が2倍になれば，計算できる π の桁数もほぼ2倍になるわけだ．つまり，たとえ画期的な新発見がなくとも，この先《18カ月ごとあるいは2年ごとに π の記録は倍増していくだろう》と予測できる．

また π を n 桁計算するのに必要なメモリー領域も n のオーダーになる．計算した数値をどこかには記憶しておかなければならないから，これを n よりも小さくすることはできない．この点でも，もはや改良の余地はないわけだ．

ところが次章で述べるように，π の歴史の中でも特にすばらしい画期的な新発見が現になされた．毎回これが最後の大発見だと思わせ，後は地道にこつこつと追い求めるだけだと匂わせておきながら，その度にさらにどでかい π の歴史が始まるのだ！

スリニヴァサ・ラマヌジャン —— 完璧な天才か

π の新しい計算公式の話に入る前に，インドの並はずれた数学者スリニヴァサ・ラマヌジャンに注目したい．没後50年以上たった1974年以降，ようやく彼の数学に関連して新しい π の公式が発見されるようになったのだ．

ラマヌジャンは1887年インドの貧しい家庭に生まれ，1920年に没した．彼の数学者としての素質を見抜き，彼を最もよく知るヨーロッパ人となったのは英国の数学者ゴッドフリー・ハロルド・ハーディ（1877-1947）だ．1940年にラマヌジャンの伝記を著したハーディは，その中で「数学の歴史において最も波瀾万丈の人生を送った彼の生涯は，矛盾とパラドックスで埋め尽くされたようだった．われわれが慣れ親しんでいるすべての判断基準に彼は真っ向から立ち向かったのだ」と記している．

ラマヌジャンがどのように数学を理解していたかは，今日でも大部分が謎のままだ．彼がノートに書き残した数多くの公式には，やっと証明され

John Moss/Royal Society, London.

スリニヴァサ・ラマヌジャン（1887-1920）

π - 魅惑の数

《Radio Times》/Hustler Picture Library.

ゴッドフリー・ハロルド・ハーディ
（1877-1947）

たものもあれば，いまだに示せないものもある．それらは数値計算によれば正しいように見えるが，多くの場合，どこから導かれたのかも，どうやって着想を得たのかもまったくわかっていない．中には間違った公式もあるが，わずかに修正すれば正しくなる．つまり単なる偶然の産物ではないということだ．完全に間違った公式も時にはあるが，ラマヌジャンに間違うように仕向けた微妙な原因が解明されている．これについてハーディは「ラマヌジャンの間違いは，彼の輝かしい栄光に比べればさほど驚くべきものではないと言えよう」と述べている．

30歳を過ぎてほどなくラマヌジャンは結核で亡くなった．湿っぽい気候の英国滞在中に病気にかかり，さらに彼の両親との約束として自らに課した菜食主義という厳しい戒律のせいで病気が悪化したのは間違いないだろう．もし長生きしていたら，あるいは短い人生の間せめてよい環境のもとで働くことができたなら，彼はどんな発見をしただろうかと想像するのはやめておこう．ただ確信を持って言えることは，現在とはまったく違う数学の世界になっていただろう．ラマヌジャンは非常に早くから天才ぶりを発揮した．三角関数を習い始めたばかりのころ彼はコサイン，サインと指数関数の間の関係式を発見したが，それがオイラー以来知られた公式であることを教科書の第2巻で見つけて，ひどくがっかりしたという．

カーが著した『純粋および応用数学の基礎要覧』はラマヌジャンに決定的な影響を与えた．これはほとんど証明のついていない6165個の定理を集めた公式集のような本だった．彼が自分の得た結果をまとめるときの表現形式や方法は，明らかにカーの本から直接影響を受けている，とハーディは述べている．残念なことにラマヌジャンのノートには証明がついていない．

彼の頭脳は猛烈な勢いで数学を創造し再構築していった．そのことに夢中になるあまり，ラマヌジャンは学校の勉強に挫折し，それまでもらっていた奨学金を失うはめになり，さらには志願して受験した1907年のコレージュ最終試験（バカロレア【大学入学資格試験】の一種）に失敗した．

孤独で貧しかったこの時期，彼はしばらくマドラスの港湾事務所で働いていた．1913年にラマヌジャンはハーディにあてて120個の数学的結果を書き送った．そのうちいくつかはすでに知られていたが，これが変人や狂人の書いたものではないことをハーディはただちに見抜いた．彼はうまくラマヌジャンを渡英させ，迎え入れ，そして数年間一緒に研究した．ラマヌジャンは1918年ロンドン王立協会会員およびトリニティ研究員になったが，その2年後にこの世を去って行った．

学校時代に空虚な時を過ごしたせいで，ラマヌジャンは数学の証明なるものの明確な考えを持っていなかったようだ．彼のことをよく知るもう一人の英国の数学者リトルウッドも，「もし彼の頭脳が，直観と自明な事柄を織りまぜた総括的な推論のようなものをわずかでも確信を持って行っていたら，そこから先に進むことはできなかっただろう」と述べている．

ラマヌジャンの導いたすばらしいπの公式のいくつかは，のちに複雑な理論的説明がつけられ，π計算の新しい超高速アルゴリズムに応用されるほど今日ではよく理解されている．しかし，専門家でさえどうやって導

いたのかいぶかしむほどの依然として謎の公式もある．次の驚くべき公式は単にたわむれから生まれたものだろうか．それにしても，いったい誰がそんな遊びができようか．

$$\left(102-\frac{2222}{22^2}\right)^{1/4}=3.1415926\underline{5}25\cdots$$

1985 年ウィリアム・ゴスパーは次に述べるラマヌジャンの公式を使って π を 1700 万桁ほど計算したが，その公式は当時まだ証明されていなかったため，彼が計算したものが π の値なのかどうか確かではなかった．しかしゴスパーは以前に計算された 100 万桁と比較して一致することを確認した．もし間違った公式ならば，これほど一致することはまずないだろうから，ゴスパーの結果はラマヌジャンの公式の正しさを強く示唆し，ほとんどその証明のようなものだ．手計算なら 100 万時間はかかっただろう．明らかにそのような計算をしなかったラマヌジャンはどうやって見つけたのだろうか．

10 億桁にいたる公式

予想より早く 10 億桁に到達した 2 番目の理由は，びっくりするような収束をする公式の発見だ．見かけは複雑な級数で表わされた公式と，級数の形ではない反復アルゴリズムによる公式の 2 種類がある．

（a）ラマヌジャン，チュドゥノフスキー兄弟による新しい級数公式

次の公式は 1910 年頃ラマヌジャンによって発見され，1914 年に発表された．

$$\pi=\frac{9801}{\sqrt{8}}\left(\sum_{n=0}^{\infty}\frac{(4n)!(1103+26390n)}{(n!)^4 396^{4n}}\right)^{-1}$$

部分和の項数を 1 つ増やすごとに 8 桁ずつ正確な桁数が増える公式だ．第 n 項までの部分和を $R(n)$ と書くことにして，初めのいくつかを示すと，

$R(0)=3.141592\underline{7300133056603139961890252155 18}\cdots$
$R(1)=3.14159265358979\underline{3877998905826306013094 21}\cdots$
$R(2)=3.14159265358979323846264\underline{9065702758898 15}\cdots$
$R(3)=3.1415926535897932384626433832\underline{79555273 16}\cdots$
$R(4)=3.14159265358979323846264338327950288419\cdots$

となる．いつものようにラマヌジャンはこの公式の証明を与えなかったが，モジュラー方程式に関するラマヌジャンの仕事を詳しく分析し明らかにしたジョナサンとピーター・ボールウェイン兄弟の 1987 年の本[19]の中で最初に証明された．ゴスパーは 1985 年この公式を用いて π を 1700 万桁まで計算した．

1994 年チュドゥノフスキー兄弟は，このラマヌジャンの公式と同じ原理で次の公式を導き，それを使って π を 40 億桁まで計算した．

$$\pi = \left(12 \sum_{n=0}^{\infty} \frac{(-1)^n (6n)!\,(13591409 + 545140134n)}{(3n!)\,(n!)^3\, 640320^{3n+3/2}}\right)^{-1}$$

同様に第 n 項までの部分和を $RC(n)$ で表わせば，例えば，

$RC(0) = 3.14159265358973420766845359157829834076223326091\cdots$
$RC(1) = 3.14159265358979323846264338358735068847586634599\cdots$
$RC(2) = 3.14159265358979323846264338327950288419716767885\cdots$
$RC(3) = 3.14159265358979323846264338327950288419716939937\cdots$

を得る．この公式では加える項数を増やすごとに 14 桁ずつ正確な桁数が増える．

さらにボールウェイン兄弟は，加える項数を増やすごとに正確な桁数が 25 桁ずつ増える次のような公式を 1989 年に提案した．

$$\pi = \left(12 \sum_{n=0}^{\infty} \frac{(-1)^n (6n)!\,(A + Bn)}{(3n!)\,(n!)^3\, C^{n+1/2}}\right)^{-1}$$

ここで，A, B, C は次のような定数．

$A = 1657145277365 + 212175710912 \times \sqrt{61}$
$B = 107578229802750 + 13773980892672 \times \sqrt{61}$
$C = (5280 \times (236674 + 30303 \times \sqrt{61}))^3$

(b) ガウス，サラミン，ブレント，ボールウェインによる反復アルゴリズム

上述の公式は，ラマヌジャンの他の公式と同じく，以前に知られていたものより間違いなく効率的に優れている．しかし，さらに何桁か正確な数字を増やそうとするとき，たとえ高速乗法アルゴリズムを用いたとしても，それまでの桁数に応じて仕事量が際立って増加するという欠点がある．なぜなら，加えるべき項数が増えるし，その各項を初めからより多い桁数で計算しなければならないからだ．もちろん，項の再編成やすでに計算した結果を巧妙に再利用するなどの高度なテクニックを用いて，増加した仕事量を抑制することは可能に違いないが，級数による公式は放棄される傾向が見られる．

次ページで示す π の計算方法は，ここ 20 年の間注目を浴びているものだが，数の変換を反復することで計算が実行される．このアルゴリズムによって数列がいくつか同時に生成され，それから π の精緻な近似値が得られるわけだ．アルキメデスの方法もこのタイプかも知れないが，π への収束は 1 次，すなわち反復ごとに増える正確な桁数は一定になる．ここに紹介する新しい公式では，反復ごとに正確な桁数がますます増えるのだ．反復するごとに 2 倍，3 倍と増える公式もあれば，もっと増えるものもある．

1 回の反復で実行される計算は，乗法，除法および開平の演算からなっている．しかし，すでに見ているように，そのような演算は何回かの乗法に帰着でき（割算はほぼ 5 回，開平はほぼ 7 回），大きな数どうしの乗法は効率的に計算することができるから，計算上大きな問題は生じない．

要するに，この新しい計算方法を用いれば，π を n 桁計算するのに要する仕事量はほぼ n に比例するということだ．正確に言うと，複雑度が

7. 活躍する数学

$M(n)$の乗法アルゴリズムを使用すれば，πをn桁計算するのに要する時間は$\log n \times M(n)$に比例する．ちなみに級数を用いる方法だと，最善を尽くしても$\log^2 n \times M(n)$になる．現在知られている最高速の乗法アルゴリズムでは，n桁どうしの整数の積を計算するのに要する時間は$n \times \log n \times \log\log n$に比例するから，新しい公式で$\pi$を$n$桁計算するのに要する時間は，理論上$n \times \log^2 n \times \log\log n$に比例する．

しかし実際には，高速プログラムにおいてさえ，最高速の乗法アルゴリズムが使われるわけではない．今日扱われる長さのデータに対しては，少しくらい効率の悪いアルゴリズムでも十分だからだ．補足で紹介する高速フーリエ変換に基づく乗法アルゴリズムを用いると，πの計算時間は$n \times \log^4 n$に比例し，若干の改良の余地がある．$\log^4 n$の項はだんだん緩やかに増加するので，ほぼ1次の計算法であり，現在のアルゴリズムでもコンピュータの性能が2倍になれば，計算できる桁数はほぼ2倍になるわけだ．

πにきわめて速く収束する最初の公式が1973年に発見され，ユージン・サラミンとリチャード・ブレントによって独立に同時に発表された．算術幾何平均に基づく次の新しいアルゴリズムは，19世紀初頭におけるカール・フリードリッヒ・ガウスの研究に関連するものだが，ガウス自身はπの計算に興味はなかった．

このアルゴリズムは，まず初期値として$a_0=1$, $b_0=1/\sqrt{2}$, $s_0=1/2$とおき，漸化式

$$a_{n+1} = \frac{a_n+b_n}{2}, \quad b_{n+1}=\sqrt{a_n b_n}, \quad s_{n+1}=s_n-2^{n+1}(a_{n+1}^2-b_{n+1}^2)$$

に従って順次3つの数列a_n, b_n, s_nを生成していく．このとき$p_n=2a_n^2/s_n$がπに高速収束する数列になる．もちろん，求めたい最後のp_nだけを計算すれば十分で，それ以前のp_nの値を計算する必要はない．漸化式の初めの2式がそれぞれ算術平均と幾何平均だ．

数列p_nはπに2次収束する．だから反復を繰り返すごとに正確な桁数が2倍に増えていく．例えば25回ほど反復を繰り返せば，4500万桁の正確な数値が得られる．簡単ではないが，最初から4500万桁の精度で計算しなければならないのは，もちろんだ．最初の数項を計算すると次のようになる．

$p_1 = 3.1876726427121086272019299705253692326\cdots$
$p_2 = 3.1416802932976532939180704245600093827\cdots$
$p_3 = 3.1415926538954464960029147588180434861 1\cdots$
$p_4 = 3.141592653589793238466360602706631321 7\cdots$
$p_5 = 3.141592653589793238462643383279502884 27\cdots$

反復を繰り返すごとに正確な桁数が3倍に増える3次収束のアルゴリズムや，4次および9次のものがボールウェイン兄弟によって見つけられている．これらのアルゴリズムは，モジュラー方程式に関するラマヌジャンの研究と関係している．この理論の詳細な展開に興味のある読者は，1987年に出版されたすばらしいボールウェイン兄弟の本[19]を参照して欲しい．

ボールウェイン兄弟が見つけた4次のアルゴリズムでは，初期値として

カール・フリードリッヒ・ガウス(1777-1855)

Bettmann Archive.

π - 魅惑の数

J. and P. Borwein.
ジョナサンとピーター・ボールウェイン兄弟

$a_0=6-4\sqrt{2}$, $y_0=\sqrt{2}-1$ とおき,漸化式

$$y_{n+1}=\frac{1-(1-y_n^4)^{1/4}}{1+(1-y_n^4)^{1/4}}, \quad a_{n+1}=a_n(1+y_{n+1})^4-2^{2n+3}y_{n+1}(1+y_{n+1}+y_{n+1}^2)$$

によって順次2つの数列 a_n, y_n を生成するとき,$p_n=1/a_n$ が π に収束する列になる.最初の数項は,

$p_1=3.14159264621354228214934443198269577431443722334560$
$27945595394848214347672207952646946434489179913058$
$79164621705535188442692995943470362111923739681179$
$95873657636390708434293145094239489992118367 3\cdots$

$p_2=3.14159265358979323846264338327950288419711467828364$
$89215566171069760267645006430617100657772659806 84$
$36361664148276914164854540707191940164831544617739$
$16689351138620438227940063974546931698156751 0\cdots$

$p_3=3.14159265358979323846264338327950288419716939937510$
$58209749445923078164062862089986280348253421170679$
$82148086513282306647093844609550582231725359408128$
$48111745028410270193 6212524844710232682133609\cdots$

のようになる.反復を13回繰り返すと,1000万桁以上の正確な数値が得られる.

最近,あらゆる自然数 m に対して,m 次収束するアルゴリズムが存在することをボールウェイン兄弟は証明した.しかし,次数の高いアルゴリズムが本当に役立つかどうかは確かではない.m が大きければ列 p_n は急速に収束するが,それよりも反復をもう一度行うのに必要な計算の複雑度の方が重要な問題だ.経験でしか判断できないが,今のところ上で述べた4次収束のアルゴリズムが最良のようだ.

すべてがインプリメンテーション(実現)における詳細な要因にかかわってくるので,どんなアルゴリズムが絶対的に最良なのかについてのいかなる決定的な結論も出すことができない.計算の実行時間を決める要因は非常に多いし,どんなアルゴリズムを使うかにも左右される.例えばコンピュータの構造(逐次処理,並列処理,ベクトル処理),メモリー(高速で使えるメモリーの量,ワードの大きさ,メモリーの複製に要する時間),使用言語およびコンパイラの質などの要因がかかわってくる.

終わりに,数式処理を用いて π の計算公式を導く一般的な方法によってジョナサン・ボールウェインとガーヴァンによって得られた9次のアルゴリズムを紹介しよう.まず初期値として $a_0=1/3$, $r_0=(\sqrt{3}-1)/2$, $s_0=(1-r_0^3)^{1/3}$ とおく.簡単のために

$$t=1+2r_n, \quad u=(9r_n(1+r_n+r_n^2))^{1/3},$$
$$v=t^2+tu+u^2, \quad m=\frac{27}{v}(1+s_n+s_n^2)$$

とおいて,漸化式

$$a_{n+1}=ma_n+3^{2n-1}(1-m), \quad r_{n+1}=(1-s_n^3)^{1/3}, \quad s_{n+1}=\frac{(1-r_n)^3}{(t+2u)v}$$

によって順次3つの数列 a_n, r_n, s_n を定めると,$p_n=1/a_n$ が π に収束する

列になる．

1973年から現在までのπの記録

次表にまとめよう．前章で述べた記録も含めた表が付録の165ページにある．

ギユー，ブイエ	1973年	100万1250桁
三好，金田	1981年	200万 36桁
ギユー	1982年	200万 50桁
田村	1982年	209万7144桁
田村，金田	1982年	419万4288桁
田村，金田	1982年	838万8576桁
金田，吉野，田村	1982年	1677万7206桁
後，金田	1983年10月	1001万3395桁
ゴスパー	1985年	1752万6200桁
ベイリー	1986年 1月	2936万 111桁
金田，田村	1986年 9月	3355万4414桁
金田，田村	1986年10月	6710万8839桁
金田，田村，久保，小林，花村	1987年 1月	1億3421万7700桁
金田，田村	1988年 1月	2億 132万6551桁
チュドゥノフスキー兄弟	1989年 5月	4億8000万 桁
金田，田村	1989年 7月	5億3687万 898桁
チュドゥノフスキー兄弟	1989年 8月	10億1119万6691桁
金田，田村	1989年11月	10億7374万1799桁
チュドゥノフスキー兄弟	1991年 8月	22億6000万 桁
チュドゥノフスキー兄弟	1994年 5月	40億4400万 桁
高橋，金田	1995年 6月	32億2122万5466桁
金田	1995年 8月	42億9496万7286桁
金田	1995年10月	64億4245万 938桁
金田，高橋	1997年 7月	515億3960万 桁

これらの計算競争の中で大きく飛躍した段階を詳しく見ていこう．

● ウィリアム・ゴスパーによる1700万桁（1985年）

すでに述べたように，ゴスパーはインドの天才ラマヌジャンの公式を用いて計算し，その公式の正しさを証明した．彼はπの10進表示だけでなく，正則連分数展開も計算した．彼の使ったコンピュータはカリフォルニアのシンボリックス社製で，とりわけ人工知能理論の応用を目的として，効率よく膨大な記号計算を実行できるように特別に設計されたものだった．

● デイヴィッド・ベイリーによる2900万桁（1986年1月）

ベイリーのこの計算については詳しい資料が公開されているので，面白

そうな点を以下に紹介しよう．

ベイリーは，アメリカ航空宇宙局（NASA）のエイムズ研究センターで，複数のクレイ-2を使った非常に強力なベクトル処理型のコンピュータ・システムの性能試験の一環として，πの計算を行った．まさにこの計算のおかげで，不具合が1つ検出されたのだった．

計算は2回実行された．最初の計算は1986年1月7日に行われ，ボールウェイン兄弟の4次アルゴリズムが13回反復された．2936万桁を得るのに，クレイ-2の中央処理装置（CPU）を28時間ほど占有して，合計12兆回の基本演算が実行され，1億3800万ワードほどのメインメモリーが使用された．2回目の計算（検証）では，やはりボールウェイン兄弟による2次アルゴリズムが用いられ，それを24回反復することで独立に実行された．今度はCPUを40時間占有し，1億4700万ワードのメインメモリーが使われた．

この計算では，リスクの大きい膨大な底の変換計算を避けるため，底として10^7が採用された．またクレイ・コンピュータの基本構想に従い，あらゆる計算が基本演算の並列処理ができるように分解されベクトル化された．最後の繰上げ計算においても，同様にベクトル化されたのだ（⇒107ページの補足①）．

ベイリーの用いた高速乗法アルゴリズムは，2つの異なる有限体における1の原始累乗根を使った高速フーリエ変換に基づいている．ベイリーが複素数体における1の原始累乗根を採用しなかったのは，非常に桁数の大きい実数計算には最終的に致命的になるだろう丸め誤差の問題があるからであり，有限体を利用する方法では整数しか扱わないのでその心配がないからだ．

しかし，そのような高精度計算が今や誰の手にも届くところにあると考えてはいけない．なぜなら，非常に強力なコンピュータを自由に使いこなす必要があるだけでなく，計算方法を念入りに評価して選びプログラミングしなければならないからだ．さらに，技術的にきわめて高度にコンピュータの特殊性を考慮しながら繊細にプログラムする必要がある．これは現在でも達成できるかどうかのぎりぎりの難しい仕事であり，たとえ10年20年たっても普通のコンピュータや普通のユーザーの手には届かないだろう．

●チュドゥノフスキー兄弟によって初めて達成された10億桁（1989年8月）

この計算のために，グレゴリーとデイヴィッド・チュドゥノフスキー兄弟は，ラマヌジャンの公式に類似の級数を自分たちで作り上げた．公式そのものは1次収束だが，たぶんこつこつアルゴリズムのアイデアを一般化し改良した何らかの算術的方法を用いて，特に念入りにプログラムしたようだ．その後10年，ハードウェアの点ではかなり劣っていたけれども，πの計算レースの世界チャンピオンの座をめぐって東大大型計算機センター（現，東大情報基盤センター）の金田康正率いるチームとの間で熾烈な競争が繰り広げられた．1989年，チュドゥノフスキー兄弟は最初に10億

7. 活躍する数学

桁に到達したのに続き，1994年には40億桁に達した．

彼らの計算方法についての詳細はわからないけれど，リチャード・プレストンの語る彼らの人生は小説以上に驚くべきものであり，ここに紹介する価値は十分にあると思う．

チュドゥノフスキー兄弟はウクライナに生まれ，キエフで学業を修め，ウクライナ・アカデミーの数学研究所で数学の学位を得た．国外に出たいという彼らの希望を知った国家保安委員会（KGB）との間で深刻な一連のいざこざがあったあとの1977年，機を見るやいなや彼らはソビエト連邦（USSR）を脱出した．数カ月間フランスで過ごしたあと，ニューヨークに身を落ち着けて，現在はアメリカ国籍を取得している．

彼らは二人とも第一級の数学者であり，数論に関する研究で世界的に知られている．特にグレゴリーの方は，知識の広さと数学的理解力において，数学の偉人たちと比べうる並はずれた天才であると評す人もいるくらいだ．実際，16歳のときすでにグレゴリーはきわめて重要な発見をしていた．ダヴィッド・ヒルベルトが1900年にパリの国際数学者会議において列挙した23の難問の中の第10問題【不定方程式の有理整数解が存在するかどうかを有限回の手段で判定せよ】を解決したのだ．しかし残念なことに，同じ東側の数学者ユーリ・マチャセヴィッチ（のちに彼も亡命した）が，その少し前にその決定不可能性を証明していたのだった．最近マチャセヴィッチ自身が認めたように，グレゴリー・チュドゥノフスキーの解法の方がすぐれていた．以後のおびただしい数の研究からも，グレゴリーのすばらしい才能がうかがえよう．

チュドゥノフスキー兄弟と共同研究したことのあるウィスコンシン大学の数学者リチャード・アスキーは，「グレゴリーは世界最高の数学者か，あるいは世界で3本の指に入るきわめてすぐれた数学者だろう」と述べている．グレゴリーは多くの賞，例えばグッゲンハイム財団賞を2度，ジョンとキャサリン・マッカーサー財団賞などを受賞している．特に後者は1981年の創設時の賞で，まるでグレゴリーのために創られたかのようだ．

彼らの暮らしているニューヨークのアパートは，一躍世界で最も奇妙な計算センターとなった．信じられないくらい乱雑に散らかした本やコピーやコンピュータの中で，昼夜働き続けている機械類から強烈な熱が発散している．彼らのアパートはマイクロプロセッサで暖房されているとうわさされているらしい．重度の筋肉の自己免疫疾患に幼い時から苦しんできたグレゴリーは，体を自由に動かすのが難しいため，ベッドの中でクッションで体を固定して，膨大な書類に埋もれながら一日のほとんどの時間を膝の上のキーボードと過ごさねばならないのだ．

チュドゥノフスキー兄弟は，彼らのアパートにほど近いコロンビア大学【ニューヨーク市にある1754年創立の大学】の数学教室のメンバーだが，グレゴリーの病気では大学の教育はできないし，デイヴィッドも兄弟が一緒に職につくことを望んでいるので，給料がもらえる正式の教員ではない．

彼らのアパートに設置されたハードウェアは，家族の誰かが購入したもの以外は，リサイクルか様々な寄贈品だろう．π計算の世界記録を何度か樹立した際に使った《エム・ゼロ》という名のスーパーコンピュータのア

I. Roman/New Yorker.

グレゴリーとデイヴィッド・チュドゥノフスキー兄弟

ーキテクチュアは，彼ら自身の設計によるとされているが詳細はわかっていない．また，彼らはインターネットで結ばれた他の計算センターのコンピュータも利用したようだ．

彼らのようなケースはまったく異例と言わざるをえない．筆者は，チュドゥノフスキー兄弟のことを知るまでは，πの計算レースと同じように競争の激しい分野で，支えのない不安定で孤立した状況での研究は，何の成果も産み出せ得ないものと思い込んでいた．彼らを心から歓迎したわけではなく，安定した研究環境を提供しなかったアメリカ科学界はさぞ困惑していることだろう．コロンビア大学教授ハーバート・ロビンズらは，世界中の誰もが認めるこのかけがえのない並はずれた数学者たちの窮状を皆に知らせるべく努力を惜しまなかったのだが，どこの研究機関も手を差し伸べなかったという．グレゴリーが作り上げた卓越した数学観を優秀な弟子に伝えることなく，病弱な彼が姿を消していくなんて考えられないではないか．今のところ彼らのおかれた状況は手詰まりのようだ．

チュドゥノフスキー兄弟がπ計算に執着する理由は，πの小数部はおそらく何らかの組織的構造を有しているか，少なくとも発見する価値のある何らかの規則性を持っているだろうと考えているからだ．計算されたπの小数部は，あらゆる統計的検査が示しているように，でたらめに出現しているように見える，と同時に，πの小数部ゆえに，まぎれもなく決定された数字列だ．これこそが，彼らの好奇心をそそるのであり，ぜひとも解明しなければならないパラドックスに見えるのだ（⇒10章）．

グレゴリー・チュドゥノフスキーは次のように明解に述べている．「われわれが調べているのは，πを他の数ではないまさしくπたらしめている法則の徴候であり，たとえて言えば，ことば遣いや文の構成からその作家を調べるようなものだ．パターンではなくて，どのような法則があるのかを調べているわけだ．なぜπの小数部はまったく予測できない複雑な現れ方をするのか，という問題をはっきりと定式化するための何かを見い出さなければならないのだ」

彼らが必死で行っているこのような探究に真っ向から反対する数学者もいる．いわく，何かが発見できそうな分野で研究する方が望ましいのであって，πなんて何の見込みもないじゃないか，と．おそらく，うまく行きそうなテーマを慎ましく進めることだけの野心しか持たない普通の数学者にとっては，何の見込みもないだろう．グレゴリー・チュドゥノフスキーのような己に自信のある天才だけが，他の者には空しい幻想としか見えない目標にあえて襲いかかることができるのだ．

彼らの活躍は，少なくとも次のようなことを示している．それは，πの計算に興味を持ち，それどころかきわめて重要なテーマだとみなしている第一級の数学者がいるということ．だから，情熱を傾けてπの計算に専念することをからかわれまいと，下手な口実を見つけ気後れしながらπの小数部を追求するすべての者の劣等感が取り除かれることだろう．

● 何度も世界記録を塗り替えた金田康正

ここ15年来，東京大学の金田は他の協力者を率いて，最重要課題とし

107

7. 活躍する数学

てこの計算レースに参加し取り組んできたことは注目に値する．金田が用いたのは，先に紹介したボールウェイン兄弟のを含む2次と4次収束の公式だ．実際，主計算は4次収束のアルゴリズムを用いて29時間ほどで，検算は2次収束のアルゴリズムを使って37時間をかけて，1997年7月に515億桁に到達した．

金田は，もちろん高速フーリエ変換を使い，ベイリーと同じように計算の最後の段階での底の変換を避けるために，10のベキを底に選んで計算した．NECのコンピュータを使った頃もあったが，今は世界で最も強力なコンピュータの1つで，1024台のプロセッサを超並列に結んだ日立のスーパーコンピュータSR2201を用いている．

最近$\sqrt{2}$の小数部を7時間半かけて1370億桁まで，つまり1秒間に500万桁の割で計算し，楽しんだそうだ．

L. Dersot.

東大大型計算機センターの金田康正

補足 —— 乗法のための高速フーリエ変換

最近のπ計算に必ず採用される，離散フーリエ変換による高速乗法アルゴリズムは，いくつかの数学的事実に基づいているので，本題に入る前にそれらを個別に紹介しておこう．

① 2つの整数の積は，2つの多項式の積と繰上げ計算に帰着できる．

あらゆる整数は，10あるいは10^pの累乗の和として表すことができる．例えば，

$$4762846 = 6 + 4\times10 + 8\times10^2 + 2\times10^3 + 6\times10^4 + 7\times10^5 + 4\times10^6$$
$$= 46 + 28\times10^2 + 76\times10^4 + 4\times10^6$$

などのように．このことは10の累乗に限らず，一般の底aに対しても同様．そこで各10^iをx^iで置き換えると，整数の積は多項式の積の形に表され，

$$(a_0 + a_1 x + a_2 x^2 + \cdots + a_n x^n)(b_0 + b_1 x + b_2 x^2 + \cdots + b_n x^n)$$
$$= a_0 b_0 + (a_0 b_1 + a_1 b_0) x + \cdots + (a_{n-1} b_n + a_n b_{n-1})^{2n-1} + a_n b_n x^{2n}$$

と展開してから整数に戻せば，結局，繰上げ処理を最後にまとめて行うことになる．例えば，この方法で123と245の積を計算すると，

$$123 \times 245 = (3 + 2x + x^2)(5 + 4x + 2x^2)$$
$$= 15 + (12+10)x + (6+8+5)x^2 + (4+4)x^3 + 2x^4$$
$$= 15 + 22x + 19x^2 + 8x^3 + 2x^4$$
$$= 15 + 22\times10 + 19\times10^2 + 8\times10^3 + 2\times10^4$$
$$= 5 + 3\times10 + 1\times10^2 + 0\times10^3 + 3\times10^4 \quad (繰上げ)$$
$$= 30135$$

となる．

数と多項式の間の変換は，ほぼ扱う数の長さに比例した仕事量ですむので，高速に数の掛け算を実行するには，高速に多項式の掛け算が実行できればよい．さらに，最後の繰上げ計算も実際には並列処理されるだろう．左端から右に順に1項ずつ繰り上げていくよりは，むしろベクトル化して

すべての繰上げを同時に行う方が好まれる．このとき新たな繰上げが生じうるが，それが起こらなくなるまでこの同時処理を繰り返すわけだ．

② n 次多項式は，$n+1$ 個の点の値がわかれば完全に決定できる（**補間法**）．

例えば，$P(0)=4$，$P(1)=8$，$P(-1)=2$ を満たす 2 次多項式 $P(x) = a_0 + a_1 x + a_2 x^2$ を求めるには，連立 1 次方程式

$$\begin{cases} 4 = a_0 + a_1 0 + a_2 0^2 \\ 8 = a_0 + a_1 1 + a_2 1^2 \\ 2 = a_0 + a_1(-1) + a_2(-1)^2 \end{cases} \quad \text{すなわち} \quad \begin{cases} 4 = a_0 \\ 8 = a_0 + a_1 + a_2 \\ 2 = a_0 - a_1 + a_2 \end{cases}$$

を解いて $a_0 = 4$, $a_1 = 3$, $a_2 = 1$ を得るから，$P(x) = 4 + 3x + x^2$ と求まる．$n+1$ 個の点がいつも同じ場合は，同じ行列を扱うわけだから，前もってプログラムしておくとよい．

③ ある点における多項式の積の値を計算するには，それぞれの多項式の値をまず計算して，次に掛け算を行う．だから $n+1$ 個の点における多項式の積の値を計算するには，多項式の値を $2(n+1)$ 回計算し，基本乗算を $n+1$ 回行えばよい．

④ 1 の原始 $n+1$ 乗根の累乗の初めの $n+1$ 個の点における多項式の値を計算するのに，うまいやり方をすれば，n^2 ではなくて $n \times \log n$ に比例する計算量で実行することができる．ここが最も本質的な部分．

まず 1 の原始 $n+1$ 乗根とは何かを説明しよう．それは $z^{n+1} = 1$ かつ $i = 1, 2, \cdots, n$ に対して $z^i \neq 1$ を満たすような数 z，すなわち $n+1$ 乗で初めて 1 になるような数のこと．実数の中では -1 だけが 1 の原始 2 乗根になるだけだから，一般に 1 の原始 $n+1$ 乗根は複素数の範囲で探すことになる．例えば $e^{2\pi i/(n+1)}$ は 1 の原始 $n+1$ 乗根の 1 つ．$n=3$ の場合だと，$e^{\pi i/2} = i$ が 1 の原始 4 乗根になる（実際，$i^2 = -1$，$i^3 = -i$，$i^4 = 1$）．

また，素数 p の剰余類体 $\mathbf{Z}/p\mathbf{Z}$ における 1 の原始累乗根を利用する方法もある．この有限体 $\mathbf{F}_p$ での計算は単に p で割った余りだけを取り扱う．例えば $\mathbf{F}_5$ では，$3+3=1$ となるし，$3 \times 4 = 2$ となるわけだ．この $\mathbf{F}_p$ では簡単に 1 の原始 $n+1$ 乗根が見つかる．$\mathbf{F}_5$ では，$3^2 = 4$，$3^3 = 2$，$3^4 = 1$ だから，3 が 1 の原始 4 乗根になる．複素数と違って，有限体では整数だけの計算になるから有利であるが，実際には両方の方法が用いられている．

通常，ある点における n 次多項式の値を計算するとき，ホーナー表示を使っても少なくとも n 回の基本乗算を実行しなければならない．例えば，$P(x) = 4 + 3x + 12x^2 + 4x^3$ に対して $P(3)$ を計算する場合，$P(x) = 4 + x(3 + x(12 + 4x))$ と変形して 3 回の掛け算を行う．したがって，異なる $n+1$ 個の点での多項式の値の計算には，それぞれの点においてホーナー表示で計算する普通のやり方では約 $(n+1)^2$ 回の基本乗算が必要だ．

さて，$n+1 = 2^m$ のとき（一般の場合でもこれに帰着できるが），点 1, x, x^2, $\cdots$, x^n における多項式の値を計算する場合には，カラツバの方法と同類の計算量の節約法がある．そしてこれが高速フーリエ変換の成功の元

7. 活躍する数学

なのだ．与えられた多項式 $P(x) = a_0 + a_1 x + a_2 x^2 + \cdots + a_n x^n$ に対して，$Q(x^2) = a_0 + a_2 x^2 + a_4 x^4 + \cdots + a_{n-1} x^{n-1}$, $xR(x^2) = x(a_1 + a_3 x^2 + a_5 x^4 + \cdots + a_n x^{n-1})$ とおくと，$P(x) = Q(x^2) + xR(x^2)$ となる．ところで $x^{n+1} = 1$ だから，$(x^{(n+1)/2+i})^2 = (x^i)^2$ が $i = 0, 1, \cdots, (n-1)/2$ まで成り立っている．つまり，$n+1$ 個の点 $1, x, x^2, \cdots, x^n$ における $P(x)$ の値を計算するには，$(n+1)/2$ 個の点 $(x^0)^2, (x^1)^2, \cdots, (x^2)^{(n+1)/2}$ における Q と R の値をそれぞれ計算し，掛け算と足し算を1回ずつ実行するだけでよい．

この段階で多項式 Q と R の値を普通の方法で計算すると，$2((n+1)/2)^2 = (n+1)^2/2$ だから，積の計算量はすでに半分になっている．しかしそうするよりは，新たに Q と R を分解し，再び計算量を半分にする方が節約できる．何回でもこのプロセスが続けられるように $n+1 = 2^m$ としたわけだ．結局 m 回繰り返すことができて，積の計算量を初めの 2^m 分の1にすることができる．P の値に戻す計算も考慮に入れると，全体の計算量は，普通に計算した場合の n^2 から $n \times \log n$ へ著しく改善されることがわかる．例えば，$n+1 = 2^{10} = 1024$ のときで，100倍以上の開きがある．

⑤ x を1の原始 $n+1$ 乗根としたとき，点 $1, x, x^2, \cdots, x^n$ における補間法は $n \times \log n$ の計算量で実行できる．

初等的な行列の計算によって，この問題をある多項式の点 $1, x, x^2, \cdots, x^n$ における値の計算に還元できることを示そう．そうすれば，④から明らか．

さて未知数は多項式の係数 $(a_0, a_1, a_2, \cdots, a_n)$ で，これを縦ベクトルにしたものを X で表わし，与えられた x^i での多項式の値を縦ベクトルにしたものを A とする．また (i, j) 成分が x^{ij} であるような $n+1$ 次正方行列を W とおくと，問題は方程式 $WX = A$ を解くこと．ところで (i, j) 成分が $x^{-ij}/(n+1)$ で与えられる行列が W の逆行列になることが簡単に示せるので，$X = W^{-1}A$．明らかに x^{-1} もまた1の原始 $n+1$ 乗根だから，こうして，まさに④で考察した問題に帰着させることができた．この特別な場合の補間法は，きわめて効率よく解けるということだ．

行列 W を乗じて X ベクトルから A ベクトルを作る変換を，**高速フーリエ変換**（FFT）と言う．逆に，W^{-1} を乗じて A ベクトルから X ベクトルを作る変換を高速逆フーリエ変換と言う．上の特別な場合には，すでに見たように両者は本質的に同じ変換であり，ともに効率的に計算することができる．

⑥ 1の原始累乗根における補間法を用いて，$n \times \log n$ に比例した回数の基本乗算で多項式の積を計算することができる（普通の掛け算では n^2 に比例）．

x を1の原始 $n+1$ 乗根とし，2つの多項式 $P_1(x)$ と $P_2(x)$ の点 $1, x, x^2, \cdots, x^n$ における値を $n \times \log n$ に比例した仕事量で実行できる（⇒④）．それらを $p_0, p_1, p_2, \cdots, p_n$ および $p'_0, p'_1, p'_2, \cdots, p'_n$ とする．積 $P_1(x)P_2(x)$ の値の計算は，上で求めた多項式の値を掛け算する（⇒③）．こうして n に比例した仕事量で $q_0 = p_0 \times p'_0$, $q_1 = p_1 \times p'_1$, $\cdots$, $q_n = p_n \times p'_n$ が求まる．次に，点 $1, x, x^2, \cdots, x^n$ において $q_0, q_1, q_2, \cdots, q_n$ という値を持つ多項式

Art Resource.

ジャン=バプティスト・フーリエ（1768-1830）

を，補間法（⇒②）によって $n \times \log n$ に比例した仕事量で求める（⇒ ⑤）．こうして求める多項式 $P_1(x) P_2(x)$ が効率的に得られる．

与えられた2つの大きな桁数の整数に対する乗法は，まずそれぞれの数に多項式 $P_1(x)$ と $P_2(x)$ を対応させ，これらの多項式の積を上で述べたように計算し，この多項式を数に戻すことで実行される（⇒①）．

離散フーリエ変換についての詳細および他の応用については，ボールウェイン兄弟の π の本[19]を参照されたい．また歴史的な考証も含めたフーリエ解析との関連についてはビュルク=ユバールの本[74]に詳しい．

π の n 桁目の数字

―― 実験数学から生まれた発見 ――

デイヴィッド・ベイリー，ピーター・ボールウェインおよびサイモン・プラウフによる新しい公式は，**π** の2進展開における小数点以下第 **n** 位の数字を，それまでの数字を計算しないで求めることができるという驚くべき可能性を与えてくれた．この思いがけない発見の理論的な帰結と実際の計算法とを，ここで解説する．

π に関する新発見はもうないのか

1995年当時，新しい数学の進展のないまま，絶え間ないコンピュータの性能向上のおかげで π の小数部の計算競争は引き続き行われていたものの，もはや π の研究に目ざましい成果は期待できないと多くの人は考えていた．人類が π に興味を覚えて以来何世紀にもわたって議論を積み重ねてきた結果，π に関してわかることはほとんどすべて間違いなく明らかにされ，残っている問題はずっと手の届かないままに違いないと思われていたのだ．しかし，カナダのブリティッシュ・コロンビア州バーナビーにあるサイモン・フレイザー大学の研究チームが発見した新しい π の公式は，π についての驚くべき新発見が今日もなお出現しうることを見事に示している．

数学の進展とコンピュータの発達

π の予言者はよく近視眼的な見方をするので面白い．1970年ペートル・ベックマンは，人類が4000年も一緒に暮らしてきたこの数にもはや何の新発見もないだろう，と『π の歴史[13]』の中で述べている．1961年最初に π の10万桁を計算したダニエル・シャンクスは，人類は10億桁には決して到達できないだろうと考えていた．しかし前章で述べたように，π 計算の新しいアルゴリズムの発見と離散フーリエ変換に基づく高速乗法の応用によって，1975年以降 π の小数部計算は飛躍的に加速された．

π の歴史を通じてわかることは，数学の発展こそが π の桁をより多く計算し π の知識を深めるために本質的に必要であり，また計算レース自体に意味を与え，それが結局は計算の主要な原動力になっている，ということだ．ここで紹介する数学の公式は今までにないきわめてユニークなも

ので，高速乗法の到来よりもさらに革命的と言える．それを使えば，πの2進展開のはるか先の数字を，それまでの数字を計算しないで求めることができる．長年にわたりこの問題に興味を持ち，1995 年こつこつアルゴリズム（⇒ 6 章）をヴィクター・アダムチックとともに発見したスタン・ワゴンは，「数学の歴史と同じくらい古い π の歴史の流れを根底から変える画期的な発見だ」と述べている．

数学的直観は正しいか

この発見以前に，π の 2 進展開の小数点以下第 100 億位の数字を，それまでの数字を計算しないで求められるかどうか数学者に尋ねたとしたら，きっと鼻先で笑われたことだろう．確証のないあまりに安易すぎる数学者の例の直観によって，天啓を授かった，いわゆる天才と称される数学者が現れて，手の甲で振り払うがごとく平然と問題を解決してしまうなんてことは起こり得ない，と妙に数学者たちは納得しているものだ．有名な π 計算の専門家のボールウェイン兄弟（⇒ 7 章）は，「π の 2 進展開の n 桁目の数字を求める問題は，その桁までのすべての数字を計算する問題よりもはるかにやさしいとは言えない，と考えるのはもっともなことだ」と 1989 年に述べている．6 年後にピーター・ボールウェインが，この判断をくつがえす研究チームの一人になるとは！

これと似たようなことが，《0 でも 1 でもない代数的数 a と代数的無理数 b に対して a^b は超越数になる（⇒ 9 章）》と 1934 年に証明されたときにも起こった．偉大なるダヴィッド・ヒルベルトは「この問題は素数分布に関するリーマン予想よりもはるかに難しい」と 1900 年に考えていたのだ．リーマン予想の方は今でも未解決．

根本的に新しい公式

この新公式発見の瞬間が，公式誕生にいたる計算過程の情報ファイルのバックアップのおかげで，正確に記録されている：1995 年 9 月 19 日の午前 0 時 29 分．それは発見者サイモン・プラウフにとって，サイモン・フレイザー大学のデイヴィッド・ベイリーとピーター・ボールウェインとの間で繰り広げられた 1 カ月にわたる研究の最後を飾る瞬間でもあった．本来の目的を見失わないよう気をつけながら（数学の研究にコンピュータを利用したからと言って，数学者が怠け者になったわけではない！），PSLQ というソフトを駆使して，プラウフは次の公式

$$\pi = \left(\frac{4}{1} - \frac{2}{4} - \frac{1}{5} - \frac{1}{6}\right) + \frac{1}{16}\left(\frac{4}{8+1} - \frac{2}{8+4} - \frac{1}{8+5} - \frac{1}{8+6}\right)$$
$$+ \frac{1}{16^2}\left(\frac{4}{16+1} - \frac{2}{16+4} - \frac{1}{16+5} - \frac{1}{16+6}\right) + \cdots$$

すなわち，

$$\pi = \sum_{n=0}^{\infty} \frac{1}{16^n} \left(\frac{4}{8n+1} - \frac{2}{8n+4} - \frac{1}{8n+5} - \frac{1}{8n+6} \right)$$

を発見したのだ．

これを使って π の2進展開における数字を何桁目でも計算することができるという点ですばらしい公式だ．例えば，それまでの数字を計算しないで，直接に小数点以下第400億位の数字を求めることができるのだ．カナダの研究チームは，実際それが《1》であり，以下0010010…と続くことを見い出した．技術的には400億桁までのすべての数字が今でも計算できるだろうが，誰も計算してはいない．

1997年9月22日ファブリス・ベラールは，同じ方法によって π の2進展開の1兆桁目に到達した．それも《1》であり，以下000011111110111…と続く．しかしそれを実行するには，誰にも手が届くわけではない強力な計算力が必要であることに注意しておこう．実際，ベラールは30台のコンピュータ上で空き時間を利用しながら25日かけて計算したという．もし1台のコンピュータだけで計算していたなら，400日はかかっていただろう．

ある桁数まで π の小数部をすべて計算する公式としては，ラマヌジャンの公式と比べて格別優れているわけではない．第 n 部分和 $P(n)$ を少し計算してみると，

$$P(1) = 3.14142246642246642\cdots$$
$$P(2) = 3.14158739034658152\cdots$$
$$P(3) = 3.14159245756743538\cdots$$
$$P(4) = 3.14159264546033631\cdots$$
$$P(5) = 3.14159265322808753\cdots$$

となって，1項加えるごとに増える正確な数字は2個以下だ．

10進展開用の公式は？

発見された新公式は10進展開の数字を決めるのには役立たない． π の10進展開における小数点以下第1兆位の数字が知りたければ，今のところそこまでのすべての数字を計算するしかない．すなわち π 計算の世界記録を大幅に更新する必要がある．いくつかの数字をグループに分けることで，2進から4進，8進，一般に 2^n 進展開に底を変換したり，逆に 2^n 進から2進への変換は容易だ．しかし，これ以外の底への変換を同じ方法で行うことはできない．だから，2進や 2^n 進でできたことが10進ではできないわけだ．

しかし一方，1996年11月プラウフは非常に少ないメモリーで π の10進展開の数字を桁ごとに計算する方法を発表した．彼は，古くから知られた公式

$$\pi + 3 = \sum_{n=1}^{\infty} \frac{n \times 2^n}{\binom{2n}{n}}$$

に基づき，これから説明する2進の場合と似てはいるがやや複雑で巧妙な方法を用いた．分母に現れたニュートンの2項係数

$$\binom{2n}{n} = \frac{(2n)!}{(n!)^2}$$

は小さな素因数しか持たず，その特殊な性質を活用したアルゴリズムを思いついたのだ．

　プラウフのアルゴリズムはどんな底にも使える一般的なものだが，残念ながら，メモリーの消費量が少ない分，前章で述べたすべての数字を求める方法と比べて計算時間が余計にかかるのは仕方ない（情報学ではよくあることだが，一方で得をすれば，他方で損をする）．実際，彼のアルゴリズムを使ってπのn桁目の数字を計算すると，$n^3 \times \log^3 n$に比例した時間が必要となり，これでは今までに計算されたπの数字を追い越すのは無理だろう．1997年1月ベラールは，プラウフのアルゴリズムをn^2に比例した計算時間を持つものに改良したが，それとて十分ではない．だからこのアルゴリズムは理論的な面でしか興味のないものだ．

　一方，ベイリー=ボールウェイン=プラウフの公式はどうかと言うと，πのn桁目の数字の計算に要する時間は$n \times \log n$に比例するので，実質的にも理論的にも非常に興味ある公式だ．この公式は，あれほど多くのすばらしい公式類を発見したオイラーによって何世紀も前に見つけられていたとしても不思議ではないだろう．その証明には，凝ったところも難しいところもないからだ．ただ，そのような公式があるということを思いつき，それを実際に書き下すことが1995年までできなかったのだ．実はシュトラスブール大学のエリック・ケルンが，これと似た公式を1992年に見つけていたが，興味がなくて発表しなかったらしい．

　ベイリー=ボールウェイン=プラウフの公式が知れわたるや，あらゆる数学的な定数に対する同様の公式が発見されていった．科学の世界ではよくあることだが，一握りの強運の持ち主か天才によって秘密のヴェールの端がそっと持ち上げられると，そこにはまったくの新世界が現れるものだ．サイモン・フレイザー大学の研究チームが，すばらしくて思いがけない公式の尽き果てることのない真の鉱脈を掘り当てたのだ．しかも，この鉱脈には過去最大級のダイヤモンドが眠っているかもしれない！　と，興奮の嵐が研究者の間に吹きまくったという．

ベイリー=ボールウェイン=プラウフ公式の使い方

　ベイリー=ボールウェイン=プラウフの公式を用いると，なぜπの2進展開の1兆桁目の数字が，それまでの数字を計算しないで求めることができるのかを，ここで詳しく説明しよう．足し算と繰上げさえわかれば十分理解できるよう，ややこしい数学を使わずに具体的に計算して説明したい．また，2進や16進よりも10進展開の方が取り扱いやすいので，計算は10進で行う．次の4段よりなる解説はもちろん何進でも有効なので，本来の2進や16進の場合の説明にもなっている．

8. π の n 桁目の数字

① 例えば 200 桁の整数どうしの足し算をするとき，上から数えて例えば 100 番目の位の数字を，あまりたくさん計算しなくても求めることができる．単にその位の数字どうしを足すだけでは十分ではないが，さりとてそれほどたくさんの計算がいるわけでもない．

その 200 桁の整数を $X=\bigstar\bigstar\bigstar abc\bigstar\bigstar\bigstar$, $Y=\bigstar\bigstar\bigstar a'b'c'\bigstar\bigstar\bigstar$ とおく．a, b, c および a', b', c' はそれぞれ X, Y の 100, 101, 102 番目の位の数字．

```
             100 101 102
    ★ ★ ★  a   b   c  ★ ★ ★           a   b   c
  + ★ ★ ★  a'  b'  c' ★ ★ ★         + a'  b'  c'
  ─────────────────────────────       ─────────────
    ★ ★ ★  ?   ★   ★  ★ ★ ★          a"  b"  c"
```

問題なのは繰上がりだ．3 桁の整数 abc と $a'b'c'$ との和を $a''b''c''$ とするとき（a'' の前に繰上がりの《1》が生じるかもしれないが重要ではない），どういう条件があれば，数字 a'' が 200 桁の数 X と Y の和としてのその位の正しい数字になるのだろうか．

その答えは簡単で，同時に $b+b'=9$, $c+c'=9$ とならないこと．もしそうであったら，103 番目の位以降の足し算が影響するのであって，そこに繰上がりが生じるのなら，a'' を変えなければならない．したがって 100 回に 1 回の不運を除けば，単に 2 つの数字の 3 回の足し算だけで，正しい数字 a'' を求めることができる．さらに，もし不運なケースであったとしても，a'' が正しい数字だと確認できるまで計算する範囲を右にもう少し広げればよい．

いくつかの巨大な整数を続けて足す場合や，巨大な整数と 30 桁か 50 桁程度の小さな整数との掛け算をする場合にも，そこから右に少しばかり計算することで，ある位の数字が何であるかを見い出すことができる．実際には少しばかりと言っても数十桁くらいにはなるのだが，何十億桁の数字を扱うことを思えば数十桁くらいたいしたことはない！

以上まとめると，巨大な数の足し算や巨大な数と小さな数との掛け算では局所的に計算できるということ．しかし巨大な数どうしのかけ算とか巨大な数の割算に対してはそうではない．もしそうなら，とうの昔に π を桁ごとに計算できていただろう．

② 数 $1/(k\times 16^i)$ の 16 進展開における小数点以下第 n 位，例えば第 100 億位の数字を，ほんのわずかな計算で求めることができる．

考えやすくするために前段と同じく 10 進数を取り扱う．そこで，数 $1/(k\times 10^i)$ の 10 進展開における小数点以下第 n 位の数字を，$n=1000$, $i=35$, $k=49$ の場合に具体的に求めよう．

誰もが知っているように，10 進小数を 10 倍するということは単に小数点を右に 1 つずらすということ．よって $1/(49\times 10^{35})$ の 1000 桁目の数字は，$1/(49\times 10^{34})$ の 999 桁目の数字に等しく，それは $1/(49\times 10^{33})$ の 998 桁目の数字とも等しい．以下同様に，$1/49$ の 965 桁目の数字に等しく，さらに繰り返せば，結局 $10^{964}/49$ の小数点以下第 1 位の数字と等しくなることがわかる．

そこで，わずかの計算によって 10^{964} を 49 で割った余りが計算できたとしよう（⇒ ③）．そこで商を q とおけば $10^{964}=49q+r$．すなわち，$10^{964}/49=q+r/49$ で，q は整数だから $10^{964}/49$ の小数点の右隣に来る数字は単に $r/49$ の小数点の右隣に来る数字に等しい．r は 49 よりは小さい整数だから，こうしてわずかの計算（割り算）で求める数字を得ることができる．

以上まとめて，10^{964} を 49 で割った余りが簡単に求まれば，$1/(49\times 10^{35})$ の小数点以下第 1000 位の数字が容易に求まるということ．一般に，小さな整数 k に対する $1/(k\times p^i)$ の p 進展開における数字を，どこであろうとわずかの計算で求めることができるし，さらに①を応用することで，m が小さいときの $m/(k\times p^i)$ やそのような分数の和に対しても同様に扱うことができる．ただし，これを一般の分数 m/q には拡張できない．

③ 10^{964} を 49 で割った余りを，小さな数の計算だけで簡単に素早く求めることができる．

49 で割った余りだけを考える計算を採用する【この世界では差が 49 の倍数になる 2 数を同一視する】．例えば，$35+45=80=31$ や $3\times 45=135=37$ と考える．実際，次のようにして 10^{964} を 49 で割った余りが求められる（すでに 4000 年も前に，古代エジプトでは積計算のために似たようなアイデアが用いられていた）．

- 次々と $10^2, 10^4, 10^8, \cdots$ を計算する．
  $10^2=100=2$, $10^4=2^2=4$, $10^8=4^2=16$,
  $10^{16}=16^2=256=11$, $10^{32}=11^2=121=23$, $10^{64}=23^2=529=39$,
  $10^{128}=39^2=1521=2$, $10^{256}=2^2=4$, $10^{512}=4^2=16$.
- 964 を $512+256+128+64+4$ のように 2 ベキ数に分解する．
- $10^{964}=10^{512+256+128+64+4}=16\times 4\times 2\times 39\times 4=19968=25$.

こうして余り 25 を得る．1000 桁の代わりに 100 億桁であったとしても，小さな数の計算しか行わない．

④ いよいよベイリー=ボールウェイン=プラウフ公式

$$\pi=\sum_{n=0}^{\infty}\frac{1}{16^n}\left(\frac{4}{8n+1}-\frac{2}{8n+4}-\frac{1}{8n+5}-\frac{1}{8n+6}\right)$$

を活用する番だ．①〜③から，この級数の各項を 16 進で展開したときの 100 億桁目の数字は簡単に求まる．しかしこれは無限和だから，問題はそう簡単ではないように思えるかも知れない．有限和をとったときに，残りの部分による繰上げの可能性を否定できるのだろうか．

実は $1/16^n$ が急激に減少するおかげで，100 億とあと少しの項数を計算するだけで十分なのだ（もちろん，加えるべき項数や 100 億桁以降の考慮すべき桁数はきちんと評価できる）．こうして π の 16 進展開における 100 億桁目の数字の決定は，小さな数の計算の一連の作業に帰着でき，こつこつアルゴリズムを含む以前の π 計算法のように何十億桁もの数字をメモリーに貯える必要はまったくない．

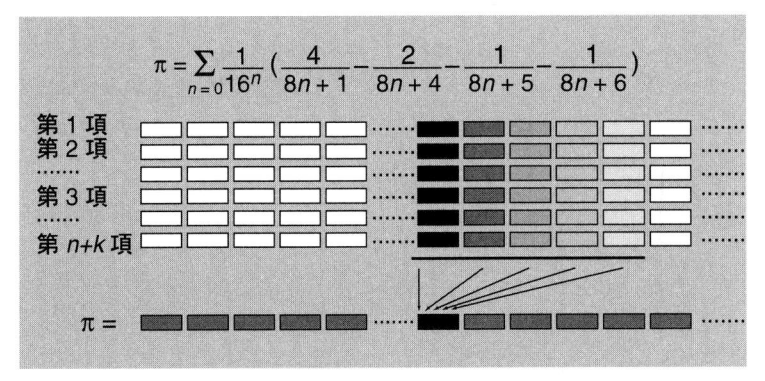

8. π の n 桁目の数字

$$\pi = \sum_{n=0}^{\infty} \frac{1}{16^n}\left(\frac{4}{8n+1} - \frac{2}{8n+4} - \frac{1}{8n+5} - \frac{1}{8n+6}\right)$$

第1項
第2項
第3項
第$n+k$項

$\pi =$

ベイリー=ボールウェイン=プラウフ公式の公式のおかげで，π の16進展開における n 桁目の数字を小さい数の計算だけで求めることができる．無限和の最初の n 項と，繰上げを考えてその先 k 項（k は比較的小さい整数）までのそれぞれの，n 桁目以降のいくつかの数字（濃淡の付いた部分）を計算すれば十分．これら $n+k$ 個の小さい整数を，繰上げを考えて加え上げたものが求める数字．それまでの数字を計算する必要はない．

最後に，求まった π の16進展開の n 桁目の数字から，π の2進展開における $4n-3$, $4n-2$, $4n-1$, $4n$ 桁の数字が得られる．16進の数字の《10》から《15》までをAからFまでの文字で表わすことにすれば，次の規則によって変換すればよい．

$0 \to 0000$　$1 \to 0001$　$2 \to 0002$　$3 \to 0003$　$4 \to 0100$　$5 \to 0101$

$6 \to 0110$　$7 \to 0111$　$8 \to 1000$　$9 \to 1001$　$A \to 1010$　$B \to 1011$

$C \to 1100$　$D \to 1101$　$E \to 1110$　$F \to 1111$

計算結果

新公式やその一般化に関するベイリー，ピーター・ボールウェインおよびプラウフの論文から，いくつかの計算結果を紹介しよう．ベイリーは1986年に初めて π の2900万桁に到達した人物で，彼の自動車のナンバープレートはP 314159になっている．ボールウェイン兄弟は π 計算のための数多くの有効な公式を見つけており，いくつかは金田が世界記録を樹立した際に用いられた（⇒7章）．現在，π の16進展開のある桁以降のいくつかの数字が次のように得られている．

100万桁	26C65E52CB4593	（ベイリー，ボールウェイン，プラウフ）
1000万桁	17AF5863EFED8D	（ベイリー，ボールウェイン，プラウフ）
1億桁	ECB840E21926EC	（ベイリー，ボールウェイン，プラウフ）
10億桁	85895585A0428B	（ベイリー，ボールウェイン，プラウフ）
100億桁	921C73C6838FB2	（ベイリー，ボールウェイン，プラウフ）
1兆桁	87F72B1DC9786914	（ベラール）

彼らは，ベイリーの勤務先であるアメリカ航空宇宙局（NASA）のコンピュータを使ってこれらの計算をしたが，このようなばかげた計算によってアメリカ納税者の血税が浪費されたと告発されるのを恐れてか，コンピュータの空き時間を利用しただけだと必ず言い添えている．

π が属する複雑度のクラス

　π の新公式およびその後発見された諸公式から，実に興味深い理論的結果が導かれる．

　2進展開における数字が何であるかを，多項式時間内で対数多項式程度のメモリーを使って計算できるような数の集まりを，スティーヴンの SC_2 クラスと言う．例えば，2進展開の n 桁目の数字を，n^2 秒以内に $\log n$ ほどのメモリーを使うだけで計算できるような数．正確には，求めたい桁 n の関数として，計算時間は高々 n の多項式で押さえられ，計算に要するメモリーの量は高々 $\log n$ の多項式で押さえられるような数のことだ．したがって，メモリーの増え方はきわめて遅い．

　π の新公式によって，すべての数字を計算しなければならない以前の計算法ほど高速に n 桁目の数字を計算できるわけではないが，今日この種の計算においては根本的で大きな障害となっているメモリーの運用量を控えることができる．実際，π はスティーヴンの SC_2 クラスに属する．これは新しい結果であり，むしろ以前はありそうにないことと思われていたくらいだ．

　さらに，1996年11月にプラウフによって発見された一般アルゴリズムによって，π はすべての底 b に対して SC_2 クラスに属することがわかる．すなわち，たとえ計算速度の重大なスローダウンが生じようとも，今や理論的には，π の10進展開における n 桁目の数字を前のすべての数字を計算することなく，とりわけ大量のメモリーを使うことなく求めることが可能なのだ．

　実際の計算においても，ベイリー=ボールウェイン=プラウフの公式やプラウフの一般アルゴリズムによって，π の n 桁の数字を計算するのに，巨大な整数を取り扱う特殊で膨大な計算プログラムを開発する必要はない，というすばらしい結論が導かれる．特に n に比例した巨大な大きさの中間データを保存する必要はない（こつこつアルゴリズムはきわめて短いプログラムを可能にするが，一方で膨大なメモリーを必要とする）．つまり《知性がメモリーを節約する》のだ．非常に重要な役割を演じる高速メモリーという金田の強みも消え失せてしまった．金田は現在 π を最も多く計算した人物ではあっても，もはや無限に続く π の数列の最も先に到達した人物ではないのだ．

　前に述べた方法かプラウフの一般アルゴリズムを用いることで，10桁か20桁程度のコンピュータの基本演算の計算で，多くの場合，用が足りるわけだ．わずか数十行のプログラムで，いろんな底での π の値をかなり先まで計算できる．とりわけ2進展開の場合は，いままで誰も知りえなかった位に到達することができた（⇒ 前節）．10進の場合は，計算速度のスローダウンのせいで，2進のようにはうまくいかない．メモリーの量が問題ではなくなると，計算時間に起因する要因が計算の到達点を決めるようになるからだ．π の大海原を眼前にして，われわれはただ浜辺を見ているだけなのだ！

8. πのn桁目の数字

　ベイリー=ボールウェイン=プラウフ公式の利用は終了したわけではない．もっと念入りにプログラムし直したり，並列処理型コンピュータを使ったりすれば，1 兆桁のもっと先まで到達できるだろう．プラウフによれば，絶対に到達不可能か，さもなければ後世にゆだねられるべき問題と考えられていたπの2進展開の1000兆桁目でさえ，近い将来には到達できるに違いないという．計算作業を分割して小型コンピュータの大群を組織すれば，今後この新公式がπの計算記録を打ち立てることも難しくはないだろう．

　より重要なことは，ベイリー=ボールウェイン=プラウフの公式が，現在までまったく期待はずれに終わっているπの数字列の一般的な数学研究の扉を開いたということだ．πの数字列について証明されていることと言えば，ある桁から周期的になることはないということだけなのだ．すなわちπは有理数ではないことが，1761 年ランベルトによって証明された．その後 1882 年リンデマンによってπの超越性が示されたが，そのことからは興味ある数字列の性質は何も生み出されない（⇒ 9, 10 章）．

　新公式によって，どんな公式よりも即座にπの数字に達することができるから，今まで検証されても証明できなかったπの数字列の正規性を示すことができるかも知れない．そうなれば，すばらしい進歩だ．あるいは逆に，乱数列とは違う複雑性を持った，規則的なパターンあるいはある種の構造が見つかるかも知れない．そうなれば驚くべきことだ．なぜなら，πの2進あるいは10進展開の数字列に対して今まで行われてきたあらゆる統計的な検査では，がっかりするような平凡な結果しか報告されていないから（⇒ 10 章）．

　「$\log 2$ やπの2進数字列の正規性が近いうちに証明されると信じているし，$\log 2$ の2進展開の n 桁目の数字を n に比例する時間内で計算できる公式があってもいい」と，プラウフは述べている．また，ベイリーやジェフ・シャリットのような数学者たちも，2世紀にわたって手詰り状態のこのような問題に新たな進展があるに違いないと考えている．

その他の定数

　ベイリー=ボールウェイン=プラウフの公式に類似の公式が見い出され，例えば π^2，$\pi \log 2$，$\log 2$ のような数が，いずれもスティーヴンの SC_2 クラスに属することが示されている．中でも対数値については奇妙なことに，$\log 2$，$\log 3$，$\cdots$，$\log 22$ まではそのような公式が発見できたのに，$\log 23$ に対しては見つかっていない．大多数の n に対して $\log n$ は SC_2 クラスに入るだろうし，もしかしたら，すべてそうかも知れないが，証明はまだない．

π - 魅惑の数

サイモン・プラウフ
S. Plouffe.

π の達人 —— サイモン・プラウフ

サイモン・プラウフは昔から π に対して熱狂的だった．1975年には π を4096桁も暗記し，ギネスブックに載った（現在の世界記録は4万2000桁⇒2章）．それから20年後，彼は π に関する第一級の発見に一役買ったのだ．

「どうやって π の小数部を暗記したかと言うと，100桁ずつに区切り，何回も手書きするうちに写真のように正確に数字列を覚えることができたんだ」と，プラウフは述べている．覚えた数字を忘れないように，暗がりの中で1人きりになって定期的にそれを暗唱しなければならなかったという．彼は4096桁の記録を打ち立てたあと，4400桁まで記録をのばしたがそこでやめた．きわめて熱心に取り組んだとしても，19世紀の驚異の暗算家たち，あるいはオイラーやラマヌジャンが明らかに精通していた数字列と，なかなか特別には仲良くできないものだ．

実験数学

新しい π の公式を発見したサイモン・フレイザー大学の研究チームは，新しい数学の実践を強く勧めるある数学者グループを活気づけた．19世紀末には手計算で見つけうる結果はほとんどすべて見い出され抽象的になってしまった数学に対し，具体的かつ実験的な数学の新しい時代が今日コンピュータとともに始まっている，と彼らは考えるのだ．

数値計算や数式処理ソフトウェアに出会った数学者にとって，もはや膨大で複雑な数学記号の操作など障害ではなくなった．コンピュータは数学者の助手となって，微分，積分，多項式の因数分解などの退屈でたまらない作業をまかされるようになった．これによって，ますます大規模な研究が繰り広げられるようになり，途中に介在する複雑な公式の証明もプログラムに託されるだけだ．

実験数学者は，新しい数学的真実を見つけるためには，考えうる限りの可能な道具をすべて使おうとする．しかし満足するのは，見つけた公式に対する数学的証明が得られたときだけだ．

8. πのn桁目の数字

ベイリー=ボールウェイン=プラウフの公式はコンピュータなしでも発見されたかもしれないが，事実コンピュータによって見い出された．それは数学者の知性と驚異的なプログラミング能力が緊密に結びついた結果なのだ．いったん公式が見つけられると，次はそれを証明しなければならない．それも手計算でできたかもしれないが，コンピュータでプログラムする方がより簡単だ．そこで得られた証明は，コンピュータに対し本能的に不信感を持つ人でもコンピュータなしで確かめることができる（⇒ 122 ページの補足 1）．

今日では，新しい数学的真実を見つけ出そうと積極的にコンピュータの利用を勧めている数学者たちは，程度の差こそあれ，あまりの複雑さゆえに手計算では続行不可能と放棄されていた問題を追跡している．公式を見つける驚くべき天賦の才を有していたインドの偉大な数学者ラマヌジャンは，いくつかのπに関する公式も見い出し（⇒ 7 章），先人よりも前を歩むことができた．いま実験数学者たちはコンピュータを使って，このラマヌジャンの仕事を追跡している．

コンピュータと数学的真実

このような研究方法は数学思想に新たな問題を投げかけている．例えば，コンピュータによって発見された公式に，まだ誰も証明を与えることができない，ということが起こりうる．この場合，実験数学者はこの公式を正しいとは考えない．彼らは，証明された真実と検証された事柄とを区別する従来の数学の立場（間違いなく物理学には存在しない区別）を維持しているのだ．だから，実験数学と言っても，数学と物理学を同じものに考えようとしているのではない．

コンピュータは助手である——それはものと呼ぶほど単純ではない——しかし，今なお一般的な考え方として，たとえ

- その命題を定式化できたのがコンピュータのおかげであったとしても，あるいは

実験数学者は，手計算で直接確かめるには長すぎる証明も受け入れようとする．とはいえ，間違いをするかもしれない同僚と同じようにコンピュータに対しても用心を怠らない．自分では直接確かめられない証明に対して，何回も計算してみるとか，異なる方法や異なるコンピュータを使うとか，できるかぎりのチェックを行うのだ．

- 証明を練り上げる際に本質的にコンピュータが働いたのだとしても，あるいは
- あまりに複雑なので，証明を完全に行うのにコンピュータによる計算や推論なしではすまされなかったのだとしても，

数学の命題が証明されたのか，あるいは証明されなかったのかを言うのは，人間である数学者だ．《πの2進展開における小数点以下第1兆位目の数字は"1"である》というまったく新しい定理を，コンピュータに頼らずに独力で証明できる数学者などおそらく1人もいないだろう．しかし，それを正しいと考えなければならないかどうかを決めるのは，やはり数学者自身なのだ．

グレゴリー・チュドゥノフスキーは，数学の実在性について次のように語っている．「πはそれを計算するコンピュータより実在的だ．いまπを観測している真最中なんだが，われわれの行っている研究は物理の実験にきわめて近い．観測できるということは，πを自然の対象物として考えているということなんだよ．」

補足1 ── サイモン・プラウフ公式の証明

任意の自然数 k に対して，

$$\sum_{n=0}^{\infty} \frac{1}{16^n(8n+k)} = \sqrt{2}^k \sum_{n=0}^{\infty} \left[\frac{x^{8n+k}}{8n+k}\right]_0^{1/\sqrt{2}}$$

$$= \sqrt{2}^k \sum_{n=0}^{\infty} \int_0^{1/\sqrt{2}} x^{8n+k-1} dx$$

$$= \sqrt{2}^k \int_0^{1/\sqrt{2}} \frac{x^{k-1}}{1-x^8} dx$$

が成り立つことから，

$$\sum_{n=0}^{\infty} \frac{1}{16^n}\left(\frac{4}{8n+1} - \frac{2}{8n+4} - \frac{1}{8n+5} - \frac{1}{8n+6}\right)$$

$$= \int_0^{1/\sqrt{2}} \frac{4\sqrt{2} - 8x^3 - 4\sqrt{2}\, x^4 - 8x^5}{1-x^8} dx$$

を得る．ここで変数変換 $y = \sqrt{2}\, x$ を行って簡単にすれば，右辺は

$$\int_0^1 \frac{16(y-1)}{y^4 - 2y^3 + 4y - 4} dy = \int_0^1 \frac{4(2-y)}{y^2 - 2y + 2} dy + \int_0^1 \frac{4y}{y^2 - 2} dy$$

$$= \int_0^1 \frac{4(1-y)}{y^2 - 2y + 2} dy + \int_0^1 \frac{4}{1+(y-1)^2} dy + \int_0^1 \frac{4y}{y^2 - 2} dy$$

$$= \left[-2\log(y^2 - 2y + 2) + 4\arctan(y-1) + 2\log(2-y^2)\right]_0^1$$

$$= \pi$$

に等しい．（証明終わり）

補足2 ── その他の新公式

桁ごとに数字を計算できる新公式をいくつかの数学定数に対して紹介し

8. π の n 桁目の数字

よう．最初の公式はベイリー=ボールウェイン=プラウフの公式よりは単純だが，収束は遅い．

$$\pi = \sum_{n=0}^{\infty} \frac{(-1)^n}{4^n} \left(\frac{2}{4n+1} + \frac{2}{4n+2} + \frac{1}{4n+3} \right)$$

$$\pi^2 = \sum_{n=0}^{\infty} \frac{1}{16^n} \left(\frac{16}{(8n+1)^2} - \frac{16}{(8n+2)^2} - \frac{8}{(8n+3)^2} - \frac{16}{(8n+4)^2} - \frac{4}{(8n+5)^2} - \frac{4}{(8n+6)^2} - \frac{2}{(8n+7)^2} \right)$$

$$\pi^2 = \frac{9}{8} \sum_{n=0}^{\infty} \frac{1}{64^n} \left(\frac{16}{(6n+1)^2} - \frac{24}{(6n+2)^2} - \frac{8}{(6n+3)^2} - \frac{6}{(6n+4)^2} - \frac{1}{(6n+5)^2} \right)$$

$$\pi\sqrt{2} = \sum_{n=0}^{\infty} \frac{(-1)^n}{8^n} \left(\frac{4}{6n+1} + \frac{1}{6n+3} + \frac{1}{6n+5} \right)$$

$$\log 2 = \frac{1}{8} \sum_{n=0}^{\infty} \frac{1}{64^n} \left(-\frac{16}{(6n)^2} + \frac{16}{(6n+1)^2} - \frac{40}{(6n+2)^2} - \frac{14}{(6n+3)^2} - \frac{10}{(6n+4)^2} + \frac{1}{(6n+5)^2} \right)$$

$$\log 3 = \sum_{n=0}^{\infty} \frac{1}{16^{n+1}} \left(\frac{16}{4n+1} + \frac{4}{4n+3} \right)$$

$$\log 5 = \sum_{n=0}^{\infty} \frac{1}{16^{n+1}} \left(\frac{16}{4n+1} + \frac{16}{4n+2} + \frac{4}{4n+3} \right)$$

$$\log \frac{9}{10} = -\sum_{n=1}^{\infty} \frac{1}{10^n} \cdot \frac{1}{n}$$

この最後の公式【テイラー展開から導かれる】を用いて，$\log(9/10)$ の 10 進展開の数字を桁ごとに効率よく計算することができる．このような 10 進展開用の公式が π にあってもいいではないか．

1997 年 1 月ファブリス・ベラールは，ベイリー=ボールウェイン=プラウフの公式同様 π の 2 進展開における数字を桁ごとに計算できる次の公式を発見した．これによって計算速度が 43% も加速され，1997 年 9 月 22 日彼は π の 2 進展開の 1 兆桁目に到達したのだ．

$$\pi = \frac{1}{64} \sum_{n=0}^{\infty} \frac{(-1)^n}{2^{10n}} \left(-\frac{32}{4n+1} - \frac{1}{4n+3} + \frac{256}{10n+1} - \frac{64}{10n+3} - \frac{4}{10n+5} - \frac{4}{10n+7} + \frac{1}{10n+9} \right)$$

π は超越的か

――無理数と代数的数――

9

π は有理数なのか，すなわち 2 つの整数の比で表されるのか．は理想的な定木とコンパスによって作図できる数なのか（すなわち有理数に四則演算（加減乗除）と平方根をとることだけを有限回用いて π を表すことができるのか）．π は整数係数の多項式の根になりえるのか（すなわち π は代数的な数なのか）．これらの問題は，《π は有限の手続きによって定義できる数なのか》という問いを，だんだんと念入りに再定式化していったものだが，その解決には 20 世紀以上もの時間を要したのだ．最終的には 1882 年リンデマンが π の超越性（すなわち代数的な数ではないこと）を示し，それによって懸案の円の正方形化問題が否定的に解決された．今日では数と幾何学の関係は十分に解明され，すべてが明らかにされている．このことは，しかし，すべてが簡単になったとか，すべての初等的問題の解がただちに見つかるということを意味しているわけではない．なぜなら数学者が引きずり込まれている抽象的世界は際限なく豊富で複雑であり，より深くより難しい問題がなおも待ち受けているのだから．

無限の世界で π を探究する数学者

　数の中で最も単純なもの ―― それだけであって欲しかったが ―― それは有限の手続きで定義できる数だ．

　しかし有限の手続きで定義できるという言葉は，いろいろな意味を含んでいる．それを正確にするために，古代から最近の抽象数学まで，つまりピタゴラス学派からチュドゥノフスキー兄弟までの数学の歴史にざっと目を通しておこう．

　数 π は他の数に比べていつも扱いにくく，まるで人の楽しみを邪魔し，われわれから真実を遠ざけようとしているかのようだ．何世紀にもわたる知識の蓄積にもかかわらず，いつも π はわれわれに反抗している．

　この章では無限というものが不意に襲いかかってくる．π という数は，いつも数学者の前から逃げていき，数学者に大胆な行動をさせようとするダイヤモンドのようだ．たとえそう望まなくても，無理やりに無限とかかわりあうよう仕向けているのだ．

有限の手続きで定義できる数 ―― 有理数

　$1, 2, 3, \cdots$ という数は偶然に **自然数** と呼ばれているわけではない．われ

π-魅惑の数

われが自然に出会う数だが，それだけでは満足できないことも確かだ．例えば借金を計算したり，温度計に $-500°$F とか $-12°$C などと目盛りをつけたり，あるいはタルトを 1/4 とかリボンを 150/100 ほど切らなければならないこともある．こうして -2 や -1000 などの負の整数，そして 314/100, 1/1000000, $-1/5$ などの分数を受け入れることになる．このような数を**有理数**と呼ぶ．

これで十分なのだろうか．言い換えると，すべての大きさは 2 つの整数の比で表されるのだろうか．

数を崇拝していたピタゴラス派（紀元前 4 から 5 世紀頃の数学者の一派）の学者たちは，そうであることを切望していた．むしろ，それをしばらくは信じていた．しかし，彼らを激しい恐怖に陥れ，長いためらいのあと数の宇宙を支配する無限の複雑性に決然と最初の一歩を踏み込ませることになった 1 つの証明を発見したのだ．それは 2 つの整数の比ではない大きさがまぎれもなく存在することを示すものだった．その様相や結論があまりにも革命的であったため，これを理論的数学の創設と考える数学者もいる．

この時期の数学者が理解できそうないくつかの変形された証明が知られていて，どれがピタゴラス学派が最初に発見したものであるかはよくわかっていない（いろいろな証明法があれば，ますます結論から逃れられなくなる）．たとえ読者があまり論理好きでないとしても，$\sqrt{2}$ という数が有理数でないことの証明を理解する努力をぜひして欲しい．苦労するだけの価値はあるのだ．

定理 $\sqrt{2}$ は有理数ではない．すなわち $\sqrt{2}$ を 2 つの整数の比に表すことはできない．

証明 背理法による．仮に $\sqrt{2}$ が有理数だとすると，2 つの正の整数 p, q を用いて $\sqrt{2} = p/q$ と書けるはず．このとき p, q は 1 より大きい公約数を持たないとしてよい．もし持てば，それで約分すればよいのだから．特に p と q は，両方ともに偶数ではない（例えば 14/10 なら 7/5 に約分できる）．さて等式 $\sqrt{2} = p/q$ の両辺を自乗し，q^2 をかけて $2q^2 = p^2$ を得る．ところで奇数の自乗は奇数であり（2 つの奇数の積は奇数），p^2 は偶数（$2q^2$ に等しい）だから，p は偶数でなければならない．そこで $p = 2p'$ とおくと $2q^2 = 4p'^2$，すなわち 2 で割って $q^2 = 2p'^2$ を得る．ふたたび奇数の自乗は奇数であるから，今度は q が偶数でなければならない．これは，はじめに約分して分子と分母は両方ともに偶数ではないとしたことに反している．ゆえに最初の背理法の仮定が間違っている．すなわち $\sqrt{2}$ は 2 つの整数の比の形には表せない．（証明終わり）

上の推論自体はそう複雑ではないが，結果は重大だ．有理数以外に数が存在するのだ！

この不可能性の発見によりひどい悪評が沸き起こり，ピタゴラス派の学者たちを意気消沈させた．《万物は数なり》（もちろん《万物は整数なり》の意）という彼らの学説は崩壊したのだ．有理数に反逆したこの大きさは

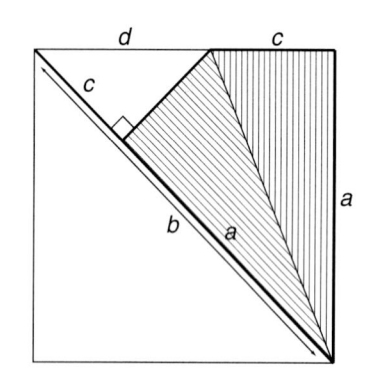

幾何学的な推論による通約不能量の存在証明．1 辺の長さ a の正方形の対角線の長さを b とする．このとき a と b が同時に S の長さの整数倍になるような線分 S は存在しないこと（すなわち $\sqrt{2}$ が有理数でないこと）を示す．そのような線分 S があったとして，図のように正方形の 1 辺が対角線上にくるように折ると，$c = b - a$ より c も S の整数倍．また斜線を引いた 2 つの直角三角形は合同で，小さい直角二等辺三角形の斜辺の長さ $d = a - c$ も S の整数倍になる．つまりこの小さい直角二等辺三角形を 2 つ合わせた小正方形において，1 辺の長さ c と対角線の長さ d はともに S の整数倍．この議論を有限回繰り返して，その結果生じる小正方形の 1 辺の長さを S の長さよりも短くなるようにできる．明らかにこれは矛盾．すなわち，このような線分 S は存在しない．

9. πは超越的か

非理性的な数＝**無理数**と形容され，今でも昔の悪評を響きわたらせている．正方形の1辺と対角線の長さの比が2つの整数の比で表せなかったこと，それは今できないというだけではなく，数学の世界において永遠に禁止されていることなのだ．

伝説によると，このいまいましい証明を発見したメタポントス【イタリア南部】のヒッパソスは，船の難破で命を失ったという．5世紀のギリシャの多面的作家であるプロクロスいわく，「非理性的なもの，様式を乱すものはすべて秘密のベールに隠しておくべきだと，その伝説の作者は言いたかったのだ．そこに忍び込み秘密を暴こうとする魂は，流転の海の中に引きずり込まれ，絶え間ない流れに呑まれ溺れ死ぬのだ」

この結論は避けて通れないがゆえに，人々はある不快感を抱くことになる．つまり，すべての測量は有理数だけで十分だという印象がある上に，危うく何かを有理数につけ加え損ねたとは考えにくいからだ．すべてを簡単にしようと，何か余計で複雑なものを導入したのではなかろうか．この思いは今日の物理学の測定にも生き残っている．測定値が有理数なのか無理数なのかを知りたがる者はいないだろう．というのも 10^{-30} より小さい量は，長さであれ時間であれ，意味がないのだから．言うならば物理学者にとっては整数で十分なのだ．無理数が現実の世界に姿を見せることはない．有理数に新たな数をつけ足して喜ぶのは，屁理屈をこねまわす数学者ぐらいだろう．彼らが次に自問するのは，もちろん π が有理数かどうかということだが，これに答えるには1761年まで待たなければならなかった．

有理数ではやはり不十分

有理数だけでは不十分であることを示すいろいろな方法がある．学校で学んだ除法をよく考えてみることで，その1つの方法が得られる．いま互いに素な自然数 p と q において，p を q で割り続ければ有限回ののちに必ず同じ余りに出会うことは明らか（余りは0から $q-1$ までの整数だから有限個）．この時点からの割り算の計算はまったく同じことが繰り返される．すなわち有理数の10進小数展開は，ある位から周期的になるということだ（その周期は q 未満）．

逆に，ある位から周期的になるような小数展開をもつ数は有理数だ．ここでは1つの例を示すにとどめよう（一般化も簡単）．

$$\begin{aligned}
3.14159159159\cdots &= \frac{314}{100} + \frac{159}{100000}\left(1 + \frac{1}{1000^1} + \frac{1}{1000^2} + \frac{1}{1000^3} + \cdots\right) \\
&= \frac{314}{100} + \frac{159}{100000} \times \frac{1}{1-\frac{1}{1000}} = \frac{314}{100} + \frac{159}{99900} \\
&= \frac{313845}{999000} = \frac{20923}{6660}
\end{aligned}$$

カッコの中は古典的な幾何級数で，その和は，一般に $-1 < a < 1$ なる公比 a に対して，

$$1+a+a^2+a^3+\cdots+a^n+\cdots=\frac{1}{1-a}$$

によって求められる．この公式は，すぐに展開して確かめられる恒等式
$$(1-a)(1+a+a^2+a^3+\cdots+a^n)=1-a^{n+1}$$
において $n\to\infty$ とすることによって導かれる．

こうして次のような有理数の重要な性質がわかる．《ある数が有理数であるのは，その 10 進小数展開（あるいは，何進であろうと）が，ある位から周期的になるとき，かつそのときに限られる》

どんな数もある位から周期的になる，というわけはないのだから，有理数で満足するわけにはいかない．

この方法を用いると好きなだけ無理数を構成することができる．周期的にならないように注意するだけでよいのだから．例えば "1" の間に入れる "0" の個数を 1 つずつ増やすことによって，
$$a=0.101001000100001\cdots$$
という無理数ができる．"1" の間に "0" をさらに多く挿入することで，超越数が構成できることをのちほど示すが，このやり方で数 π が片づくわけではない（また背理法なしでは $\sqrt{2}$ も取り扱えない）．

背理法に降伏？

$\sqrt{2}$ の無理数性の証明を頭に染み込むまでよく読み返してほしい．そこには，数学の歴史の中で幾度となく再生産されることになる特徴的な状況（π の無理数性，π の超越性，実数の非可算性，論理の決定不可能性など）が現れていて，そのことを確実に自覚することがきわめて重要なのだ．

それがいかに初等的な論理であろうとも（いつもそうではないが），だれにでも説得力があるわけではない．背理法とは，まず証明しようとする事柄を否定することから始め，そこから論理的に矛盾を導き出して，初めに仮定したことの不可能性を結論するものだ．つまり $\sqrt{2}$ が無理数であることを示したのではなくて，有理数だと仮定すると矛盾が生じるということを示したのだ．

日常生活では不合理な結果を生むような行為を，いつも思いとどまるわけではない．われわれはよく次のように行動することがある．《うまくいかないだろうが，とにかくやってみよう．もしかしたら，何か新しいことが起こって，失敗に気おくれせずにうまくできるかも》．ときには無理やりにやってしまうことだってある．迂回を避けようと《工事中につき通行止》の標識を無視して運を試したとき，少なくとも 2 回に 1 回はうまく通れたという経験はないだろうか．

どんな不可能性の証明も少しあと味が悪くて，そんな手間のかかることなどしなくてもすむのではないかという感じが残る．日常生活では背理法はいつも説得力があるわけではないとしても，数学の世界では完璧なのだ．たとえ何が起こっているのかよくわからなくても，数学を放棄しないかぎり，$\sqrt{2}$ が無理数であることを受け入れなければならない．それに，

9. πは超越的か

いったんピタゴラス学派の証明が知れわたると，あらゆる数学者たちはそれを受け入れ急いで難なく一般化した．すなわち n が4とか9などの平方数でなければ $\sqrt{n}$ は無理数であると．

　π の無理数性あるいは π の超越性（⇒ 補足2）の証明はどうかというと，$\sqrt{2}$ の証明と比べてより難しく，より長く，そしてより間接的になるため，ますます満足感のないものになるかもしれない．ただ π が有理数あるいは代数的数であると仮定したことと，最後に矛盾にいたっているということぐらいは十分に確認できると思うのだが．

　このような状況では，数学の世界ではなくて，あらゆる要素が互いに厳格な関係で網の目のように結ばれているような1つの先在の世界に，われわれは入り込んでいるのではないかと強く感じてしまう．ときには物理の世界のように，この関係を，その構造を知らずに見ていることもある．$\sqrt{2}$ が有理数であると仮定して矛盾を導くという（みかけは勝手な）第一歩を誰かがゆっくりと踏み出す．そして私はその道をたどるのだが，なぜそこを通るのか本当のところはわからない．ただ，示されたところで矛盾を見つけ，そこから結論を取り出すだけだ．たとえ数学世界の迷路の中でほとんど何も理解できなかったとしても，この道は疑う余地なく存在し，もはや無視するわけにはいかない．そのような証明をたどることは，いつも大変優しかった旧友が実は殺人犯だという動かしがたい証拠を手に入れるようなものだ．何でそうなるのかも，どれだけ論理に一貫性があるのかも理解できないにしても，われわれは無理やりそこから結論を取り出さなければならない．

　数学では，最初に与えられた証明がのちに単純化されることが多い．π の超越性しかり．最初に証明を発見した人が，必ずしも，あとでそれを読む人よりもよく理解しているとは限らないようだ．その証明は十分に吟味されているかどうか．そして矛盾にいたる奇妙な道に偶然に入り込んだのではないのか．

　π の無理数性や超越性のような否定型の大定理が，ライプニッツ，オイラー，ガウスといった最高の数学観と直観を有する数学者によっては発見されなかったという事実は，たぶん次のようなことを示唆するのだろう．あたり一面明るく照らし出された場所よりも，霧のたちこめた混沌たる場所で必死に一本の小道を探し求める努力の方が，より一層このような驚くべき結果を生み出すということ．

e と π の無理数性

　π の無理数性の証明は，e の場合より文句なく混み入っているので，のちに概略を示すにとどめよう．まず1744年にオイラーによって与えられた e の無理数性の割と簡単な証明を紹介する．だんだんと複雑になっていく背理法をとくと味わって欲しい．

定理 $e = 1 + \dfrac{1}{1!} + \dfrac{1}{2!} + \dfrac{1}{3!} + \cdots + \dfrac{1}{n!} + \cdots$ は無理数である．

証明 背理法による．仮に e が有理数 p/q (p, q は正の整数とする．$e = 2.718281828459\cdots$ は整数ではないから $q \geq 2$) だとすると，上の式の両辺に $q!$ を乗じて，

$$q!e = q! + \frac{q!}{1!} + \frac{q!}{2!} + \frac{q!}{3!} + \cdots + \frac{q!}{q!} + \frac{q!}{(q+1)!} + \frac{q!}{(q+2)!} + \cdots.$$

さて $q! = q(q-1)(q-2)\cdots 2\cdot 1$ だから，左辺の $q!e = q!p/q = (q-1)!p$ は整数．一方，右辺の $q!/q!$ までの和も整数 ($q \geq m$ なら $q!$ は $m!$ の倍数) だから，それらの差をとって，

$$q!e - \left(q! + \frac{q!}{1!} + \frac{q!}{2!} + \frac{q!}{3!} + \cdots + \frac{q!}{q!}\right) = \frac{q!}{(q+1)!} + \frac{q!}{(q+2)!} + \cdots$$

もまた整数．ところが右辺を簡単にすると，

$$\frac{1}{q+1} + \frac{1}{(q+1)(q+2)} + \cdots$$

となるが，最初の項は $q \geq 2$ だから $1/2$ より小さい．同様にして 2 番目の項は $1/4$ より小さく，3 番目の項は $1/8$ より小さい，など．ゆえに右辺の和は正で $1/2 + 1/4 + 1/8 + \cdots = 1$ より小さいから，整数になりえず矛盾．(証明終わり)

ここでも前節で述べた背理法の効果がはっきりと現れている．結果として e は無理数だが，読者は e の無理数性を納得したと断言できるだろうか．

17 世紀および 18 世紀の解析学の進歩が π の無理数性の証明を可能にした．実際，エルヴェシア人【昔スイス地方に住んでいたガリアの一種族】の数学者ヨハン・ハインリッヒ・ランベルト (1728-1777) が 1761 年に与えた証明は，次の 3 つのステップより成り立っている．

① e のときと同じような不等式を考えることで，ランベルトは次の連分数

$$\cfrac{a_0}{b_0 + \cfrac{a_1}{b_1 + \cfrac{\cdots}{\cdots + \cfrac{a_n}{b_n + \cdots}}}}$$

(各 a_i, b_i は 0 でない整数で，ある番号から先ずっと $|a_i| < |b_i|$ を満たす) の形に表される数はすべて無理数であることを示した．

② 次に正接関数 $\tan x$ は，定義される範囲内のすべての x に対して，

$$\tan x = \cfrac{x}{1 - \cfrac{x^2}{3 - \cfrac{x^2}{5 - \cfrac{x^2}{7 - \cdots}}}}$$

と表されることを示した．

③ もし π が有理数ならば，②で $x = \pi/4$ を代入し①の形に変形した連分数において $b_j \geq 2j + 1$ だから，①より $\tan(\pi/4)$ は無理数となるはず．

ところが $\tan(\pi/4)=1$ だから矛盾．ゆえに π は無理数である．

フランスの数学者アドリヤン・マリー・ルジャンドル（1752-1833）は，同じように $\tan\pi=0$ から出発して，π^2 の無理数性を証明した．このことは，同じ無理数とはいえ，π の方が $\sqrt{2}$ よりずっと複雑であることを示唆している．

数学的技巧が発達しても，必ずしも無理数性の問題が易しくなるわけではない．例えば，リーマンのゼータ関数 $\zeta(z)$ の $z=3$ での値

$$\zeta(3)=\sum_{n=1}^{\infty}\frac{1}{n^3}$$

の無理数性は，フランスの数学者ロジェ・アペリー（1916-1994）がようやく 1978 年に証明したところだし，一般に $\zeta(2n+1)$，$n\geq 2$ については，$e+\pi$，$e\pi$，e/π と同様，それらが無理数なのかどうかいまだにわかっていないのだ．

定木とコンパスで作図できる数

$\sqrt{2}$ や π によって有理数の不十分さを教えられた数学者たちが，次のように思うのは自然なことだ．「平方根を使うのは賛成だ．それで有理数の世界から飛び出してみよう」あるいは，「有理数に四則演算と開平を有限回用いて表せる数，例えば，

$$\sqrt{123},\quad \sqrt{1+\sqrt{3+\sqrt{5+\sqrt{7}}}},\quad \frac{\sqrt{\sqrt{7}+37\sqrt{337}}}{\sqrt{3337}+\sqrt{33337}}$$

のような数を考えてみよう．ほとんどは有理数で事足りるのだから，さらにこのような数を追加すれば，きっとうまくいくはずだ」

$\sqrt{2}$ は定木とコンパスで作図できる数だから，歴史的には定木とコンパスによって幾何学的に構成される数の全体は，有理数の全体と比べてより豊かで自然なものだと考えられた．それゆえ信用すべきは，整数から出発して抽象的に構成され失望をそそのかすような数よりもむしろ，幾何学的な数なのだ．

定木とコンパスによって構成できる数だけを取り扱うことは，少しばかり危険なことであったし，この危険性のぼんやりとした認識こそ，間違いなく円の正方形化問題をきわめて重要なものにした．そのことで何も重要なものは失っていないことを確かめるために，円周と直径の比に対応する大きさを純粋に幾何学的に定義することが必要だったわけだ．解が見つかることでこの問題に終止符が打たれるだろうと，なぜ非常に長い間誰も信じて疑わなかったのか，今でも不可解ではある．

定木とコンパスによる幾何学的な観点と，平方根による代数的な観点とは同等なのだ．実際，

- 定木とコンパスによって幾何学的に構成される大きさと，
- 有理数に四則演算と開平を有限回用いて表せる大きさ

π - 魅惑の数

正五角形の作図法は，まず OI' の2等分点 A を中心とする半径 AJ の円と II' との交点を B とし，次に OB の2等分点 C を通る II' の垂線と元の円との交点を M_2 とする．すると $I=M_1$ と M_2 を結ぶ線分が正五角形の1辺になる．正15角形の作図には，OI' の2等分点 A を通る II' の垂線と円との交点を M_1 とし（このとき $\angle M_1OI = 2\pi/3 = 10\pi/15$），次に正五角形の頂点の1つ M_2 を図のようにとる．すると M_1M_2 が正15角形の1辺になる．正17角形の作図法は，$OA=OJ/4$，$\angle OAB = \angle OAI/4$ および $\angle BAC = 45°$ を満たす点 A，B，C を，それぞれ OJ，OI，OI' 上にとる．次に CI を直径とする円が OJ と交わる点を D とし，B を中心とする半径 DB の円が OI，OI' と交わる点をそれぞれ E_1，E_3 とする．さらに E_1，E_3 を通る垂線と元の円との交点をそれぞれ M_1，M_3 とし，円弧 M_1M_3 上の中点を M_2 とする．すると M_1M_2 が正17角形の1辺になる．

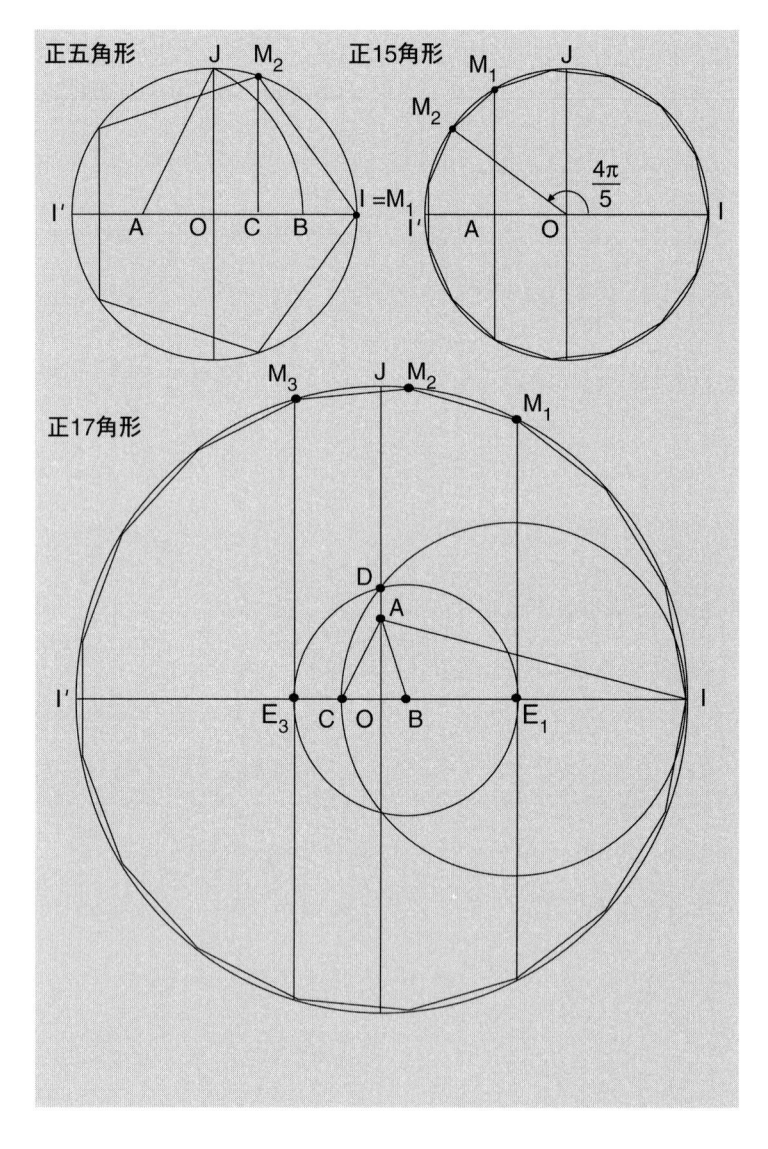

正五角形　正15角形

正17角形

を考えることとは同じことだ．

しかし数学者たちは，この明白な結論にいたる前に，まず数と幾何学の関係を完璧に認知し征服する必要があった．この仕事に大いに貢献したのがデカルトで，彼は上述の結論には達しなかったものの，1次および2次方程式の解と，定木とコンパスによる作図との関連を非常に明瞭に理解していた（⇒ 141 ページの補足1）．またカール・フリードリッヒ・ガウスもこの結果を見逃していたのだが，彼は正多角形が定木とコンパスで作図できるための必要十分条件を発見した（実は十分性しか証明しなかったが）．それは正多角形の辺数が $2^i \times p_1 \times p_2 \times p_3 \times \cdots \times p_n$（各 p_j は $2^{2^k}+1$ 型の素数）という素因数分解を持つこと．

上述の定木とコンパスによって作図できる数の特徴づけは，ピエール・ローラン・ワンツェルによって 1837 年に与えられた．これからただちに，円の正方形化問題は《平方根号を使って π を正確に表す代数的な式を見

9. πは超越的か

い出せ》という問題に言い換えられる．

定木とコンパスによって作図できる大きさの真の性質を自覚することで，円の正方形化問題を代数的な問題に帰着できたし，そしてなにより否定的な答えのことをじっくりと落ち着いて考えることができたのだ．

1837 年のワンツェルの論文には，さらにギリシャの三大作図問題の他の 2 つが否定的に解かれている．このエコール・ポリテクニク【フランス国防省に属する理工科学校】の個人教師の名前が，数学史の書物（例えばニコラ・ブルバキの本）の中であまりにも忘れられているのは不公平というものではないだろうか．実際，ワンツェルは次の作図不可能性を証明した．

- 立方体の倍積問題（与えられた立方体の 2 倍の体積を持つ立方体を作ること）．
- 角の三等分問題（すべての角を三等分すること）．

これらを代数的に言い換えると次のようになる．

- 平方根号を含む有限の代数式で $\sqrt[3]{2}$ を表すこと．
- 平方根号と $\sin x$ を含む有限の代数式で $\sin(x/3)$ を表すこと．

ワンツェルの持っていた代数学の知識は，これらの問題に解がないことを示すのに十分だったわけだ．ちなみにフランス科学アカデミーは 1775 年以降，円の正方形化問題や永久機関の解と称するものすべてを審査せずに拒絶することを決議した（⇒ 2 章 28 ページ）．円の正方形化問題についての当時のいかなる数学的議論も，このようなアカデミーの態度が少し無礼ではないかと訴えるほどのものではなかった．永久機関の方はというと，真空の量子波動がその現実性を示しているのではないだろうか．

代数的数

19 世紀初頭の代数学の進歩は，平方根や n 乗根だけではすべての大きさを表すことができないということを明確にした．

事実，ノルウェーの数学者ニルス・ヘンリック・アーベル（1802-1829）は，ある種の 5 次以上の方程式は根号を使って解くことができないことを 1824 年に示した．2 次方程式は，古代より知られているように，平方根を使って解ける．3 次および 4 次方程式については，それぞれジェロラモ・カルダーノとルドヴィコ・フェラーリが，さらに立方根をつけ加えれば解けることを 1550 年頃に示していた．アーベル以前は，既知の公式を一般化しようと空しく格闘していたわけだ．エヴァリスト・ガロア（1811-1832）は，方程式が根号を使って解けるための特徴づけを与えて（同時に群論を生み出して），アーベルの結果を完璧なものにした．よく知られているように，このあとすぐにガロアは愚かな決闘によって殺された．

結論としては，すべての大きさを表すには，有理数や根号を使って表されるような数では不十分なのだ．

そこで有限の手続きで定義できるという概念をぜひとも拡張しなくては

Universitet biblioteket, Oslo.

ニルス・ヘンリック・アーベル（1802-1829）

D. A. Johnson.

エヴァリスト・ガロア（1811-1832）

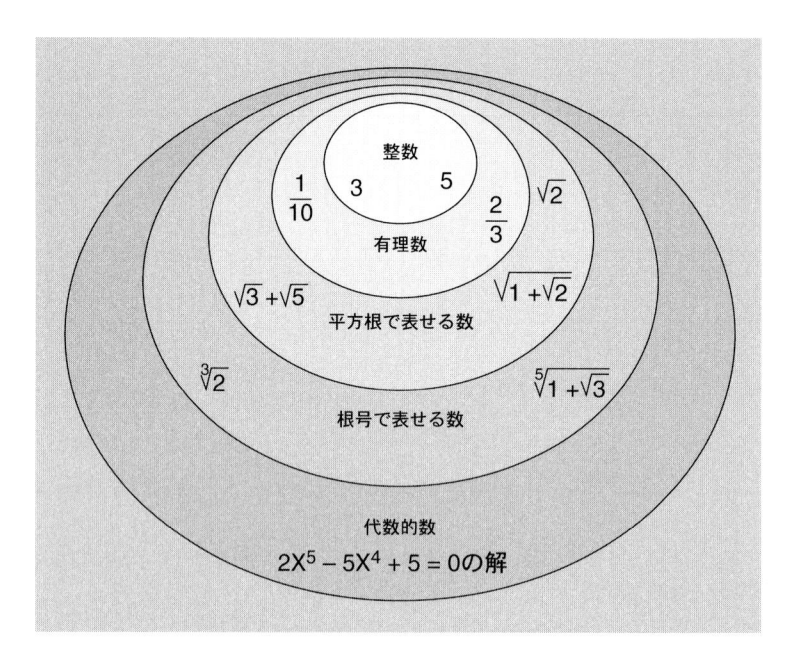

```
        整数
     1     3    5
    ―              2/3   √2
    10
         有理数
      √3+√5         √1+√2
           平方根で表せる数
    ³√2                    ⁵√(1+√3)
           根号で表せる数

           代数的数
        2X⁵−5X⁴+5=0の解
```

ならない．係数が整数であるような方程式を**代数方程式**と言い，その解を**代数的数**と呼ぶ．代数的数ではない数には**超越数**という名前を与えよう．例えば $x^2-2=0$ の解である $\sqrt{2}$ は代数的数だし，$x^3-2=0$ の解である $\sqrt[3]{2}$ も代数的数だ．

根号を使って表される数はすべて代数的数だし，代数的数どうしの和，積，商も代数的数になる．また代数的数に根号を有限回施して表される数も再び代数的数になる．さらには $x^5+2\sqrt{2}\,x^4+3x^3+4x^2+x-\sqrt{2}=0$ のように係数が代数的数である方程式の解も代数的数なのだ．例えば $2x^5-5x^4+5=0$ の解のように，根号を使っては表せない数もあることに注意しておこう．

複素数は 2 つの実数の組と同一視するという数の概念の穏やかな拡張に基づいているので，ここでは扱わないことにする．

自然に出会う数のほとんどは有理数であるか代数的数なのだが，ガロアの時代には 2 つの注目すべき数 e と π があった．しかし誰もそれらが満たす代数方程式を発見できなかったので，それらの素性はわからないままだった．それらは超越数なのだろうか．そもそも超越数なるものが存在するのだろうか．

この問いに対する答えは 19 世紀の時流に乗ってやってきた．実は e も π も超越数なのだ．数の世界は想像以上に果てしない．この強情な数 π は，解析学において中心的役割りを果たしたのち，幾何学から遠く離れ，最も抽象的な代数学の世界とカントールの無限の世界へとわれわれを導くことになる．

9. πは超越的か

超越数の物語

この節では，いくつかの段階に分けて超越数の歴史を振り返ってみよう．

(a) 超越数が存在すること

1844年にジョゼフ・リューヴィル(1809-1882)は，すべての数が代数的ではないという著しい結果を発見し，1851年にそれを発表した．

正確に言えば《n次の代数方程式の解xが有理数でないとすると，すべての有理数p/q ($q\geq 1$)に対して不等式$|x-p/q|\geq C/q^n$が成り立つような，正の定数Cが存在する》ということ．すなわち，代数的無理数は有理数によってあまり急激には近似されないということだ．

その対偶をとれば，有理数によって急激に近似される無理数は，必ず超越数であるということが導かれる．特にすべての自然数nとすべての正の定数Cに対して，$|x-p/q|<C/q^n$を満たす整数p,qが存在するような無理数x（このような数を**リューヴィル数**と呼ぶ）は超越数．例えば，10進（あるいは2進）小数展開が，

$$0.110001000000000000000001000\cdots$$

（小数点以下第$1,2,6,24,120,\cdots,n!,\cdots$位のところに数字"1"を入れる）で表される数はリューヴィル数（よって超越数．これを**リューヴィルの定数**と呼ぶこともある）．というのは，展開が決して周期的でないことから無理数であり，0が長く続くということが有理数による急激な近似を可能にするから．

"1"の間にさらに"0"を挿入することによって，望むだけ多くの超越数を作ることができる．例えば，

$$\sum_{n=1}^\infty \frac{1}{n^{n!}}, \quad \sum_{n=1}^\infty \frac{1}{10^{n^n}}, \quad \sum_{n=1}^\infty \frac{1}{n+5^{n!}}$$

はすべて超越数だ．

リューヴィル数が超越数であることは，もちろん，すべての超越数がリューヴィル数であることを意味しているわけではない．超越性は個々の数に応じて考えるべき問題なのだ（ちなみにπはリューヴィル数ではない）．実際，あとに示されるように，リューヴィル数の全体は超越数全体の中でほんの一部を占めているにすぎない．

(b) 超越数は代数的数よりも多いこと

ドイツの偉大な数学者で集合論の創始者であるゲオルグ・カントール(1845-1918)は，超越数の存在を示す別の考え方を1873年に発表した．

ときにわれわれの想像を絶する彼の方法は，リューヴィルの方法と同じく，超越数を文句なしに定義するものだ．ある数を構成し，それが超越数となることを初等的な論理を用いて1ページ以内で証明する彼の方法を，以下に詳しく説明しよう．

ジョゼフ・リューヴィル (1809-1882)

ゲオルグ・カントール (1845-1918)

定理 超越数が存在する．

証明 各代数方程式に，係数の絶対値の和に次数を加えた数——これを**重さ**という——を対応させる．例えば代数方程式 $3x^5-7x+1=0$ の重さは $3+7+1+5=16$ となる．

自然数 n を固定する．重さが n となる代数方程式は有限個しかない（その代数方程式の次数および係数の絶対値は n 以下だから）．このことから，すべての代数方程式のリストを作ることができる．すなわち，

① 重さ 1 の代数方程式は，
　　$1=0$ と $-1=0$（ともに解なし）の 2 個だけ，
② 重さ 2 の代数方程式は，
　　$2=0$, $-2=0$, $x=0$, $-x=0$ の 4 個，
③ 重さ 3 の代数方程式は，
　　$3=0$, $-3=0$, $2x=0$, $-2x=0$, $x+1=0$, $-x+1=0$,
　　$x-1=0$, $-x-1=0$, $x^2=0$, $-x^2=0$ の 10 個，

という具合に．各段階で代数方程式は決められた順序で並んでいる．

このリストを順に $E_1, E_2, E_3, \cdots$ と名づける．（E_1 に解はないから）まず方程式群 E_2 の解 $x=0$ を先頭におき，方程式群 E_3 の解 $x=-1$, $x=1$ を次に並べる（2 度目に現れたものは並べない）．n 次方程式の異なる解の個数は n 以下だから，以下同様にして，可能なすべての代数方程式の可能なすべての解のリスト $s_0, s_1, s_2, s_3, \cdots$，すなわちすべての代数的数のリストを作ることができる．ここまでの議論は，代数的数の全体が可算集合（自然数と 1 対 1 対応をつけることができる集合）であることを示しているにすぎない．

さて，このリストに応じて，次のような規則である 1 つの実数 $r=0.c_0c_1c_2c_3\cdots$（10 進展開）を構成する．すなわち s_0 の小数第 1 位の数字と異なる数字を勝手に選んで，それを c_0 とする（例えば s_0 のそれが 5 であれば $c_0=4$ とし，5 以外の場合には $c_0=5$ とする）．次に s_1 の小数第 2 位の数字と異なるように数字 c_1 を選び，以下同様に定める．ただし 10 進小数展開では $1=0.999\cdots$ などのように 2 通りの表現があるので，c_i として 0 と 9 以外の数字を選ぶことがポイントだ．こうして明白に定義される数 r は，定義からただちに，どんな代数的数とも異なる数であることがわかる．ゆえに r は超越数．ここの議論は，いわゆる**カントールの対角線論法**を代数的数の集合に応用したものだ．（証明終わり）

このカントールの結果は，リューヴィルの結果と比べて構成した超越数がイメージしにくいという点で不満が残る（少しがんばれば，上の定理の証明の中で構成した数 r が $0.555555\cdots$ で始まることがわかるが）．しかしカントールの方法は代数的数の全体が可算集合であることを示した点でより強力だ．

カントールの定理の証明の後半で用いた対角線論法は，実数の世界が可算ではないことを示している．それは代数的数の世界よりさらに大きな無限の世界なのだ．カントールの方法は，単にリューヴィルの方法と同じく

能率的に超越数が代数的数のすぐそばにあることを示しただけでなく，超越数がきわめてたくさん存在することを示した．代数的数は超越数に比べると，限りなく希薄な存在なのだ．

この結論はパラドックスのように見える．われわれが自然に出会う数のほとんどは代数的数なのに，それが超越数に比べて限りなく希薄であるならば，常に超越数と出会うはずだ！

われわれが自然に思いつく数はすべて簡単な数であり，すべての簡単な数は明らかに代数的数だということを考えれば，このパラドックスは氷解する．なぜなら代数的数は《有限の手続きで定義される》数の概念を何世紀にもわたり練り直してきた結果なのだから．

このみかけのパラドックスは，数に対する次の2つの（同一視されるべき）アプローチの混同に由来している．

- 《すべての実数の中から，でたらめに実数を選んでいると考える抽象的アプローチ》

抽象的に実数というものを考えたとき，超越数は多数派になるのだ．

- 《実数の定義から考える具体的アプローチ》

この場合，超越数は有限の手続きによっては定義されない数として否定形で定義されているので，何の苦労もなしに代数的数を見つけているわけだ．

幾何学によって数を拡張するという問題にカントールの方法を適応すれば，たとえ定木とコンパスのほかに特殊な用途に用いられる補助曲線や製図道具（ヒッピアスの円積曲線，ニュートンのストロフォイド（葉形線），ディオクレスのシッソイド（疾走線），紙折り器，三等分器など）を使ったとしても，結局のところうまくいかないことがわかる．実際そのような有限個（あるいは可算無限個）の器具や補助曲線を使って幾何学的に作図できる点の全体は可算集合をなすことが簡単にわかるから，平面全部ではないのだ．もちろん新しい道具を加えれば，それだけ作図できる点の集合は広がるが，決して平面全部の点を作図可能にすることはできない．

幾何学によって数の世界を拡張する試みは，ギリシャ幾何学の精神を尊重しなくても成功しなかった．幾何学は，解析学と抽象代数学にその座を明け渡さなければならなかったのだ．たぶん数学者たちは，ひたすら幾何学をよりどころにしたかったがために，多くの時間を無駄にするはめに陥ったのだろう．

（c）eとπの超越性

円の正方形化問題とπの先にあったものは，幾何学ではなくて，新しい数学の分野だった．数e（その無理数性はすでに詳しく説明した）の超越性を1873年に証明し，πまであと数歩と迫ったのは，フランス人のシャルル・エルミート（1822-1901）だ．

彼の証明は，ドイツ人のフェルディナンド・フォン・リンデマン（1852-1939）によって，1882年にπの超越性の証明（⇒ 142ページの補足2）

シャルル・エルミート（1822-1901）

π - 魅惑の数

フェルディナンド・フォン・リンデマン
(1852-1939)

に応用されたが，ひどく複雑なものであった．この大手柄のあと，リンデマンは人生のすべてをフェルマーの大定理の証明に費やしたが，成功することなく没した．彼の死後半世紀以上たった1994年，フェルマーの大定理はアンドリュー・ワイルスによってついに証明された．

π の超越性は何を意味しているのか，具体的に見てみよう．まず整数と π の累乗に，掛け算，足し算，引き算およびカッコを自由に組み合わせた式は，自明でない限り，どんなに長い式であっても決して0にはならない．例えば，何の計算もせずに，

$$(2\pi^3+11) \times (3\pi^3+7\pi-9) - (31\pi^3-39) \times (5\pi^3-6\pi) \neq 0$$

ということがわかる．また係数が代数的数を含んでいてもまったく同様だ．例えば，

$$\frac{\sqrt[5]{3}\,\pi^3+\sqrt[7]{2}}{\pi^3+8\pi-11} - (\sqrt{33}\pi^9-3) \times (\pi^3+\pi) \neq 0.$$

π は有限の手続きでは定義することができない数なのだ．π は自分自身の中に無限を隠し持っている．数学者たちは，この鋭敏な敵をほら穴から追い出すために，整数と平穏な《可算無限》の世界の向こうへと，ますます遠くに幾何学なしで足を踏み入れていくのだ．カントールが，π の超越性の証明と時をほぼ同じくして，《無限の無限性》があることを世に発表したことは単なる偶然ではない．この無限の無限性の存在証明が，多数派としての超越数の存在証明に使われたカントールの対角線論法の簡単な一応用だったこともまた単なる偶然ではない．さらにこの証明が，この章でいろいろと紹介している背理法に基づいていることもまた単なる偶然ではないのだ．

π の超越性の主たる結論は，円の正方形化問題に解がないということだ．もし解があるなら，π が平方根を使って表せることになり，π が代数的数になってしまうから．さらには，与えられた円と同じ面積を持つ長方形も作図できないことに注意しよう．なぜなら，もし定木とコンパスによって半径1の円と同じ面積を持つ長方形が作図できたとすれば，この長方形の2つの辺の長さは平方根を使って表せるはずだから，それらの積である π が代数的数になってしまうからだ．

π の超越性は，数学における不可能性定理の中で最も美しいものの1つだ．ほかによく知られている不可能性としては，$\sqrt{2}$ の無理数性，5次以上の一般代数方程式の根号による不可解性，ユークリッド幾何学における平行線公理の他の公理からの独立性，そして新しいところではクルト・ゲーデルとアラン・チューリングによって1931年以降示された論理学と計算可能性の理論における不可能性（⇒ 次章）などがある．

実際リンデマンは，より一般に，すべてが0ではない任意の代数的数 $a_1, \cdots, a_n$ と，互いに異なる任意の代数的数 $b_1, \cdots, b_n$ に対して，常に

$$a_1 e^{b_1} + a_2 e^{b_2} + a_3 e^{b_3} + \cdots + a_n e^{b_n} \neq 0$$

となることを示した．これから π の超越性が従う．というのは，もし π が代数的数だとすれば $i\pi$ もそうであるが，有名なオイラーの関係式 $e^{i\pi}+1=0$ は上の結果に反しているからだ．リンデマンの証明は，その後ワイエルシュトラス，ヒルベルト，フルウィッツ，ゴルダンによって簡単

化された.

このリンデマンの結果より，例えば 0 でない任意の代数的数 a に対して，e^a, $\sin a$, $\cos a$, $\tan a$ はすべて超越数であり，さらに $a \neq 1$ ならば $\log a$ も超越数．なぜなら，もし $b = e^a$ が代数的であるとすると，$e^a - b = 0$ はリンデマンの結果に反するから．また $\sin a$ の超越性については，$\sin a = (e^{ia} - e^{-ia})/2$ を用いればよい．例えば，

$$e, \quad e^2, \quad e^{\sqrt{2}}, \quad \sqrt{e}, \quad \log 2, \quad \sin 1, \quad \cos\sqrt{2}, \quad \tan\frac{1+\sqrt{5}}{2}$$

などはすべて超越数だ．

（d） ヒルベルトの第 7 問題

リンデマンの定理は，例えば $2^{\sqrt{2}}$ のような面白い数には適用できない．間違いなくこのことが，ダヴィッド・ヒルベルトに《a を 0 と 1 以外の代数的数，b を代数的な無理数とするとき，a^b は超越数であることを示せ》という問題を，1900 年に数学者たちに提起した 23 個の問題の中に滑り込ませた理由なのだろう．

この問題がまだ未解決だった 1919 年ヒルベルトは，リーマン予想（素数に関連した大問題）よりも前に $2^{\sqrt{2}}$ の超越性が証明されることはないだろうと予想していた．天才ヒルベルトもこの点では間違っていた．リーマン予想は今日でも未解決だが，超越性の方は 1934 年にゲルフォントとシュナイダーによって独立に証明されたのだ．例えば，

$$2^{\sqrt{2}}, \quad \sqrt{2}^{\sqrt{2}}, \quad 7^{\sqrt[3]{2}}, \quad e^\pi$$

はすべて超越数である（e^π については $e^\pi = (e^{i\pi})^{-i} = (-1)^{-i}$ を用いる）．

1966 年にアラン・ベイカーは，0 でない任意の代数的数 a_i, b_i に対して，

$$a_1 \log b_1 + a_2 \log b_2 + \cdots + a_n \log b_n$$

の値は，0 でなければ常に超越数であることを証明した．例えば，

$$\log 2 + \log 3, \quad \log 5, \quad \sqrt[3]{5} \log 5$$

はすべて超越数．また次の明らかな事実

- 0 でない代数的数と超越数の和や積は超越数，
- 超越数の有理数乗は超越数，

を用いると，例えば，

$$2+\pi, \quad \sqrt[3]{5}(\log 2 + \log 3), \quad \sqrt{5}\,e^\pi, \quad \sqrt[3]{5} + \pi^2$$

$$\pi - 3.1415926, \quad \frac{\sqrt{5}\log 2 - 9\log 3}{\sqrt[7]{11}}, \quad \frac{\sqrt{\log 10}}{\sqrt{7}}$$

などはすべて超越数だ．

（e） チャンパノウン数など

1937 年数学者クルト・マーラーは，手術後にモルヒネの注射を打たれ，その薬物が自分の脳に害を及ぼすものではないことをぜひとも実証したいと願っていた．当時彼の興味はチャンパノウン数 $0.12345678910111213\cdots$（⇒ 次章）にあり，ついにその超越性を示すことに成功したのだった．

より一般にマーラーは，係数が整数であるような定数でない多項式 $P(x)$ が，すべての $i \geq 1$ に対して $P(i) \geq 1$ を満たすならば，10進小数展開で $0.P(1)P(2)P(3)\cdots$ と表される数は超越数であることを証明した．例えば，

$$0.123456789101112131415\cdots$$
$$0.149162536496481100121\cdots$$
$$0.510152025303540455055\cdots$$

はすべて超越数である（順に $P(x) = x, x^2, 5x$ の場合）．

また 1953 年マーラーは，π がリューヴィル数ではないことを示した．すなわち π は有理数によって急激に近似されるからという理由で超越数になるわけではないのだ．チュドゥノフスキー兄弟は，十分に大きい分母を持つすべての有理数 p/q に対して $|\pi - p/q| > 1/q^{14.65}$ が成り立つことを示し，マーラーの結果を拡張した．右辺の指数 14.65 は，いくらでも 2 に近い数で置き換えられると予想されている【訳者は 1993 年に 8.016045… まで改良した】．

チュドゥノフスキー兄弟はまた $\Gamma(1/3)$ と $\Gamma(1/4)$ の超越性を証明した．ここで

$$\Gamma(x) = \int_0^\infty t^{x-1} e^{-t} dt$$

はガンマ関数と呼ばれ，解析学のいくつかの分野において重要な役割を果たすものだ．1996 年モスクワ大学のネステレンコとパリ第 6 大学のフィリッポンは独立に π, e^π と $\Gamma(1/4)$ の代数的独立性を証明した．すなわち係数が整数であるような任意の 3 変数多項式（恒等的に 0 ではない）P に対して，$P(\pi, e^\pi, \Gamma(1/4))$ は決して 0 にはならない．

（f） 数値実験

超越数 e と π の関係については，たいしてわかっていない．e^π の超越性はすでにわかっているが，$e + \pi, e - \pi, e\pi, \pi/e$ および π^e については，無理数かどうかさえも知られていないのだ．

カナンとマックジョーチは，もし $e + \pi$ が代数方程式の解であったならば，その方程式の係数を自乗したものの和は 25×10^{16} 以上でなければならないことを示した．つまり $e + \pi$ が解であるような代数方程式があったとしても，とてつもなく複雑だということだ．

ベイリーはいくつかの数値実験を行い，例えば $e + \pi, e/\pi$ および $\log \pi$ はいずれも，次数が 7 以下で係数の自乗和が 10^{18} 未満の代数方程式の解にはならないことを確かめた．

意外なことに，このような結果はコンピュータの気違いじみた開発競争だけではなくて，繊細な，とりわけ高速フーリエ変換を用いたアルゴリズムの改良のおかげでもある．またそれとよく似たアルゴリズムが，ベイリー，ピーター・ボールウェインおよびプラウフによる前章で述べた新公式の発見の際にも用いられた．

《π の計算屋》と《π の解析屋》は再会したのだ．ときにはベイリー，プラウフ，ボールウェイン兄弟あるいはチュドゥノフスキー兄弟のよう

に，両者は同一人物であることもある．最も進化した情報科学は最も抽象的な数学と結合する．無限というものを理解するのに，有限であるコンピュータが重要な役割を果たすのだ．逆に無限の数学が，有限なるものの理解を助け，卓越した技法を身につけさせてくれるのだとも言える．かつてないほど計算と論理の統一が必要とされ，それでこそ困難に打ち勝つことができるのだ．

補足1——定木とコンパスによる作図

1637年ルネ・デカルトは著書『幾何学』において，長さ a, b の線分から出発して，長さが $a+b$, $|a-b|$, $a \times b$, a/b の線分を作図する方法を与え，また，与えられた長さと平方根によって代数的に表されるような長さを持つ線分は，定木とコンパスによって作図可能であることを示した．これより，3点 (O, A, B) を座標の基準とする（線分 OA と OB は長さ 1 で直交する）とき，平方根を用いて表せるような数を座標に持つ平面内の点は，定木とコンパスによって作図できることがわかる．

この逆は，デカルトは明確には取り扱っていないが，単に円と直線の交点の座標を調べる問題になる．すなわち平方根を用いて表されるような係数を持つ直線の方程式 $ax+by+c=0$ と円の方程式 $(x-a)^2+(y-b)^2=r^2$ を考えよう．2本の直線，2つの円あるいは1つの円と1本の直線の交点の座標は，明らかに1次あるいは2次方程式の解だから，やっぱり平方根を用いて表されるのだ．

さて定木とコンパスによって作図できる点，および平方根を用いて表される数というものを正確に定義し，それらの関係を正確に特徴づけよう．

定義 座標基準 (O, A, B) が与えられた平面内の点 P が定木とコンパスによって作図できるとは，3点 O, A, B から出発し，次のような操作

- 既存の異なる2点を結ぶ直線を引くこと，
- 既存の点を中心とし，既存の異なる2点間の距離を半径とする円を描くこと，

を有限回繰り返して，円や直線の交点の有限列 $P_0, P_1, \cdots, P_n$ を作り，$P_n = P$ とできるときに言う．

定義 実数 x が平方根を用いて表せるとは，実数の有限列 $x_0, x_1, x_2, \cdots, x_p$ を，各 x_i が次の条件のどれかを満たし，かつ $x_p = x$ となるように作れるときに言う．

- 整数である．
- ある $j < i$ に対して，$\sqrt{x_j}$ に等しい．
- ある $j, k < i$ に対して，$x_j + x_k$, $x_j - x_k$, $x_j \times x_k$, x_j/x_k のいずれかに等しい．

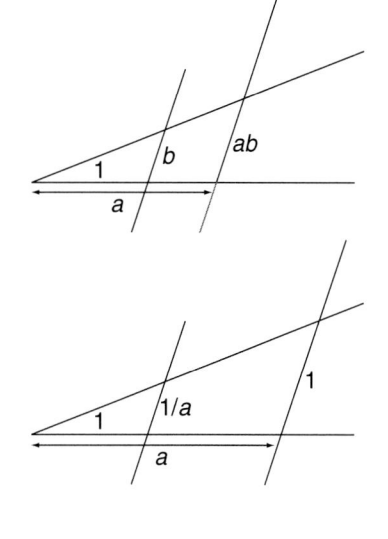

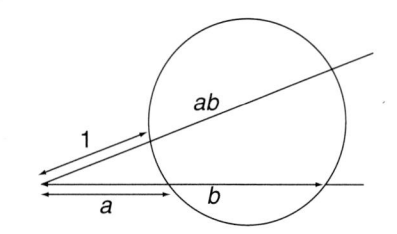

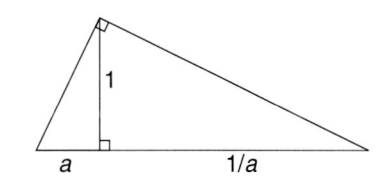

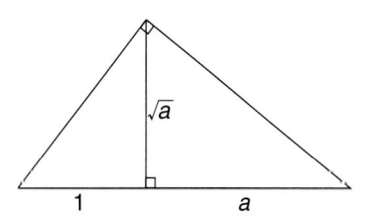

長さ 1, a, b の線分から出発して，ab, $1/a$, $\sqrt{a}$ の長さの線分を作図する方法．

定理 定木とコンパスによって作図できる点は，その両座標が平方根を用いて表される数であるとき，かつそのときに限られる．

最後に，たぶん読者に興味があると思われる作図についてのおもしろい結果を紹介しよう（詳細はジャン゠クロード・カレガの本[35]を参照）．

① 定木とコンパスによって作図できる点はコンパスだけで作図可能である（**モーア゠マスケローニの定理**，1672年，1797年）【ただし直線を引くということを，その直線上の2点を求めるという意味に解釈する】．

定木なしですますことができるとは，驚くべきことだ．しかしコンパスを平行定木（既存の点を通り既存の直線に平行な直線を引く道具）や直角定木で置き換えることはできない．なぜなら，

② 定木と平行定木によって作図できる点は，その両座標が有理数のとき，かつそのときに限られる．

③ 定木と直角定木によって作図できる点は，その両座標が有理数のとき，かつそのときに限られる．

もし平面内に円が1つ描いてあれば，コンパスは不要だ．なぜなら，

④ 1つの円とその中心が与えてあれば，定木とコンパスによって作図できる点は，定木だけで作図できる（**ポンスレ゠スタイネルの定理**，1833年）【ただし円を描くことは，中心とその周上の1点を求めるという意味に解釈する】．

補足2——eとπの超越性の証明

ここで紹介するeとπの超越性の証明は，ベイカーの本[7]からの引用だが，エルミートとリンデマンの元の証明をワイエルシュトラス，ヒルベルト，フルウィッツおよびゴルダンによって簡単化されたものだ．その証明は驚くほど簡明であるが，だからといって簡単というわけではない（今のところ簡単な証明は知られていない）．たとえ細部がわからなくとも，証明の全体的なアーキテクチュア，推論の型や証明に必要な道具を見るのはおもしろいだろう．

定理 eは超越数である．

証明 まず実数の係数を持つm次の多項式$f(x)$に対して，

$$I(t) = \int_0^t e^{t-u} f(u)\,du$$

とおく．部分積分を繰り返し行うことによって，

$$(1) \qquad I(t) = e^t \sum_{j=0}^m f^{(j)}(0) - \sum_{j=0}^m f^{(j)}(t)$$

を得る．次に$f(x)$の各係数をすべてその絶対値で置き換えた多項式を$f^*(x)$とおくと，

$$(2) \qquad |I(t)| = \left|\int_0^t e^{t-u} f(u)\,du\right| \leq |t|\, e^{|t|} f^*(|t|)$$

が成り立つ【積分路を0とtを結ぶ線分にとれば，tが複素数でも成立する】．

さて e は代数的数であると仮定しよう．すなわち整数 $n, q_0, q_1, \cdots, q_n$ があって，

(3) $$q_0 + q_1 e + \cdots + q_n e^n = 0$$

であるとする（$n \geq 1$, $q_0 \neq 0$）.

次に p を勝手な素数とし，$f(x) = x^{p-1}(x-1)^p \cdots (x-n)^p$ という特殊な多項式に対して定まる $I(t)$ を考え，$J = q_0 I(0) + q_1 I(1) + \cdots + q_n I(n)$ を2通りに評価するのだ．このとき(1)と(3)から，

$$J = -\sum_{j=0}^{m}\sum_{k=0}^{n} q_k F^{(j)}(k)$$

となる．m は $f(x)$ の次数だから $m = (n+1)p - 1$.

ところで $f(x)$ の形から明らかに，$0 \leq j < p$, $k \geq 1$ のとき，および $0 \leq j < p-1$, $k = 0$ のときには $f^{(j)}(k) = 0$. $f(x)$ の係数は整数であるから，$j = p-1$, $k = 0$ の場合を除いて，常に $f^{(j)}(k)$ は $p!$ の倍数になることがわかる．さらに $f^{(p-1)}(0) = (p-1)!(-1)^{np}(n!)^p$ だから，これは $(p-1)!$ の倍数だが，$p > n$ を満たす素数 p に対しては，$p!$ では割り切れない整数．ゆえに，さらに $p > |q_0|$ を満たすような素数 p を考えれば，結局 J は $(p-1)!$ の倍数かつ $p!$ では割り切れない整数となる．特に J は 0 ではないから $|J| \geq (p-1)!$ を得る．

一方，明らかな不等式 $f^*(k) \leq (2n)^m$ と(2)から，ただちに，

$$|J| \leq |q_1| e f^*(1) + |q_2| e^2 f^*(2) + \cdots + |q_n| e^n f^*(n) \leq c^p$$

を得る．ここで c は p には依存しない何らかの正の定数．いま素数 p を十分に大きく選べば，$|J|$ についての2つの不等式は両立しない．これは矛盾．（証明終わり）

定理 π は超越数である．

証明 背理法による．いま π が代数的数であるとすれば，$\theta_1 = i\pi$ もそうである．そこで θ_1 が解となるような代数方程式の次数を d とし，他の解を $\theta_2, \cdots, \theta_d$ とおく．また θ_1 を定義する最小多項式（係数の最大公約数が1で，既約な多項式）の最高次数の係数の絶対値を L とおく．オイラーの関係式 $e^{i\pi} + 1 = 0$ より，ただちに，

$$(e^{\theta_1} + 1)(e^{\theta_2} + 1) \cdots (e^{\theta_d} + 1) = 0$$

を得る．

上式の左辺を展開したものは，2^d 個の e^Θ という項の和であり，各 Θ は，

$$\Theta = \varepsilon_1 \theta_1 + \varepsilon_2 \theta_2 + \cdots + \varepsilon_d \theta_d \quad (\varepsilon_i = 0 \text{ または } 1)$$

という形をしている．Θ の中で 0 でないものの個数を n とし，それらを $\alpha_1, \cdots, \alpha_n$ と書く．すると，

(4) $$q + e^{\alpha_1} + \cdots + e^{\alpha_n} = 0$$

を得る．ここで $q = 2^d - n$ は正の整数.

さて p を勝手な素数とし，$f(x) = L^{np} x^{p-1}(x - \alpha_1)^p \cdots (x - \alpha_n)^p$ という特殊な多項式に対して定まる $I(t)$ を考え，$J = I(\alpha_1) + \cdots + I(\alpha_n)$ を2通りに評価しよう．まず(1)と(4)から，

$$J = -q \sum_{j=0}^{m} f^{(j)}(0) - \sum_{j=0}^{m} \sum_{k=1}^{n} f^{(j)}(\alpha_k).$$

ただし $m=(n+1)p-1$.

　ここで k についての和は，$L\alpha_1, \cdots, L\alpha_n$ に関する整数係数の対称多項式（置換によって不変な式）である【また $L\alpha_1, \cdots, L\alpha_n$ に関する各基本対称式は 2^d 個の $L\Theta$ に関する基本対称式でもある】．代数学における対称多項式の定理《$x_1, \cdots, x_n$ に関するすべての対称多項式は，$x_1, \cdots, x_n$ を根とする方程式の係数の多項式で表すことができる》より，この k についての和は整数になることがわかる．

　ところで $0 \leq j < p$ ならば，すべての k で $f^{(j)}(\alpha_k)=0$ となるから，この整数は $p!$ の倍数．また $f^{(j)}(0)$ についても，$j \neq p-1$ ならば $p!$ の倍数となる．さらに $f^{(p-1)}(0)=(p-1)!(-L)^{np}(\alpha_1 \cdots \alpha_n)^p$ は，やはり $(p-1)!$ の倍数だが，素数 p を十分に大きく選べば，$p!$ では割り切れないようにできる．さらに $p>q$ を満たすような素数 p を考えれば，結局 $|J| \geq (p-1)!$ を得る．

　一方(2)から，
$$|J| \leq |\alpha_1|e^{|\alpha_1|}f^*(|\alpha_1|)+\cdots+|\alpha_n|e^{|\alpha_n|}f^*(|\alpha_n|) \leq c^p$$

が，p には依存しない何らかの正の定数 c に対して成り立つが，素数 p を十分に大きく選べば，$|J|$ についての2つの不等式は両立できない．これは矛盾．（証明終わり）

π は乱数列か

——無秩序と複雑性——

10

π の超越性からは π の小数展開について事実上何も導けない．それゆえ π の小数部を追求する者は，π という無限の宇宙において新たな断片を見つけ出すパイオニアだと自慢しながら，新記録の樹立のたびにあらゆる種類の統計検査をやってみるのだ．しかし注目すべきことは何も出てこない．ときおり何か特異な現象が指摘されても，残念ながら二度と追認されることはない（見誤ったにせよ，さらに先まで計算したからにせよ，変に思われた現象はすっかり消えてなくなってしまう）．π の小数展開は，それが π の小数展開であるということ以外，何の特徴もなくでたらめに数字が並んでいるように見える．が，われわれはそれを証明することも，理解することもできない．でたらめとは何か，そして複雑であるとか，予測しがたいとか，圧縮できないなどの統計的に何らかの意味を持った数字の列をどう定義するのか，というようなことを自問せざるを得ない．ここでは計算可能性の理論がきわめて重要になってくるが，新たに理解が進む一方で，多くの素朴で奥の深い未解決の問題に直面しなければならない．このような問題が，チュドゥノフスキー兄弟のような才気あふれる数学者を，間違いなく狂ったように π の計算に駆り立てているのだ．

π は不規則か

π の計算屋は，計算したばかりの小数部を調べて，ある種の奇妙な事実に注目してきた．網羅するわけではないが，以下にいくつか紹介しよう（⇒ 2 章）．

● 《0》の稀少性．π の小数点以下第 32 位に初めて《0》が出現する．初めの 50 桁中には《0》はたった 2 個しかない．しかし 100 桁中に 8 個，200 桁中に 19 個，さらに 1000 万桁中に 99 万 9440 個，60 億桁中に 5 億 9996 万 3005 個の《0》が含まれている．《0》の出現比率は，わずかに 1/10 を下回っているものの，だんだんその差は縮まってくる．

● 《7》の稀少性．初めの 500 桁中には 36 個しかないが，1000 桁中に 95 個の《7》があり，5 個ほど少なめだ．さらに 1000 万桁中に 100 万 207 個，60 億桁中に 6 億 9044 個の《7》が含まれている．初めは少なめだったのに，あとにはわずかに超過している．でたらめな数字列だとすれば，きわめて平凡なことだが．

● 面白い連続数字列．意外にも小数点以下第 762 位から 767 位にかけて《999999》という列が出現する．20 億桁中には，8 個連続した《8》，9 個連続した《7》，そして 10 個連続した《6》や《123456789》という列も見

π - 魅 惑 の 数

πの2進展開の初めの26万2144桁をコード化したもの．《0》を黒点，《1》を白点として，左から右，上から下の順に512×512 ピクセルで表示（エリーアス・ブレムスによる）．何か特徴が見えるだろうか．

E. Brōms.

つかる．これらは，しかし，でたらめな数字列中の無視できない確率を持つ孤立した現象だとすれば，説明を探す必要はないだろう．次節の組織的な検査では，このような連続数字列の頻度に何も注目すべき特徴は見られない．

チュドゥノフスキー兄弟によると，初めの n 個の数字の平均を計算したところ，10億桁までは4.5より幾分大きく，次の10億桁でやや4.5を下回るという（4.5は0から9までの10個の数字の平均値）．とはいえ，彼らはこの現象を意味あるものとは考えていないようだ．また彼らはπの観察——πの小数部を曲面の凹凸に対応させて3次元グラフィックスとして視覚化する——を行い，「何らかの規則性を感じるのだが，それがπ自身に本来の起源を持つものなのか，あるいは単に無秩序な構造を組織立てようとする脳の為せる業なのかはよくわからない」と述べている．チュドゥノフスキー兄弟は単なるでたらめなものとは違う何かを風景の観察から感じ取ったようだが，それを明らかにすることはできなかったのだ．「πが本当に乱数列だとした場合に期待されるほど多くのそそり立つ峰や峡谷は見られなかった．ぼんやりとした感覚だけで今のところ何も明らかになっていないので，もっと先まで計算しなければ」と彼らは結論している．

チュドゥノフスキー兄弟はπの小数展開に何らかの規則性があることを確信していて，コンピュータの計算によって，そう遠くない将来にそれが現れてほしいと願っている．実際彼らは——可視宇宙の大きさを根拠

10. πは乱数列か

われわれの住む世界の物理的な制約（電子の大きさ，可視宇宙の大きさ，光の速度など）のせいで，あらゆる空間，物質，エネルギーを使えるだけ使い，何世紀にもわたって人類が全面的に作業したとしても，決して π を 10^{77} 桁以上計算することはできないだろうと見積もられている．

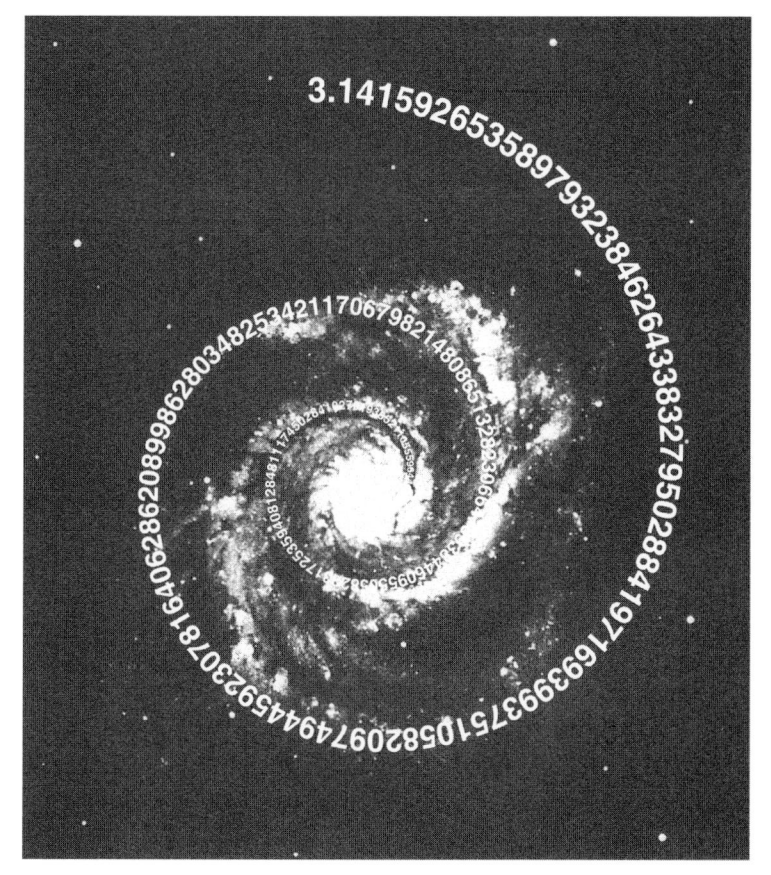

D. I. T. E.

にして —— 人類は 10^{77} 桁以上は絶対に計算できないだろうと見積もっているのだ（今のところ 5×10^{10} 桁くらいしか計算されていないから，まだだいぶ余裕がある）．「もし π が 10^{77} 桁まで何の規則的なふるまいも見せないとしたら，それは本当に悲劇だろうが，だからと言ってあきらめるのはまだ早い．壁をよじ登る何らかの方法がきっと見つかるはずだ」．その方法は，純粋数学の新しい結果の中に，そして何かの兆しかもしれないベイリー=ボールウェイン=プラウフによる新しい π の計算公式（⇒ 8 章）の中に，きっと見つかることだろう．

π を検査すると

1995 年，金田康正は π を 64 億 4245 万桁まで計算した．そのうち 60 億桁中の各数字の出現回数は以下のようであった．

《0》	599963005	《5》	600017176
《1》	600033260	《6》	600016588
《2》	599999169	《7》	600009044
《3》	600000243	《8》	599987038
《4》	599957439	《9》	600017038

各数字の出現頻度が 1/10 に近づく速さは，公平にでたらめな数字列の場合と一致している（差が $1/\sqrt{n}$ のオーダーで減少）．例えば《7》の頻度については，

初めの 10 桁	0
100 桁	0.08
1000 桁	0.095
1 万桁	0.097
10 万桁	0.1002
100 万桁	0.0998
1000 万桁	0.1000207
60 億桁	0.1000028

π の 1000 万桁を 5 つずつの数字ブロックに区切って 200 万個のブロックを作り，それらをポーカーの手札と見なそう．でたらめに選んだカードなら，あるポーカーの手が統計的に期待できる出現回数を計算することはたやすい（13 種のカードの代わりに 10 種のカードで遊ぶとして）．π の小数部から作られたポーカーの手札の出現回数は，でたらめに選んだカードの場合にかなり近いことが，次のようにわかる．

	でたらめな場合の期待回数	π に出現する回数
5 枚すべて異なる	60 万 4800	60 万 4976
ワンペア	100 万 8000	100 万 7151
ツーペア	21 万 6000	21 万 6520
スリーカード	14 万 4000	14 万 4375
フルハウス（ワンペア＋スリーカード）	1 万 8000	1 万 7891
フォアカード	9000	8887
5 枚すべて同じ数	200	200

π の小数展開の中に統計的に意味のある特徴を見つけ出す方法としては，

● 2 つの数字のペア 00, 01, 02, …, 99 の出現頻度，次に 3 つの数字の組の出現頻度などを計算してみる．
● すでに計算されている 510 億桁の中で，離れた場所で少なくとも 2 回現れるような長い数字列を調べてみる（特定の 20 個の数字列を 2 回見つける確率はきわめて小さい）．それには特殊なアルゴリズムが必要だ．
● 100 個とか 1000 個のブロックに区切り，それぞれのブロックで数字やペアの数字の出現頻度を計算してみる．
● 連続した数字列や同じペアの繰返しを調べ上げてみる．
● 規則性を見つけるために統計学で使われている各種の平均値や複雑な検定法を用いてみる．
● 各数字に対して，でたらめな場合の平均からの標準偏差を計算し，でたらめな場合の標準偏差とほぼ同じ大きさになる確率を計算してみる．70% とか 90% とか 81% とかの確率が得られるだろうが，でたらめな数字列であるとすれば，驚くような結果ではないし何も説明する必要がない．

10. πは乱数列か

πが乱数列である理由はない

πの小数部の振舞いを新しく検査するたびに，でたらめな数字列に似ているという結論に導かれてしまう．今まで何十年と繰り返し確認してきたことだから，今さら驚くことではない．しかし，それはまったく明らかなことではないし，ある意味でπに対する理解を邪魔しているとさえ言える．実際，次の2点について詳しく見ていこう．

(a) **πの小数部について現在証明されていることからは，πがでたらめに選ばれた数ではなくて完璧に定義された特殊な数だ，などとはまったく言えない**

πは無理数（⇒9章）なので，その小数展開がある位から周期的に繰り返されることはない．しかし，現在のところまだ次のような様々な規則的展開の可能性を否定できないでいる．

- ある位から，ある特定の数字を含まなくなる．
- ある位から …011000111100000111111… のように，《0》が1つ，次に《1》が2つ，さらに《0》が3つ，次に《1》が4つというふうに規則正しく並ぶ．
- 例えば …5565656655656555665656666556565… のようにある位から，5と6しか含まなくなる．
- ある位から，列 0123456789 に含まれる少なくとも5個以上の連続した数字列しか含まなくなる．例えば …345678 012345 23456 23456789 456789… のように．
- ある位から，少なくとも3個以上の左右対称な数字列のみを含むようになる．例えば …6886 23432 1987891 363 34567876543… のように．
- 数字《0》の頻度が100%に近づき，したがって他の数字の頻度は0%に近づく．
- ある位から，ある数字列が少なくとも1000回以上繰り返され，また次の数字列が少なくとも1000回以上繰り返される，ということが以下同様に起こる．

πの小数部については，無理数性から導けること以外には，超越性から何も導かれてはいない．しかしπがリューヴィル数ではないことから，πの小数展開においてあまり長く数字《0》が続かないということが導かれる．正確に言うと，チュドゥノフスキー兄弟が示した不等式 $|\pi - p/q| > 1/q^{14.65}$（十分に大きな分母を持つすべての有理数 p/q に対して成り立つ）のおかげで，小数点以下第 n 位から《0》が続けて $15n$ 個出現することはない．例えば，小数点以下第1000位から0が1万5000個以上続くとか，第 10^6 位から0が $15×10^6$ 個以上続くとか，第 10^9 位から0が $15×10^9$ 以上続く，といったことの不可能性（あまりに弱い！）が導かれる．

1973年ミニョットは，分母が1より大きいすべての有理数 p/q に対

して不等式 $|\pi - p/q| > 1/q^{20.6}$ が成り立つことを示した．例えば小数点以下第 10 位から《0》が続けて 210 個以上は出現できないことなどが導かれる．

一般にチュドゥノフスキー兄弟やミニョットの不等式から，π の小数展開において同じ数字が極端に長くは続かないということが導かれる．しかし実際に計算された小数部を観察することに比べれば，厳密に証明されたこのような性質は取るに足らないように思えるかもしれないが．

（b） ある種の π の表示は，決してでたらめではない．だから π が潜在的に乱数列であると主張することはできない

π の定義は底 10 と何の関係もないのだから，π を 10 進で表す理由がないという口実で，π の 10 進展開がでたらめな数字列のように見えることに驚きはない，と間違った主張をする人たちがいる．

ところで π は底 2 や底 16 とも何の関係もないように思えるが，π の 2 進および 16 進展開についての特別な性質を導く公式が 1995 年に発見された．この公式によれば $\log n$ 程度のメモリーで n 位の数字を計算することができる（⇒8 章）．発見されたばかりのこの 2 進公式（π の 2 進展開について何らかの特別な性質を導くかもしれない）が，明日 10 進公式を生まないともかぎらないではないか．

実際に π の規則的な表示があるから，π が潜在的に乱数列であるという考えは受け入れられない．各種の無限級数（17 および 18 世紀に発見された諸公式 ⇒ 4 章）も π の規則的な表示とみなせるだろう．6 章では，可変ピッチ底 $(1/3, 2/5, 3/7, \cdots)$ を使うと π は単に $\langle 2; 2, 2, 2, \cdots \rangle$ と表されることを述べた．これがこつこつアルゴリズムの原理であり，要するに可変ピッチ底から固定ピッチ底 $(1/10, 1/10, 1/10, \cdots)$ への変換アルゴリズムにすぎない．

π の規則正しい表示を与える別の表示法を紹介しよう．ライプニッツの公式の偶数項のみの和と奇数項のみの和がそれぞれ発散するという事実を用いると，すべての実数 x を，

$$x = 4 \sum_{n=0}^{\infty} \frac{(-1)^n a_n}{2n+1} = 4\left(a_0 - \frac{a_1}{3} + \frac{a_2}{5} - \frac{a_3}{7} + \cdots\right)$$

という形で表示することができる（各 a_i は 0 または 1）．例えば $24/5 = 4(1+1/5)$ だから，$x = 24/5$ に対しては $a_0 = a_2 = 1$ とし，0 と 2 以外の i に対して $a_i = 0$ とすればよい．

この表示法の係数列 $\langle a_0, a_1, \cdots \rangle$ は 2 進展開のように 0 と 1 の列になっている．この表示は一般には一意的でないが，次の規則を入れると一意的にすることができる．

- $j < i$ を満たす j についての部分和が x より小さいときは $a_{2i} = 1$，x 以上のときは $a_{2i} = 0$．
- 上と同じ部分和が x より大きいときは $a_{2i+1} = 1$，x 以下のときは $a_{2i+1} = 0$．

この規則のおかげで，すべての実数をこの形の級数に変換するアルゴリ

10. πは乱数列か

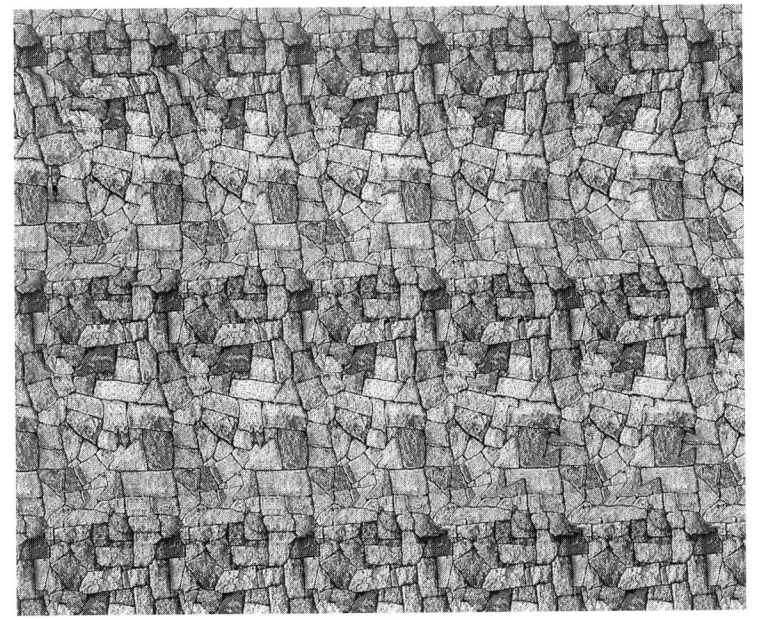

πが乱数列のように見えるかどうか．10進展開ではまったくでたらめな列のように見えるが，例えば可変ピッチ底による表示ではきわめて単純な列になる．その状況は日本人アーティスト大井純のステレオグラムとよく似ている．でたらめな絵のように見えるが，平行法（絵に顔を近づけて徐々に遠ざける）で見れば球や四角錐や円錐が浮かび上がってくる．

© Cadence Books/小学館/大井純．

ズムも簡単になる．この一意的な表示を本書では**ライプニッツ展開**と呼ぶことにする．たとえ四則計算の面でかなり使いにくくても，10進展開よりも役に立たないというわけではない．

例えば数 0 は $\langle 0, 0, 0, 0, \cdots \rangle$ と展開され，数 π はライプニッツの公式から $\langle 1, 1, 1, 1, \cdots \rangle$ と展開される．だから 0 と π はライプニッツ展開では最も単純な実数ということになる！ したがって，もし π の 10 進展開がでたらめな列のごとく振る舞うのならば，それは真に驚くべきことであり証明と説明を要することなのだ．

π は単純か

π を単純と形容することには，何よりも少し気障りであろう．単純な数とは短い定義を持つ数のことだから 5 や $\sqrt{2}$ は単純だ．ところで π にも短い定義がいくつかあるから，やはり π を単純な数と考えるべきなのだろう．コルモゴロフの計算量の基本概念はこのアイデアを数学的にしたもので，少し後で再び取り上げる．

さしあたり，率直な気持ちになって最も単純な級数を探してみよう．たぶん

$$\sum_{n=1}^{\infty} \frac{1}{n^2}, \quad \sum_{n=1}^{\infty} \frac{1}{2^n}, \quad \sum_{n=1}^{\infty} \frac{(-1)^n}{n}, \quad \sum_{n=1}^{\infty} \frac{1}{n!}$$

といったものを思いつくのではないだろうか．最初の級数は $\pi^2/6$ に，2番目は 2 に，3番目は $-\log 2$ に，そして最後の級数は e にそれぞれ収束する．もう少し探せば，すぐにライプニッツの公式を思いつくだろうし，π や π を含む数に収束する他の多くの級数が見つかることだろう．π は

あらゆる数学的場面に登場するのだから，これは偶然ではない．πが超越数であることとπが単純であることとが相容れないというわけではないのだ．

πは $2, \log 2, e, \pi^2$ あるいは $\sqrt{\pi}$ よりも単純かどうかという問題はさほど意味がない．というのはこのような単純性を測る客観的な基準（それは数学的な表示やわれわれの知識の進み具合に無関係でなければならない）をうまく定めることなど不可能だからだ．数学の公式集にざっと目を通してみてもπがあちこちに登場することを否応なしに感じざるを得ない．このことはπが基本的な定数であり，1つの数に対して想像しうる最も初等的な定義を含む数多くの異なる定義を有しているということを意味しているのだろう．

暗号学

πの10進展開や2進展開にいったい何が起こっているのかを理解しようと思うとき，底の変換が乱数をシミュレートする簡単な算術的方法になりえるかという問題が心に沸き起こってくる．

それは暗号学における研究テーマと関連している．暗号学では，オリジナルを解読するのがきわめて難しく，かつまったくでたらめに見えるような数列を発生させる最も簡単な方法を特に研究しているからだ．ほぼこの要求を満たすと思われるいくつかの方式がすでに考案されているものの，乱数をよくシミュレートするという性質の証明では，計算量の理論においてまだ証明されていないいくつかの予想を仮定していることが多い．しかもこれらの証明法はπの10進展開の生成に対して適用することができないのだ．この研究分野の難しさが徐々にわかってきているので，πの10進展開が何らかの乱数性を有することの証明は，たとえ可能だとしても簡単ではないだろう．

4章で述べたπの正則連分数展開についても，やはりでたらめのように見えることを注意しておく．しかし $\sqrt{2}$ の正則連分数展開 $[1,2,2,2,\cdots]$ はきわめて単純だが，その10進展開は，πの場合と同じくまったくでたらめのように見える．この例から，10進展開と正則連分数展開の関係を明らかにすることは難しいように思われる．たとえπの正則連分数展開について何か少し知り得たとしても，そこからπの10進展開について何かを必ず引き出せるとは限らないし，逆もまたそうだろう．

この分野がどんなに難しかろうと，これまでの経験からπの小数展開は乱数列であり（今日では多くの数学者が疑っているが），まったく何の規則性もないのだと即断してしまう前に，πの2進展開の数字は桁ごとにお互い独立に計算できるはずがないと当たり前のように考えられていたことを思い起こすべきだ．この不可能性は，実際に証明するのは難しいが，自然な発想だと主張されていたのに，まったくあっけなく間違いであることが明らかになったではないか！

πの小数部を追跡し，そこに何らかの規則性を見つけ出そうとする試み

は決してばかげたことではない．何であろうと今までの知識からまじめに予想することなどできないのだから．決定されしもの（πはπゆえに決定された数だ）と偶然なるものとの関係を理解するためには，**乱数**とは何かを理解しなければならない．そして今，数学と科学思想の最も深遠なこの問題に，われわれはπを通して直面しているのだ．

統計的な乱数列

πと乱数列との関係をいっそうよく理解するために，でたらめに選ばれた数字列についてじっくりと考えてみよう．

公平なくじ引きによって作られた数字列はそれほど規則的にはならない．例えば0000…というような列になる確率は0だ．しかし，与えられた特定の数字列が何であれ，そうなる確率がやはり0になるところに問題の難しさがある．この事態を克服するには計算可能性の理論に訴えなければならない．次節ではマルティン=レーフの意味の乱数列，すなわち観測される確率が1の帰納的に検定可能なあらゆる性質を満たす数字列を導入しよう．この帰納的に検定可能という言葉が何を意味するのかはしばらく置いといて，次に確率1で成り立つ最も簡単な性質をいくつか紹介しよう．

（a）万 能 数

各数字の引かれる確率が0でないなら，でたらめに選ばれた無限の数字列には可能なあらゆる有限の数字列が遅かれ早かれ出現する．そのような数字列を万能列と呼び，10進小数展開が万能列になるような実数を10進**万能数**と呼ぼう（もちろん，あらゆる底で定義できる）．

10進万能数の例としては，チャンパノウン数 0.12345678910111213141… がある．なぜなら，0から始まらない任意の有限数字列 s が含まれるのは明らかだが，もし s が0から始まっているとしても $n=1s$ を考えればよいのだから．同様に，10進法で2のベキを次々に並べて作られる数 0.248163264128… も10進万能数だが，証明は簡単ではない．一般に万能数を構成する多くの方法が知られており，万能数は非可算個あることがわかっている．一方，万能数でない数も非可算個あるが，実は（あらゆる底において）ほとんどすべての実数は万能数なのだ．

ここで言う《ほとんど》とは，集合論で用いられる意味ではなくて，測度論で使われる《ほとんど》，すなわち測度0の集合 E を除いて，という意味だ．正確に言えば，《任意の正数 ε に対して，長さの和が ε 以下であるような可算無限個の開区間の和集合によって E がおおわれる》ということを意味している．例えば，可算個の点集合 $\{a_0, a_1, a_2, \cdots, a_n, \cdots\}$ は測度0．なぜなら，これは区間 $(a_n - \varepsilon/2^{n+1}, a_n + \varepsilon/2^{n+1})$ の和集合に含まれ，それらの長さの和は $\varepsilon/2 + \varepsilon/2^2 + \cdots = \varepsilon$ となるから．

このような万能数のことを考えるとわくわくしてくる．もしπが万能数だとしたら，次のようなことが起こるからだ．

- π の小数部のどこかに，読者の誕生年月日が隠れている（今ではインターネット上に十分多くの π の小数部が公開されているので，これを使って実際にどこにあるかを特定することができるだろう ⇒ 巻末のインターネット・サイト集）．
- π の小数部のどこかに，読者の社会保障番号が潜んでいる（これは13桁の番号なので，実際に見つけるには 10^{13} すなわち10兆桁の計算まで待つべきだろう）．
- 0から99までの数字に適当に文字を対応させれば，π の小数部のどこかに読者の氏名と住所が隠れている（この数字列はかなり長くなるので，生きている間に見つかるとは思えないが）．
- π の小数部のどこかに，ギュスタヴ・フローベールの小説『ボヴァリー夫人』の全文が潜んでいる．
- π の小数部のどこかに，グレン・グールドが演奏するヨハン=セバスチャン・バッハの『イタリア協奏曲』の録音が（CD録音された数字列として）隠れている（さらに，グールドの技巧をパロディ化して演奏したバッハの協奏曲までも）．
- π の小数部のどこかに，読者の誕生から死までを数値化した映画フィルムが潜んでいる．また，逆に歩いていたり，違う結末だったり，大嘘をついているような間違ったフィルムが山ほど隠れている，など．

残念ながら，π の小数部についての数学的な知識が得られない限り，どんなに意味が詰まっていようとも，初めの数項目以外，そのような数字列がどこに潜んでいるか言うことなど決してできないだろう．なぜなら計算力や物理媒体の記憶容量を最大限見積もったとしても，人類は π の小数部を 10^{77} 桁以上は決して計算できないと考えられているからだ．

現在 π が万能数かどうか知られていないだけではなくて，万能数と代数的数や超越数との関係についてもあまりよくわかっていない．次のことが知られているだけ．

- 有理数は万能数ではない（小数部がある位から周期的になるから）．
- 超越数で万能数になるものが存在する（例えばチャンパノウン数など．一般に大多数の超越数は万能数だ）．
- 超越数で万能数でないものが存在する（リューヴィルの定数など）．

すべての代数的無理数は万能数だろうと予想されてはいるが，具体的な例は1つも知られていない．

（b）　等配分数と正規数

$0, 1, 2, \cdots, b-1$ の数字（底 b）から公平にでたらめに選んで作った無限列においては，大数の法則から各数字の頻度は $1/b$ に収束する．このような性質を持つ数字列を等配分列と呼び，b 進小数展開が等配分列になるような実数を b 進**等配分数**と呼ぶ．例えば，0から9までの数字を公平にでたらめに選んで作った無限列では，確率1で各数字の頻度は $1/10$ に近づく．一般にどんな底であろうと，ほとんどすべての実数は等配分数なの

10. πは乱数列か

だ.

このとき, さらに2つの数字ペアも等配分列になり (例えば10進では, 《00》の頻度が1/100に近づき, 《01》や《02》などについても同様), 3つ組や4つ組の数字, 一般に n 個の数字の組が等配分列になるならば, この実数を b 進正規数と呼ぶ. $1/3$ の2進展開 $0.01010101\cdots$ からわかるように, b 進等配分数は必ずしも b 進正規数にならない. またこの例は, 有理数が等配分数になりえることを示している. これに反して, b 進正規数は必ず無理数でなければならない (なぜなら, 有理数の b 進展開は周期 p を持つが, 長さ p の数字列に関して等配分列にならないから).

あらゆる底に関して正規数になるような数を単に**正規数**と呼ぶ. b 進正規数というのは, 底 $b, b^2, b^3, \cdots$ に関して等配分数になる数のことだったから, 正規数ということと, あらゆる底に関して等配分数であることとは同値だ. 今世紀初頭フランスの数学者エミル・ボレルは, 《ほとんどすべての実数は正規数である》という明らかとは思えない結果を証明した. したがって, ほとんどすべての実数はあらゆる底に関して同時に万能数になる.

10進正規数として知られているチャンパノウン数は (他の底についての正規性はわかっていない), 無秩序でなくても正規数になりうるという重要な事実を示している. チャンパノウン数は完璧に予想できる単純な構造を持っているからだ. だから, 正規性が乱数性を導くわけではない.

コープランドとエルデーシュは, 《正の整数からなる狭義単調増加列 a_n が, 任意の $\varepsilon > 0$ に対して, ある番号以降 $a_n \leq n^{1+\varepsilon}$ を満たすならば, 与えられた底 b に関して $0.a_1 a_2 a_3 \cdots$ と書かれた数は b 進正規数である》ことを証明した. 例えば, 7の倍数を次々に並べた $0.7142135424956\cdots$ やすべての素数を並べた $0.23571113171923\cdots$ は10進正規数だ.

ある1つの底に関する正規性から, 他のすべての底に関する正規性が導けるわけではない. 実際シュミットは, 《2つの底 b, c において, $b^i = c^j$ を満たす自然数 i, j が存在しなければ, 底 b に関しては正規数になるが底 c に関してはそうならないような数が存在する》ことを証明した (この条件は必要でもある).

ところが, あらゆる底に関して正規数になるような具体的な例は1つも構成できていない. またもや, 前章の超越数のところで出会ったものよりさらに強力なパラドックスに出くわしたのだ. ほとんどすべての実数は正規数なのに, ただの1つも正確には知らないとは!

超越数のパラドックス ―― 比較できないほど代数的数よりたくさんあるのに何ゆえ見つけにくいのか ―― に対する説明が, もう一度ここにもあてはまる. 実数にたどりつく2つの方式 (抽象的アプローチと構成的アプローチ) が, 無理に同一視されているのだ. とはいえ, 実に不思議な感じがする.

代数的数の正規性については, まったく何もわかっていない. 次の3つ

- すべての代数的無理数は正規数である;
- どの代数的無理数も正規数ではない;

エミル・ボレル (1871–1956)

- 代数的無理数のうち，正規数になるものもあるし，そうでないものもある；

のどれが正しいのだろうか．ボールウェイン兄弟，ギルゲンゾームおよびパーネスによって最近行われた，1000 までの平方根と立方根の小数点以下 2 万位までの数値計算によれば，π と同じく，（整数になる場合を除き）すべて正規数のように見えるという．

超越数の方がむしろ少しわかっているのであって，チャンパノウン数のように 10 進正規数である超越数もあれば，リューヴィルの定数のように正規数でない超越数もある．

無秩序性についても，代数的数よりは超越数に関する方がよくわかっていることを注意しておく．実際，10 進小数部が有限オートマトン（有限メモリーを持つ機械の抽象モデル）によって定義される無理数は必然的に超越数でなければならない．ロクストンとファン・デル・ポーテンによって 1988 年に証明されたこの結果は，《線形時間で計算可能な（すなわち n に比例した時間で n 桁の小数部が計算できる）すべての無理数は超越数であろう》というハートマニス=スターンス予想に向けての第一歩でもあった．

代数的数 a や $\log a$, $\arcsin a$, $\arccos a$ のような数（π も含まれる）の小数部の同定問題に関する 1986 年のカナン，レンストラおよびロヴァスの研究によれば，そのような数の十分多くの小数部そして係数と次数の最大値が与えられれば，それが近似的に満たす代数方程式を多項式時間内に再構成することでその数を同定し，その小数部をさらに計算できるという．これは暗号学において π の小数部を乱数発生器として応用する際に重要な結果だ．すなわち，たとえ π や代数的無理数が正規数のように見えようとも，暗号学においては，それらの数はチャンパノウン数のように規則的で同定可能な数なのであって，特に神聖にして侵すべからざる乱数のよい発生器として用いるべきではない．

ちなみに，モンテ・カルロ法のプログラミングにおいては，暗号学ほど乱数の質にやかましくはないので，厳密には何も示されていないので危険ではあるが，まだ π の小数部がそのようなアルゴリズムに用いられている．

最後に π についてまとめると，次のような奇妙な現状が浮かび上がる．

- 計算された小数部からは，π はあらゆる底において等配分的であり正規数のように見える（それゆえほとんどの数学者は π の正規性を予想している）．
- この章で述べた最も初等的な無秩序性（例えば 10 進等配分性）さえ証明することができない．
- 一方で π の小数部を同定する有効な方法があるので，暗号学では π を乱数発生器として使うべきではない．

マルティン=レーフの乱数列

　乱数列かどうかを調べる自然なテストの中に，$e=2.7182818284590\cdots$ の小数部と比較するというのがある．もし e の小数部と一致しているのなら，明らかにそれはでたらめではないのだから，乱数列と考えるわけにはいかない．だったら π に対しても同じはず！　π の小数部と一致するような列は乱数列ではない．ゆえに π の小数部は，このテストを通過できないのだから，乱数列ではない！

　われわれは迷路に迷い込もうとしているのだろうか．この理屈によれば，どんな列も乱数ではなくなってしまう．結局，乱数には何の意味もないのだろうか．

　驚くべきことに，実はそうではない．うまいやり方をすれば，この壁を乗り越えることができる．そしてこれこそが乱数に対する最も深遠な理論への鍵なのだ．このみかけの悪循環に何十年も身動きがとれないでいたが，ようやく 1940 年頃，計算可能性の理論に関連して 1 つの解決の糸口が現われた．クルト・ゲーデル，アラン・チューリング，アロンゾ・チャーチそしてステファン・クリーンらの数学者によるこの理論から，すべての数列がコンピュータによって計算可能ではないこと，そして計算可能な数列に対して山ほど数学的な特徴づけができることが示された．**計算可能な数列**とは，好きなほど拡張メモリが使えるとして，読者のパソコンでCかベーシックかフォートランによってプログラムできるような数列のことだ．それから 20 年後の 1965 年頃，ソロモノフ，コルモゴロフ，チェイティン，マルティン=レーフらの研究の成果として，乱数列の問題に対する解が与えられたのだ．

　乱数列は**帰納的に検定可能**などんな**例外的性質**も持つべきではない，というのが基本的なアイデアだ．この例外的性質および帰納的に検定可能な性質という言葉の意味を次に説明しよう．

　まず，ほとんどすべての数列が満たさない性質のことを例外的性質と言う．この《ほとんど》とは以前に説明した測度論の意味であり，言い換えれば，測度 0 の集合に属する数列のみが満たすような性質を例外的というわけだ．例えば，《あるところから無限に 0 が続く》という性質は例外的だし，ボレルの結果から《正規列でない》という性質も例外的になる（だから《正規》と呼ぶにふさわしい）．これら 2 つの性質はともに帰納的に検定可能なので，マルティン=レーフの意味の乱数列は無限個の "0" で終わらないし，正規列でなければならない．

　次に《帰納的に検定可能》という性質を説明するために，0 と 1 からなる無限数列の初めの 39 項が

$$111000111111000111000000111000000000111$$

であるとわかっているとしよう．すると "0" と "1" が 3 個ずつ組みになって並んでいることがわかるが，これは稀な性質だ（でたらめに選んだ無限数字列がこのようになる確率は 0）．もしこの無限列が乱数列かどうか

判定しなければならないとしたら、きっと乱数ではない方を選ぶだろう（怪しいではないか！）．この《"0" と "1" が3個ずつ組になって並ぶ》という性質が帰納的に検定可能な性質の簡単な例なのだ．

熱心な読者のために、少し難しいが正確な定義を述べよう．ある性質 P が例外的かつ帰納的に検定可能とは、各レベル n において性質 P を持つと思われる数列を排除するための検定プログラムが存在するときに言う（n は程度の差こそあれ、十分に大きな整数にとる）．レベル n での検定は検定対象列の有限部に実施され、除去される数列の割合は、せいぜい $1/2^n$ に比例した大きさになるとする．あるレベル n 以上で常に除去される（これを漸近的に除去されると言う）ような数列はまさに性質 P を満たしているわけだ．$1/2^n$ という値は除去される数列が測度 0 の集合をなすように選ばれている．この定義では、n が小さすぎるとき初めの部分に何らかの規則性を持つような乱数列を誤って除去してしまうかもしれないが、n を十分に大きくとっておけば、そのようなことはもはや起こらない．このデータ不足による検定ミスは避けられないものだ．例えば、検定対象列の初めの n 個の数字を調べて π の数字と一致していれば排除するようなレベル n の検定プログラムでは、初めのうちは π に似ている数列が誤って排除されることが起こりうるが、漸近的には π のみを排除することになる．また、0と1からなる数列の初めの $3n$ 個の数字を調べて3つ組みになっていれば排除するようなレベル n の検定プログラムでも、初めのうちは間違った除去をするかもしれないが、漸近的には狙いの数列だけが除去されることになる．

プログラムによって検証されることを明記している点がきわめて重要だ．というのは、もしこれがなかったら、すべての数字列 s は《s と一致する》という例外的性質を満たし、乱数列など存在しなくなるからだ．《いかなる例外的性質も満たさない》という確率論からの条件と、それを緩和し意味ある定義にするためには不可欠の帰納的条件とをうまく融合できたからこそ、マルティン=レーフの意味の乱数がうまく定義できたのだ．こののち数十年を経てマルティン=レーフの定義は、コルモゴロフによる計算量の理論のおかげで、よりいっそう明確にされることになる．

このコルモゴロフの理論では、(例えば "0" と "1" の有限列ような) 有限対象物の計算量というものを、それを印刷するための最も短いコンピュータ・プログラムの語長によって定める（ただし使用するコンピュータは十分に強力とする）．この量は使用するコンピュータにさほど依存しないことが示せる．例えば100万個の "1" からなる列のコルモゴロフ計算量はきわめて小さい．実際、それを印刷する FOR I=1 TO 1000000;PRINT"1";NEXT I;END のような非常に短いプログラムがあるからだ．これに対して π の小数点以下100万桁からなる数字列は、より大きな計算量を持っている．正確にはわからないが、最も短いプログラムでも100語は超えるだろうから．長い対象物を印刷できる短いプログラムは、ある意味でこの対象物の圧縮版とみなすことができるだろう．逆に、例えばコルモゴロフ計算量が100万以上であるような長さ100万の列は（そのような列があることは簡単に示せる）、まったく圧縮できないわけだ．

Novosti.

アンドレイ・コルモゴロフ (1903-1987)

10. πは乱数列か

コルモゴロフによる計算量理論から生じたこの圧縮可能性という考えを用いると，マルティン＝レーフの乱数がうまく定義されていることを示す次のような重要な結論を導くことができる．《"0"と"1"からなる無限列がマルティン＝レーフの意味で乱数になるのは，それが圧縮不可能であるとき，すなわち，ある定数 c が存在して，この数列の最初の n 個のコルモゴロフ計算量が $n-c$ 以上であるとき，かつそのときに限られる》

乱数性というのは，だから，厳密な数学の観点からは，圧縮不可能性と同義語なのだ．ただ意外だったのは，その中身ではなくて，三人の数学者ドイツのシュノール，ロシアのレヴィン（現在アメリカに亡命），そしてアメリカのチェイティンによって独立に証明されるのに1970年代までかかったということだ．

本当にでたらめな列は，その要素を数え上げる以上にはやくは記述できない．これがコルモゴロフの計算量理論の基本にある考え方だ．なぜこの理論でπを乱数列とみなすことができないのかというと，πは簡明な方法で記述できるからであり，例えば6章で見たように，わずか158語のC言語プログラムでπの2400桁を得ることができる．だからコルモゴロフの計算量理論から見れば，πは疑いようもなく単純な数なのだ．

今日πの規則性の研究には統計的な手法しかないようだ．それは最近までゲノム研究と似たような状況にあったのだが，遺伝子情報を解析するうちにゲノム研究の方はずいぶんと簡単な状況であることが明らかになった．というのは，あらゆる種類の統計的な規則性や，禁止語および何百回何千回と同じように繰り返される短い単語の存在が発見されたからだ．圧縮アルゴリズムは遺伝子解析でよく用いられる技術の1つであり，コルモゴロフの計算量理論に基づけば，何らかの規則性は圧縮の可能性を意味するし，逆に圧縮可能であれば何らかの規則性を示唆していることになる．しかしπに対しては，このような圧縮可能性からのアプローチはまだ行われていない．やってみないとわからないが，個人的にはうまくいくとは思えない．少なくとも，計算に手間をかけないでπの小数部の検査を続行できる点では興味ある試みとなろうが．

マルティン＝レーフの意味の乱数列の持つ著しい性質を以下にまとめておこう．

● プログラムによって定義することができない（もし可能ならば，それを圧縮することができる）ので，次の2つの重要な結果が導かれる．1つは，計算方法のわかっているπなどの数学定数（の小数部）はどれもマルティン＝レーフの意味の乱数列ではないこと．もう1つは，どんなプログラムもマルティン＝レーフの意味の乱数列を生成できないのだから，プログラミング言語にあるランダム関数は不完全な乱数列しか生み出せないこと．この節の初めに述べたパラドックスの心配も無用だ．πは計算可能という例外的性質を満たすので，最も厳密な意味で乱数とはみなせないからだ（プログラムは可算無限個しかないので，計算可能数も可算個しかない）．

● マルティン＝レーフの意味の乱数列を小数部に持つ数は，常に正規数で

あり超越数（代数的数は計算可能だから）．
●マルティン=レーフの意味の乱数列は次の意味で予測不可能．n 番までの数字だけわかっていて $n+1$ 番目の数字が何であるかを賭けるとき，平均して，でたらめに賭ける以上にプログラムを使ってもうけることはできない．これは，でたらめには勝てないという直観的な考えを裏付けるものであり，すでにマルチンゲール理論において異なった形で数式化されている．

すでに二度直面したパラドックスの極みがここにある．すなわち，ほとんどすべての数はマルティン=レーフの意味で乱数なのに，有理数も代数的数も e も π も，どんな計算可能な数も乱数ではない！　ではマルティン=レーフの意味の乱数は1つも知られていないのだろうか．

π よりひどい数

数 π は数学の歴史の中の堅くてほどけない結び目だ．実際，近年の著しい数学の進展にもかかわらず，本書で説明してきたように，依然として数 π は神秘のベールに包まれている．しかしマルティン=レーフの意味の乱数として20年来知られているチェイティンの数 Ω【ギリシャ字母最終字の大文字オメガ】は，ある意味で π よりさらにひどい（もちろん，この"知られている"はわかっているという意味ではない）．この数 Ω は，公平な硬貨投げから生成されたプログラムを入力とする自己分離型万能チューリング機械が停止する確率として定められる．詳しくは，リーとヴィタニーの本[92]あるいは1993年の著者の論文[54]を参照されたい．

パラドックスなど全然ないが，ちょっと不思議な数 Ω の数学的な性質を考えてみよう．あいまいさなどまったくなく完璧に定義され，他のものに依存することもない定数だが，本質的に完全には計算できない．何桁かは計算できようが，すぐに未解決の数学的予想がわからないと計算できなくなってしまい，それを回避することができないのだ．しかし値が計算できなくても，多くの性質を厳密に証明することはできる（π とて同様！）．例えば Ω は明瞭に定義できた唯一の正規数だ．

このチェイティンの数 Ω が示しているように，みかけはよく似た次の異なる2つの概念を混同しないように心掛けねばならない．

● 明瞭に数学的に定義された数
● 明瞭に構成された計算可能な数

1936年の誕生以来，計算可能性の理論は多くの明瞭に定義された計算不可能な例を提供してきた．例えば，あるプログラムが停止すれば"0"，そうでなければ"1"を対応させる関数はまったく明瞭に定義された関数だが，アラン・チューリングによるプログラム停止問題の決定不可能性から計算不可能なのだ．

数 Ω と比較すると，π はすごくおとなしいように思える．π は超越数

だが，計算可能ゆえ圧縮可能．かたやΩも超越数だが，計算不可能で圧縮不可能なのだから．よく知られたΩに関する性質が定義から割と簡単に導ける一方で，その定義のせいで詳しく知ることも計算することもできないなんて，インチキじゃないか，と読者は感じることだろう．その点ではπは素直なのであって，初等的な性質の証明さえ難しいように思えるものの，Ωよりは詳しく知ることができる．

もしかしたら，乱数の満たす（《πと等しくない》というような）特殊な性質とは対照的に，πは（《正規数である》というような）あらゆる一般的性質を満たしているのかも知れない．とはいえ，何が特殊で何が一般かを明らかにする必要があるが．おそらくマルティン=レーフの意味の乱数性よりも弱い，πが満たすべき何らかの乱数概念が見つかるだろう．すでに暗号学の分野で使われている弱い乱数の概念はπには強すぎるのだ．πの《乱数性》は，間違いなく，正規性と暗号学での弱い乱数性の間に見つかり，いずれにしてもマルティン=レーフの意味の乱数性の下に位置することになる．しかし，πの正規性さえ証明できていない現状では，これ以上何も言うことができない．乱数の理論は完結したわけではないし，ぎゅっと結ばれた結び目のまん中に依然としてπがあるのだ．

《有限の手続きで定義できる数》の探究の果てに

数学者たちが幾世紀にもわたり追い続け徐々に拡張してきた《有限の手続きで定義できる数》という概念（⇒9章）は，計算可能性の理論によっても，今日いまだ固定できていない．有限の手続きで定義できる数は，19世紀の人々の予想を裏切って，代数的数だけではなかったし，しばらく予想されていたようにプログラムで計算できる数だけでもなかった．というのは，（プログラムは定義の一般形だから）プログラムで定義できる数はもちろん有限の手続きで定義できるし，Ωのような有限の手続きで定義された計算不可能な数も存在するからだ．

有限の手続きで定義できるというのは，与えられた形式体系において（もちろん有限的に表現された）ある固有の性質によって定義できるということ．例えば，算術的体系におけるチェイティンの数Ωがそうだ．一方で，ゲーデルの不完全性定理によれば，最終的な形式体系は存在しない．よって，有限の手続きで定義できるという概念は決して固定されず，形式体系の拡張とともに拡大されることになる．数$\sqrt{2}$は有理数の世界を飛び越えたが，やはり有限の手続きで定義できる（しかもコンパスを何回か使って構成できる）．数πは定木とコンパスで構成できる数の世界，さらにより大きな代数的数の世界を飛び越えたが，やはり，計算可能ゆえ有限の手続きで定義できる．チェイティンの数Ωは計算可能な数の世界を飛び越えたが，依然として有限の手続きで定義できている．

有限の手続きで定義できる数の上の段階には何があるのだろうか．そしてそれは本当に重要な数なのだろうか．その答えは今のところ誰にもわからないが，これまでの段階を理解するためになされた進歩はすばらしいも

π - 魅惑の数

実数のいろいろな分類法．上図は19世紀から伝わる古典的分類（⇒9章）．中図は数の弱い意味の不規則性に基づく分類．万能数とは，底が何であれあらゆる可能な有限数字列を含む数のこと．例えば10進万能数は，どこかに0123456789という列を含んでいる．10進等配分数とは，その小数展開に出現する各数字の頻度が1/10となる数のこと．さらに00から99までの数字列が等しく1/100の頻度で出現し，一般に長さnの数字列が等しい頻度で出現するとき，それを10進正規数という．単に正規数とは，あらゆる底に関して正規な数のことで，もちろん万能数．下図は小数展開した数字の計算しにくさによる分類．有理数のような最も簡単な数だけが有限オートマトン（限られたメモリーを持つ機械）によって計算できる．πの小数部を線形時間（nに比例した時間）で計算できるとは思えないが，n^2かそれより少し悪い時間で計算できるアルゴリズムがたくさん知られているので，πは計算可能数．しかしチェイティンの数Ωは計算可能ではないが，それでも公理的集合論で知られるツェルメロ=フレンケル（ZF）の集合論内で有限の手続きで定義できる数．ZFには有限の手続きで定義できる数は可算個しかないから，ZFには有限の手続きでは定義できない数が存在する．マルティン=レーフの意味の乱数はどれも計算不可能だが，Ω数のように有限の手続きで定義できる数，もあれば，そうでないものもある．

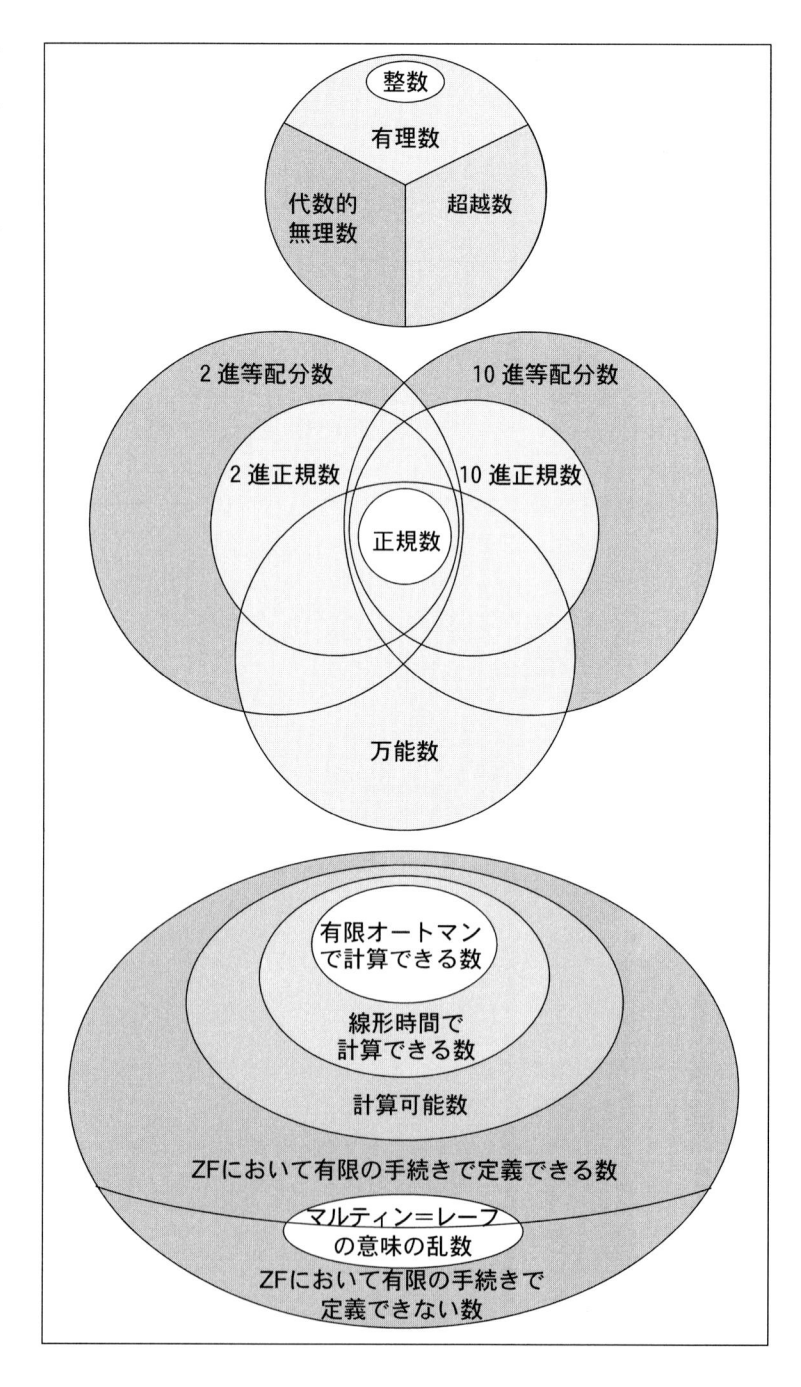

のであったし，数学の世界をものすごく豊かにしたことは確かだ．

非常に奇妙なことに，$\sqrt{2}$ のような無理数の最初の段階から，でたらめさに潜む諸性質，とりわけ正規性に関してまったくわかっていない．πの正規性についてもいまだ五里霧中だが，チェイティンの数Ωの方は，計算可能性を手放したおかげで正規性を手に入れたわけだ．

有限の手続きによる定義可能性と偶然性との間の奇妙なゲームほど人々の好奇心をそそるものはない．これまで数学者たちは両者間の最も単純で

10. πは乱数列か

最も深遠な問題を常に豊かにしてきたし，これから何世紀にもわたって両者の関係に新たな価値を見い出すことだろう．だが決して完全なる理解，不変なる解釈に到達することはないだろう．

終わりに

　数を定義し，同時にその稀少性や不規則性を議論している現在の理論体系では，算術的，組合わせ論的，そして解析的に綿密な研究なしですませることはできない．このような手法だけが問題を明確に進展させ得ることが多いのだが，しかし数学的には難しい．そこでπに関する研究においてはコンピュータの役割が年々重要になってきている．というのは，その10進，2進の小数展開や連分数展開が詳しく計算できるからということだけではなくて，原始関数，多項式，級数を始めあらゆる数学の道具が計算でき，それが数学的推論を助けるからだ．

　最後の2つの章において何回も述べた《いっぱいあるのに見つけられない数》のパラドックスに対する説明のように，数学的対象に対する次の正反対の2つのアプローチをきちんと区別して評価するべきだ．

●《上からのアプローチ》——抽象的な新概念を導入し，既存の概念（数の概念，幾何的空間，極限，微分，積分などの解析の諸概念，集合論，位相，抽象代数，計算可能性理論，計算量理論，数理論理学など）をさらに深く究明する．
●《下からのアプローチ》——有限の組合わせ論や算術的，解析的な緻密な推論によって，新しい公式や新しい不等式などを発見する．

　これら2つのアプローチは互いに重要なのであって，それぞれの数学者の好みはあろうが，どちらか一方で十分だなどと考え違いをしてはいけない．抽象的体系ではすべての初等的な問題が解決できるとは限らないし，本章でπについての多くの未解決問題を述べたように，古くからの未解決問題も多い．ζ(3) の無理数性は下からのアプローチの好例で，ロジェ・アペリーによる証明にはいかなる新しい数学道具も必要ではなかったし，カントールの与えた超越数の存在証明は上からのアプローチの好例だ．このような新しい方法は，数学研究にすばらしい威力を発揮し，古くからの問題を奥深くまで照らし出し，以前の難問に明白な解をもたらすのだ．

　研究の苦しみを逃れる王道などありはしない．あらゆることが自明になるように究極まで単純化された観点など存在しない．数理論理学における決定不可能性の理論とその帰結から示唆されることは，すでにπに関して見てきたように，数学者には2つの義務があるということだ．1つは，方法と概念の場をひっきりなしに拡張しなければならないことであり，もう1つは，既存の技術なり道具なりを休みなく絶えず磨きあげなければならないということ．πは数学のすべてを語るための口実にすぎないことが，読者にはわかっただろう．幾何学，解析学，数論，代数，論理学，計

算可能性理論，アルゴリズムとコンピュータ．そしてもちろん，それらを発見させられただけなのか，あるいは自分たちが構成しているのかもまったく知らないまま，この抽象世界を（たびたび現実の世界も）さまよい続ける人類のことを語るために．

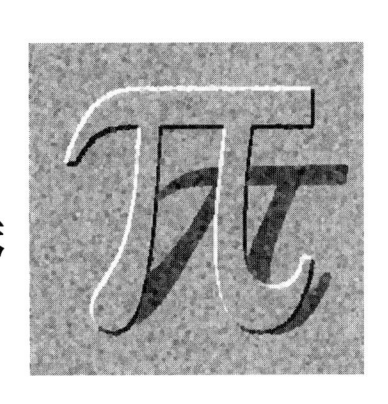

付　録

π計算の年表
（ベイリー，ボールウェイン兄弟，プラウフの 1997 年の論文[10] より）

■ 20世紀以前の記録

		計算値	正確な小数部
バビロニア	紀元前 2000 年	3.125 (3＋1/8)	1 桁
古代エジプト	紀元前 2000 年	3.16045 (＝(16/9)^2)	1 桁
中国	紀元前 1200 年	3	0 桁
『聖書』	紀元前 550 年	3	0 桁
アルキメデス	紀元前 250 年	3.14185	3 桁
張　衡*	?	3.1622 (＝$\sqrt{10}$)	1 桁
『後漢書』	130 年	3.1622 (＝$\sqrt{10}$)	1 桁
プトレマイオス	150 年	3.14166 (＝377/120)	3 桁
王　蕃	250 年	3.15555 (＝142/45)	1 桁
劉　徽	264 年	3.14159	5 桁
『シッダーンタ』	380 年	3.1416 (＝3＋177/1250)	3 桁
祖　沖之	480 年 ?	3.141592 (＝355/113)	6 桁
アーリアバタ	499 年	3.14156	4 桁
ブラフマーグプタ	640 年	3.1622 (＝$\sqrt{10}$)	1 桁
アル゠フワーリズミー	800 年	3.1416	3 桁
フィボナッチ	1220 年	3.141818	3 桁
アル゠カーシー	1429 年		14 桁
オトー	1573 年	3.1415929	6 桁
ヴィエト	1593 年	3.1415926536	9 桁
ヴァン・ルーマン	1593 年		15 桁
ヴァン・クーレン	1596 年		20 桁
ヴァン・クーレン	1609 年		34 桁
グリーンベルガー	1630 年		39 桁
ニュートン	1665 年		16 桁
シャープ	1699 年		71 桁
関　孝和	1700 年		10 桁
マチン	1706 年		100 桁

【＊原著では "Chung Hing, 250 年" と記されていたが，Chung Hing は台湾あるいは香港流の張衡の発音で，中国の文献には《天文学者の張衡（78-139）はπ＝$\sqrt{10}$＝3.1622 とした》と書いてあることを，中国科学院数学研究所の贾朝华教授から教えていただいた．】

ドゥ・ラニュイ	1719 年	（127 桁まで計算）	112 桁
建部賢弘	1723 年		41 桁
松永良弼	1739 年		50 桁
ヴェガ	1794 年		140 桁
ラザフォード	1824 年	（208 桁まで計算）	152 桁
シュトラスニツキー，ダーゼ	1844 年		200 桁
クラウゼン	1847 年		248 桁
レーマン	1853 年		261 桁
ウィリアム・ラザフォード	1853 年		440 桁
ウィリアム・シャンクス	1874 年	（707 桁まで計算）	527 桁

■ 20 世紀の記録

ファーガソン	1946 年	620 桁
ファーガソン	1947 年 1 月	710 桁
ファーガソン，レンチ	1948 年	808 桁
スミス，レンチ	1949 年	1120 桁
ライトウィーズナー等（ENIAC）	1949 年	2037 桁
ニコルソン，ジーネル	1954 年	3092 桁
フェルトン	1957 年	7480 桁
ジェニューイ	1958 年 1 月	1 万 桁
フェルトン	1958 年 5 月	1 万 21 桁
ギユー	1959 年	1 万 6167 桁
シャンクス，レンチ	1961 年	10 万 265 桁
ギユー，フィヤートル	1966 年	25 万 桁
ギユー，ディシャン	1967 年	50 万 桁
ギユー，ブイエ	1973 年	100 万 1250 桁
三好，金田	1981 年	200 万 36 桁
ギユー	1982 年	200 万 50 桁
田村	1982 年	209 万 7144 桁
田村，金田	1982 年	838 万 8576 桁
金田，吉野，田村	1982 年	1677 万 7206 桁
後，金田	1983 年 10 月	1001 万 3395 桁
ゴスパー	1985 年	1752 万 6200 桁
ベイリー	1986 年 1 月	2936 万 111 桁
金田，田村	1986 年 10 月	6710 万 8839 桁
金田，田村，久保，小林，花村	1987 年 1 月	1 億 3421 万 7700 桁
金田，田村	1988 年 1 月	2 億 132 万 6551 桁
チュドゥノフスキー兄弟	1989 年 5 月	4 億 8000 万 桁
金田，田村	1989 年 7 月	5 億 3687 万 898 桁
チュドゥノフスキー兄弟	1989 年 8 月	10 億 1119 万 6691 桁
金田，田村	1989 年 11 月	10 億 7374 万 1799 桁
チュドゥノフスキー兄弟	1991 年 8 月	22 億 6000 万 桁
チュドゥノフスキー兄弟	1994 年 5 月	40 億 4400 万 桁

科学・技術大百科事典

D.M.コンシディーヌ編　太田次郎他監訳
〔上巻〕A4判　1084頁　本体95000円
〔中巻〕A4判　1112頁　本体95000円
〔下巻〕A4判　1008頁　本体95000円
〔全3巻〕A4判　3204頁　本体285000円

植物学, 動物学, 生物学, 化学, 地球科学, 物理学, 数学, 情報科学, 医学・生理学, 宇宙科学, 材料工学, 電気工学, 電子工学, エネルギー工学など, 科学および技術の各分野を網羅し, 数多くの写真・図表を収録してわかりやすく解説。索引も, 目的の情報にすぐ到達できるように工夫。自然科学に興味・関心をもつ中・高生から大学生・専門の研究者までに役立つ必備の事典。『Van Nostrand's Scientific Encyclopedia, 8/e』の翻訳

ISBN4-254-10164-3　注文数　冊
ISBN4-254-10165-1　注文数　冊
ISBN4-254-10166-X　注文数　冊

数学辞典

G.ジェームス/R.C.ジェームス編　一松　信・伊藤雄二監訳
A5判　664頁　本体22000円

数学の全分野にわたる, わかりやすく簡潔で実用的な用語辞典。基礎的な事項から最近のトピックスまで約6000語を収録。学生・研究者から数学にかかわる総ての人に最適。定評あるMathematics Dictionary(VNR社, 最新第5版)の翻訳。付録として, 多国語索引(英・仏・独・露・西), 記号・公式集などを収載して, 読者の便宜をはかった。〔項目例〕アインシュタイン／亜群／アフィン空間／アーベルの収束判定法／アラビア数字／アルキメデスの螺線／鞍点／e／移項／位相空間／他

ISBN4-254-11057-X　注文数　冊

図説数学の事典

藤田　宏・柴田敏男・島田　茂・竹之内脩・寺田文行・難波完爾・野口　廣・三輪辰朗訳
A5判　1272頁　本体40000円

二色刷りでわかりやすく, 丁寧に解説した総合事典。〔内容〕初等数学(累乗と累乗根の計算, 代数方程式, 関数, 百分率, 平面幾何, 立体幾何, 画法幾何, 3角法)／高度な数学への道程(集合論, 群と体, 線形代数, 数列・級数, 微分法, 積分法, 常微分方程式, 複素解析, 射影幾何, 微分幾何, 確率論, 誤差の解析)／いくつかの話題(整数論, 代数幾何学, 位相空間論, グラフ理論, 変分法, 積分方程式, 関数解析, ゲーム理論, ポケット電卓, マイコン・パソコン)／他

ISBN4-254-11051-0　注文数　冊

数学公式活用事典

秀島照次編
A5判　312頁　本体7500円

高校生, 大学生および社会人を対象に, 数学の定理や公式・理論を適宜タイミングよく利用し, 数学の基礎を理解するとともに, 数学を使って実務用の問題を解くための手がかりを与えるものである。各項目ごとに読切りとして, その項目だけ読んでも理解できるよう工夫した。記述は簡潔で読みやすく, 例題を多数使ってわかりやすく, かつ実用的に解説した。〔内容〕代数／関数／平面図形・空間図形／行列・ベクトル／数列・極限／微分法／積分法／順列・組合せ／確率・統計

ISBN4-254-11042-1　注文数　冊

＊本体価格は消費税別です(2002年7月1日現在)

科学技術者のための数学ハンドブック

鈴木増雄・香取眞理・羽田野直道・野々村禎彦訳
A5判　570頁　本体14000円

理工系の学生や大学院生にはもちろん, 技術者・研究者として活躍している人々にも, 数学の重要事項を一気に学び, また研究中に必要になった事項を手っ取り早く知ることのできる便利で役に立つハンドブック。〔内容〕ベクトル解析とテンソル解析／常微分方程式／行列代数／フーリエ級数とフーリエ積分／線形ベクトル空間／複素関数／特殊関数／変分法／ラプラス変換／偏微分方程式／簡単な線形積分方程式／群論／数値的方法／確率論入門／(付録)基本概念／行列式その他

ISBN4-254-11090-1　注文数　冊

▶お申込みはお近くの書店へ◀

朝倉書店

162-8707 東京都新宿区新小川町6-29
営業部　直通(03)3260-7631　FAX(03)3260-0180
http://www.asakura.co.jp　eigyo@asakura.co.jp

グラフィカル 数学ハンドブックⅠ
基礎・解析・確率編―〔CD-ROM付〕

小林道正著
A5判 600頁 本体20000円

コンピュータを活用して，数学のすべてを体験しながら理解できる新時代のハンドブック。面倒な計算や，グラフ・図の作成も付録のCD-ROMで簡単にできる。Ⅰ巻では基礎，解析，確率を解説。〔内容〕数と式/関数とグラフ(整・分数・無理・三角・指数・対数関数)/行列と1次変換(ベクトル/行列/行列式/方程式/逆行列/基底/階数/固有値/2次形式)/1変数の微積分(数列/無限級数/導関数/微分/積分)/多変数の微積分/微分方程式/ベクトル解析/確率と確率過程/他

ISBN4-254-11079-0 　注文数　冊

数学オリンピック事典
―問題と解法―

野口 廣監修　数学オリンピック財団編
B5判 864頁 本体18000円

国際数学オリンピックの全問題の他に，日本数学オリンピックの予選・本戦の問題，全米数学オリンピックの本戦・予選の問題を網羅し，さらにロシア(ソ連)・ヨーロッパ諸国の問題を精選して，詳しい解説を加えた。各問題は分野別に分類し，易しい問題を基礎編に，難易度の高い問題を演習編におさめた。基本的な記号，公式，概念など数学の基礎を中学生にもわかるように説明した章を設け，また各分野ごとに体系的な知識が得られるような解説を付けた。世界で初めての集大成

ISBN4-254-11087-1 　注文数　冊

フーリエ解析大全(上)

T.W.ケルナー著　高橋陽一郎監訳
A5判 336頁 本体5900円

フーリエ解析の全体像を描く"ちょっと風変わりで不思議な"数学の本。独自の博識と饒舌でフーリエ解析の概念と手法，エレガントな結果を幅広く描き出す。地球の年齢・海底電線など科学的応用と数学の関係や，歴史的な逸話も数多く挿入した

ISBN4-254-11066-9 　注文数　冊

フーリエ解析大全(下)

T.W.ケルナー著　高橋陽一郎監訳
A5判 368頁 本体6000円

〔内容〕フーリエ級数(ワイエルシュトラウスの定理，モンテカルロ法，他)/微分方程式(減衰振動，過渡現象，他)直交級数(近似，等周問題，他)/フーリエ変換(積分順序，畳込み，他)/発展(安定性，ラプラス変換，他)/その他(なぜ計算を?，他)

ISBN4-254-11067-7 　注文数　冊

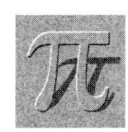

付　録

高橋，金田	1995年6月	32億2122万5466桁
金田	1995年8月	42億9496万7286桁
金田	1995年10月	64億4245万938桁
金田，高橋*	1997年7月	515億3960万　桁

* 1999年9月，東京大学情報基盤センターに設置されている日立SR 8000の128台の演算機による並列計算によって，高橋と金田は2061億5843万桁まで計算した．

■ π の 2 進展開の n 桁目の数字の記録

ベイリー=ボールウェイン=プラウフ	1996年	400億桁目
ベラール	1996年10月	4000億桁目
ベラール	1997年9月	1兆桁目

π の近似値

$\left(\dfrac{16}{9}\right)^2 = 3.16049\cdots$ （古代エジプト）

$\dfrac{355}{113} = 3.1415929\cdots$ （祖　沖之）

$\left(\dfrac{553}{312}\right)^2 = 3.14152901\cdots$

$\dfrac{103993}{33102} = 3.141592653011902\cdots$ （オイラー）

$1.09999901 \times 1.19999911 \times 1.39999931 \times 1.69999961 = 3.14159257\cdots$

$\left(102 - \dfrac{2222}{22^2}\right)^{1/4} = 3.1415926525\cdots$ （ラマヌジャン）

$2 + \sqrt{1 + \left(\dfrac{413}{750}\right)^2} = 3.141592649\cdots$

$\left(\dfrac{77729}{254}\right)^{1/5} = 3.141592654\cdots$ （カステラノス）

$\dfrac{63}{25}\left(\dfrac{17 + 15\sqrt{5}}{7 + 15\sqrt{5}}\right) = 3.1415926538\cdots$ （ラマヌジャン）

$\dfrac{355}{113}\left(1 - \dfrac{0.0003}{3533}\right) = 3.141592653589794\cdots$ （ラマヌジャン）

$(2e^3 + e^8)^{1/7} = 3.141716\cdots$ （カステラノス）

$\dfrac{9}{5} + \sqrt{\dfrac{9}{5}} = 3.14164\cdots$ （ラマヌジャン）

$\left(\dfrac{66^3 + 86^2}{55^3}\right)^2 = 3.1415924\cdots$ （カステラノス）

定木とコンパスによる π の近似値の作図

① 『後漢書』の近似値 $\sqrt{10}$ の作図

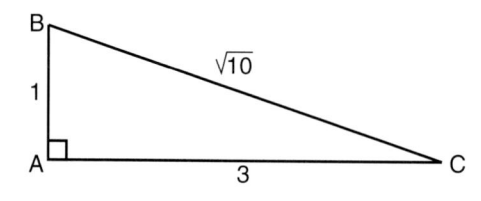

$AB = 1$
$AC = 3$
$BC = \sqrt{10} = 3.1622 \approx \pi$
誤差：0.66 %

② 古代エジプトの近似値 $(4/3)^4$ の作図

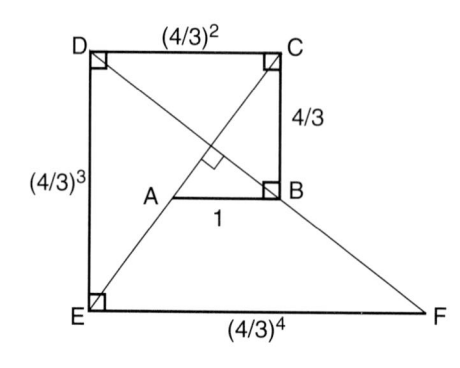

$AB = 1$
$BC = 4/3$
$CD = (4/3)^2$
$DE = (4/3)^3$
$EF = (4/3)^4 = 3.16049 \approx \pi$
誤差：0.6 %

③ 近似値 $\sqrt{2} + \sqrt{3}$ の作図

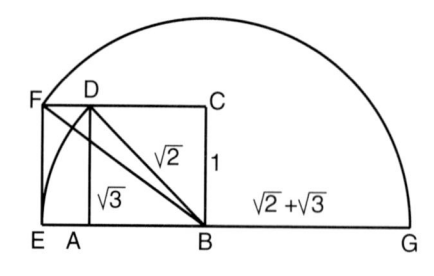

$ABCD$ は単位正方形
$BD = BE = CF = \sqrt{2}$
$BG = BF = \sqrt{3}$
$EG = \sqrt{2} + \sqrt{3} = 3.1462 \approx \pi$
誤差：0.15 %

④ コチャンスキーの作図（1685 年）

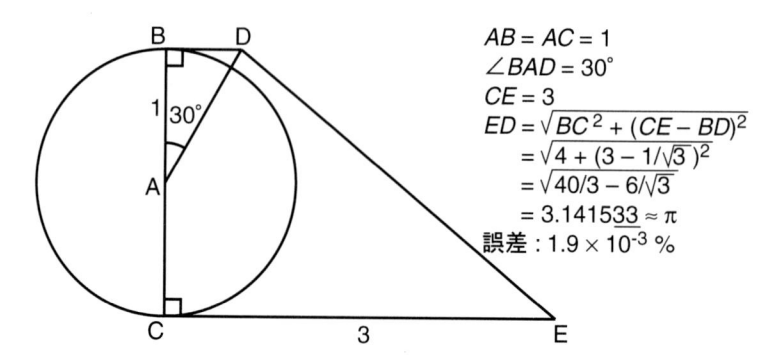

$AB = AC = 1$
$\angle BAD = 30°$
$CE = 3$
$ED = \sqrt{BC^2 + (CE - BD)^2}$
$= \sqrt{4 + (3 - 1/\sqrt{3})^2}$
$= \sqrt{40/3 - 6/\sqrt{3}}$
$= 3.141533 \approx \pi$
誤差：1.9×10^{-3} %

⑤ シュペヒトの作図 (1836年)

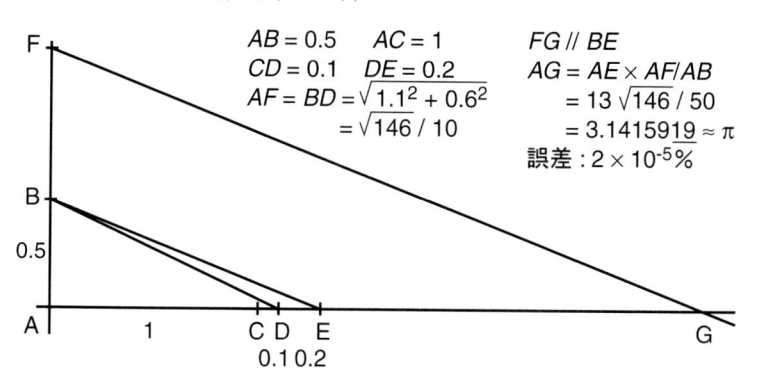

$AB = 0.5 \quad AC = 1$
$CD = 0.1 \quad DE = 0.2$
$AF = BD = \sqrt{1.1^2 + 0.6^2}$
$= \sqrt{146}/10$

$FG // BE$
$AG = AE \times AF/AB$
$= 13\sqrt{146}/50$
$= 3.1415919 \approx \pi$
誤差：2×10^{-5}%

⑥ ジャコブ・ドゥ・ゲルダーの作図 (1849年)

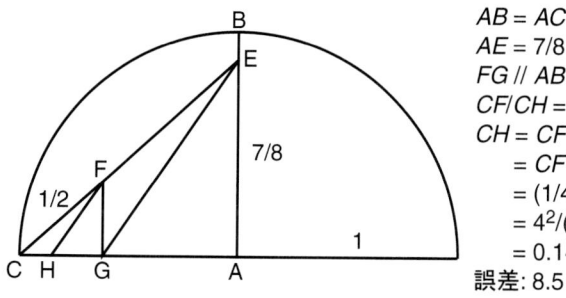

$AB = AC = 1$
$AE = 7/8 \quad CF = 1/2$
$FG // AB \quad FH // EG$
$CF/CH = CE/CG$
$CH = CF \times CG/CE$
$= CF^2/CE^2$
$= (1/4)^2 / [1 + (7/8)^2]$
$= 4^2/(8^2 + 7^2)$
$= 0.1415929 \approx \pi - 3$
誤差：8.5×10^{-6} %

⑦ ホブソンの作図 (1913年)

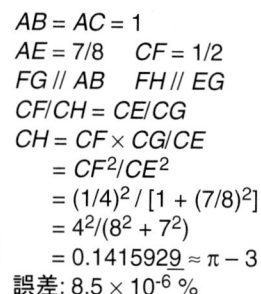

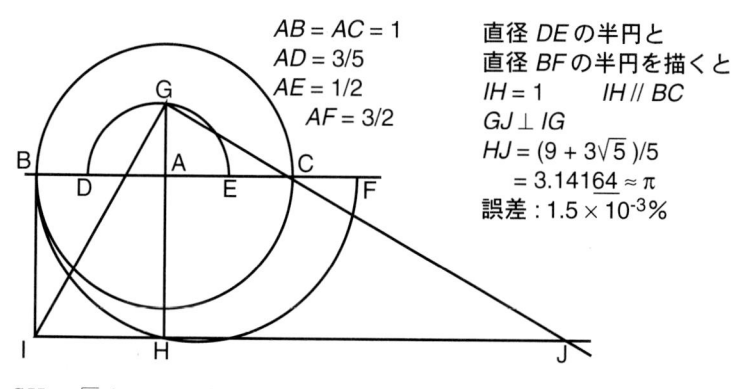

$AB = AC = 1$
$AD = 3/5$
$AE = 1/2$
$AF = 3/2$

直径 DE の半円と
直径 BF の半円を描くと
$IH = 1 \quad IH // BC$
$GJ \perp IG$
$HJ = (9 + 3\sqrt{5})/5$
$= 3.1464 \approx \pi$
誤差：1.5×10^{-3}%

GH ≈ $\sqrt{\pi}$ なので，1辺が GH の正方形は円積問題の近似解である．

⑧ グッドヒューの作図 (1974年)

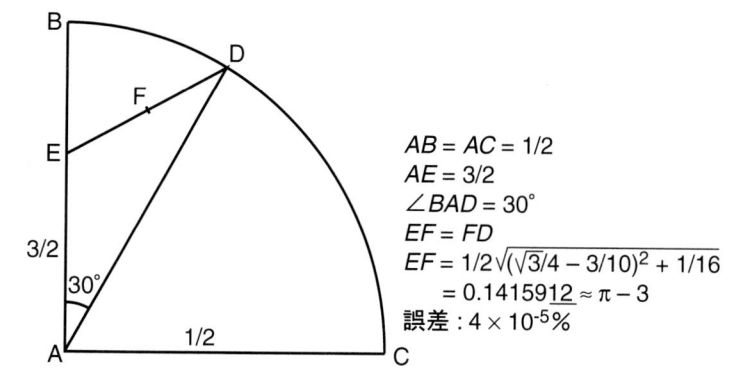

$AB = AC = 1/2$
$AE = 3/2$
$\angle BAD = 30°$
$EF = FD$
$EF = 1/2\sqrt{(\sqrt{3}/4 - 3/10)^2 + 1/16}$
$= 0.1415912 \approx \pi - 3$
誤差：4×10^{-5}%

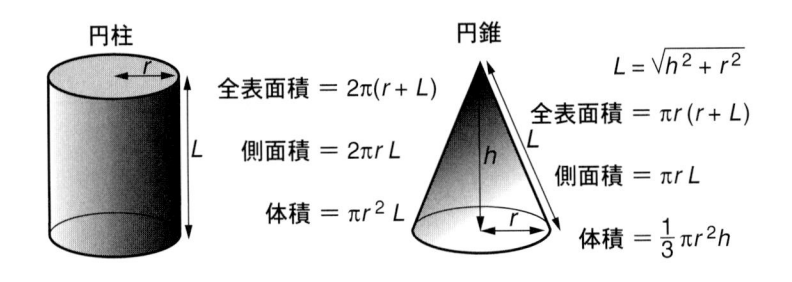

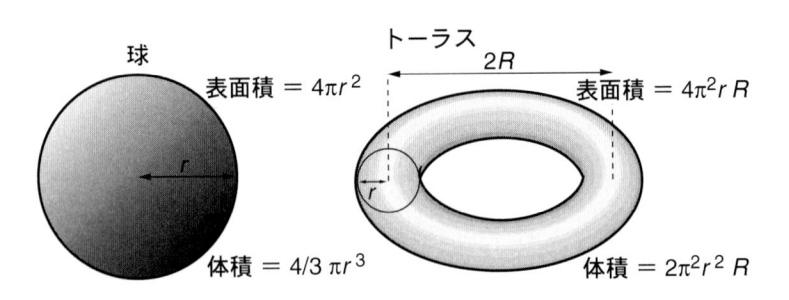

円柱
全表面積 $= 2\pi(r+L)$
側面積 $= 2\pi rL$
体積 $= \pi r^2 L$

円錐
$L = \sqrt{h^2 + r^2}$
全表面積 $= \pi r(r+L)$
側面積 $= \pi rL$
体積 $= \frac{1}{3}\pi r^2 h$

球
表面積 $= 4\pi r^2$
体積 $= 4/3\,\pi r^3$

トーラス
表面積 $= 4\pi^2 rR$
体積 $= 2\pi^2 r^2 R$

幾何学における π

- 正方形の内部にでたらめに配置された3点が鋭角三角形を形成する確率は $97/150 + \pi/40$.
- 正方形の内部にでたらめに引いた N 本の直線が分かつ領域の平均個数は $N(N-1)\pi/16 + N + 1$.

算術と確率における π ──1章の補足

でたらめに選んだ2つの自然数が互いに素になる（1より大きな公約数を持たない）確率は $6/\pi^2 = 0.60792\cdots$ であることを，ここで証明しよう．

補題 n 以下の2つの自然数が互いに素である確率は，$n \to \infty$ のときに次の無限乗積に収束する．

$$\prod_{\substack{p=2 \\ p\text{は素数}}}^{\infty}\left(1-\frac{1}{p^2}\right) = \left(1-\frac{1}{4}\right) \times \left(1-\frac{1}{9}\right) \times \left(1-\frac{1}{25}\right) \times \cdots$$

証明 n 以下の自然数の組 (i,j) で互いに素なものの個数を数える．i と j が互いに素であるためには，まずともに2の倍数であってはならない（第1条件）．ともに2の倍数になる場合の数の全体に対する比率は $1/2^2$ に近づくから，この第1条件を満たす組の個数は全体の $1 - 1/2^2$ に近づく．次に，i と j が互いに素であるためには，ともに3の倍数であってはならない（第2条件）．第1条件を満たす組の中で，ともに3の倍数になる場合の数の比率は $1/3^2$ に近づくから，第1条件と第2条件をともに満たす組の個数は全体の $(1-1/2^2)(1-1/3^2)$ に近づく．

あらゆる素数に対して以下同様に続けることで，補題の言う無限乗積を得る．詳細は省略するが，もちろん厳密に正当化することができる．（証明終わり）

補題 すべての実数 $a>1$ に対して，
$$\prod_{\substack{p=2 \\ p \text{ は素数}}}^{\infty}\left(1-\frac{1}{p^a}\right)^{-1}=\sum_{n=1}^{\infty}\frac{1}{n^a}$$

証明 無限乗積の各項は，
$$\left(1-\frac{1}{p^a}\right)^{-1}=1+\frac{1}{p^a}+\frac{1}{p^{2a}}+\frac{1}{p^{3a}}+\cdots$$
と展開される．ゆえに無限乗積自体は，あらゆる素数 p とあらゆる非負整数 k にわたる $1/p^{ka}$ という項の積についての無限和で表される．ところで，すべての自然数は一意的に素因数分解されることから，得られた無限和は，結局あらゆる自然数 n にわたる $1/n^a$ の無限和に等しい（無限和や無限乗積の収束については省略）．（証明終わり）

以上の 2 つの補題から，あとは
$$\sum_{n=1}^{\infty}\frac{1}{n^2}=\frac{\pi^2}{6}$$
となることを示せばよい．そこで任意に固定した自然数 m に対して，
$$\alpha_m=\sum_{n=1}^{m}\cot^2\frac{n\pi}{2m+1}, \qquad \beta_m=\sum_{n=1}^{m}\sin^{-2}\frac{n\pi}{2m+1}$$
とおく．ここで $\cot^2\theta=1/\sin^2\theta-1$ より，$\beta_m=\alpha_m+m$ を得る．簡単のために
$$u_n=\cot\frac{n\pi}{2m+1}, \qquad z_n=\exp\frac{2n\pi i}{2m+1}$$
とおこう．よく知られた公式 $\cos\theta=(e^{i\theta}+e^{-i\theta})/2$ および $\sin\theta=(e^{i\theta}-e^{-i\theta})/2i$ を用いれば，ただちに
$$u_n=i\frac{z_n+1}{z_n-1} \quad \text{すなわち} \quad z_n=\frac{iu_n-1}{iu_n+1}=\frac{-iu_n+1}{-iu_n-1}$$
を得る．ところで $z_n^{2m+1}=1$ だから，$\pm iu_1, \pm iu_2, \cdots, \pm iu_m$ はすべて方程式 $(x+1)^{2m+1}-(x-1)^{2m+1}=0$ の根．これを 2 項展開し $x^2=X$ とおけば，結局 $-u_1^2, -u_2^2, \cdots, -u_m^2$ は方程式
$$2(2m+1)X^m+2\frac{(2m+1)2m(2m-1)}{6}X^{m-1}+\cdots+2=0$$
のすべての根であることがわかる．ゆえに，根と係数の関係から，
$$-\left(u_1^2+u_2^2+\cdots+u_m^2\right)=-\frac{2m(2m-1)}{6}$$
したがって
$$\alpha_m=u_1^2+u_2^2+\cdots+u_m^2=\frac{m(2m-1)}{3}, \qquad \beta_m=\frac{2m(m+1)}{3}$$
を得る．

さて，$0<\theta<\pi/2$ の範囲では $\cot\theta<1/\theta<1/\sin\theta$ だから，

$$\alpha_m < \sum_{n=1}^{m}\left(\frac{2m+1}{n\pi}\right)^2 < \beta_m$$

これより，

$$\frac{m(2m-1)}{3(2m+1)^2}\pi^2 < \sum_{n=1}^{m}\frac{1}{n^2} < \frac{2m(m+1)}{3(2m+1)^2}\pi^2$$

が成り立ち，両辺は $m \to \infty$ のときに $\pi^2/6$ に収束する．（証明終わり）

オイラーの公式（1740年）とその変形

4個の定数 $-1, e, \pi, i$ を結びつけたオイラーの公式　　$e^{\pi i} = -1$
5個の定数 $0, 1, e, \pi, i$ を結びつける公式　　$e^{\pi i} + 1 = 0$
6個の定数 $0, 1, -1, e, \pi, i$ を結びつける公式　　$e^{(-1)\pi i} + 1 = 0$
6個の定数 $0, -1, 2, e, \pi, i$ を結びつける公式　　$e^{2\pi i} - 1 = 0$
4個の定数 $2, e, \pi, i$ を結びつける公式　　$e^{\pi i/2} = i$
7個の定数 $0, 1, -1, 2, e, \pi, i$ を結びつける公式　　$1 + (-1)e^{2\pi i} = 0$
6個の定数 $1, 4, \sqrt{2}, e, \pi, i$ を結びつける公式　　$\sqrt{2}\,e^{\pi i/4} = 1 + i$
7個の定数 $-1, 3, 4, \sqrt{2}, e, \pi, i$ を結びつける公式　　$\sqrt{2}\,e^{3\pi i/4} = -1 + i$
10個の定数 $0, 1, -1, 2, 3, 4, \sqrt{2}, e, \pi, i$ を結びつける公式

$$e^{3\pi i/4} + \sqrt{2}\,(1+(-1)i)/2 = 0$$

複素数 $e^{i\theta}$ が平面の点 $(\cos\theta, \sin\theta)$ に対応することを表す公式 $e^{i\theta} = \cos\theta + i\sin\theta$ から，これらの公式をすべて導くことができる．

π に関連した級数公式

$$\sum_{n=1}^{\infty}\frac{1}{n^2} = \frac{1}{1^2} + \frac{1}{2^2} + \frac{1}{3^2} + \frac{1}{4^2} + \cdots = \frac{\pi^2}{6}$$

$$\sum_{n=1}^{\infty}\frac{1}{n^4} = \frac{1}{1^4} + \frac{1}{2^4} + \frac{1}{3^4} + \frac{1}{4^4} + \cdots = \frac{\pi^4}{90}$$

$$\sum_{n=1}^{\infty}\frac{1}{n^6} = \frac{1}{1^6} + \frac{1}{2^6} + \frac{1}{3^6} + \frac{1}{4^6} + \cdots = \frac{\pi^6}{945}$$

$$\sum_{n=1}^{\infty}\frac{1}{n^8} = \frac{1}{1^8} + \frac{1}{2^8} + \frac{1}{3^8} + \frac{1}{4^8} + \cdots = \frac{\pi^8}{9450}$$

一般に，

$$\sum_{n=1}^{\infty}\frac{1}{n^{2m}} = \frac{1}{1^{2m}} + \frac{1}{2^{2m}} + \frac{1}{3^{2m}} + \frac{1}{4^{2m}} + \cdots = \frac{(-1)^{m-1}2^{2m-1}B_{2m}}{(2m)!}\pi^{2m}$$

が成り立つ．B_n はベルヌーイ数と呼ばれ，初期値 $B_0 = 1$ と関係式

$$\sum_{k=0}^{n}\binom{n+1}{k}B_k = 0$$

によって順次定められる有理数．特に3以上のすべての奇数 n に対して $B_n = 0$ で，

$$B_1 = -\frac{1}{2},\ B_2 = \frac{1}{6},\ B_4 = -\frac{1}{30},\ B_6 = \frac{1}{42},\ B_8 = -\frac{1}{30},\ B_{10} = \frac{5}{66}$$

など.

$$\sum_{n=1}^{\infty}\frac{(-1)^{n+1}}{n^2}=\frac{1}{1^2}-\frac{1}{2^2}+\frac{1}{3^2}-\frac{1}{4^2}+\cdots=\frac{\pi^2}{12}$$

$$\sum_{n=1}^{\infty}\frac{(-1)^{n+1}}{n^4}=\frac{1}{1^4}-\frac{1}{2^4}+\frac{1}{3^4}-\frac{1}{4^4}+\cdots=\frac{7\pi^4}{720}$$

$$\sum_{n=1}^{\infty}\frac{(-1)^{n+1}}{n^6}=\frac{1}{1^6}-\frac{1}{2^6}+\frac{1}{3^6}-\frac{1}{4^6}+\cdots=\frac{31\pi^6}{30240}$$

$$\sum_{n=1}^{\infty}\frac{(-1)^{n+1}}{n^8}=\frac{1}{1^8}-\frac{1}{2^8}+\frac{1}{3^8}-\frac{1}{4^8}+\cdots=\frac{127\pi^8}{1209600}$$

一般に,
$$\sum_{n=1}^{\infty}\frac{(-1)^{n+1}}{n^{2m}}=\frac{1}{1^{2m}}-\frac{1}{2^{2m}}+\frac{1}{3^{2m}}-\frac{1}{4^{2m}}+\cdots$$
$$=\frac{(-1)^{m-1}(2^{2m-1}-1)B_{2m}}{(2m)!}\pi^{2m}$$

$$\sum_{n=0}^{\infty}\frac{1}{(2n+1)^2}=\frac{1}{1^2}+\frac{1}{3^2}+\frac{1}{5^2}+\frac{1}{7^2}+\cdots=\frac{\pi^2}{8}$$

$$\sum_{n=0}^{\infty}\frac{1}{(2n+1)^4}=\frac{1}{1^4}+\frac{1}{3^4}+\frac{1}{5^4}+\frac{1}{7^4}+\cdots=\frac{\pi^4}{96}$$

$$\sum_{n=0}^{\infty}\frac{1}{(2n+1)^6}=\frac{1}{1^6}+\frac{1}{3^6}+\frac{1}{5^6}+\frac{1}{7^6}+\cdots=\frac{\pi^6}{960}$$

$$\sum_{n=0}^{\infty}\frac{1}{(2n+1)^8}=\frac{1}{1^8}+\frac{1}{3^8}+\frac{1}{5^8}+\frac{1}{7^8}+\cdots=\frac{17\pi^8}{161280}$$

一般に,
$$\sum_{n=0}^{\infty}\frac{1}{(2n+1)^{2m}}=\frac{1}{1^{2m}}+\frac{1}{3^{2m}}+\frac{1}{5^{2m}}+\frac{1}{7^{2m}}+\cdots$$
$$=\frac{(-1)^{m-1}(2^{2m}-1)B_{2m}}{2(2m)!}\pi^{2m}$$

$$\sum_{n=0}^{\infty}\frac{(-1)^n}{2n+1}=\frac{1}{1}-\frac{1}{3}+\frac{1}{5}-\frac{1}{7}+\cdots=\frac{\pi}{4}$$

$$\sum_{n=0}^{\infty}\frac{(-1)^n}{(2n+1)^3}=\frac{1}{1^3}-\frac{1}{3^3}+\frac{1}{5^3}-\frac{1}{7^3}+\cdots=\frac{\pi^3}{32}$$

$$\sum_{n=0}^{\infty}\frac{(-1)^n}{(2n+1)^5}=\frac{1}{1^5}-\frac{1}{3^5}+\frac{1}{5^5}-\frac{1}{7^5}+\cdots=\frac{5\pi^5}{1336}$$

一般に,
$$\sum_{n=0}^{\infty}\frac{(-1)^n}{(2n+1)^{2m+1}}=\frac{1}{1^{2m+1}}-\frac{1}{3^{2m+1}}+\frac{1}{5^{2m+1}}-\frac{1}{7^{2m+1}}+\cdots$$
$$=\frac{(-1)^m E_{2m}}{2^{2m+2}(2m)!}\pi^{2m+1}$$

が成り立つ. E_n はオイラー数と呼ばれ, テイラー展開

$$\frac{2}{e^z+e^{-z}}=\sum_{n=0}^{\infty}E_n\frac{z^n}{n!}$$

によって定められる整数. 偶関数だから, すべての奇数 n に対して $E_n=0$ で,

$$E_0=1,\ E_2=-1,\ E_4=5,\ E_6=-61,\ E_8=158,\ E_{10}=-50521$$

など.【あるいは初期値 $E_0=1$ と関係式 $\sum_{k=0}^{n}\binom{2n}{2k}E_{2k}=0$ によっても定められる】

一般項が2項係数を含む級数としては, 次のものがある.

$$\sum_{n=1}^{\infty}\frac{1}{\binom{2n}{n}}=\frac{2\pi\sqrt{3}+9}{27} \qquad \sum_{n=1}^{\infty}\frac{1}{n\binom{2n}{n}}=\frac{\pi\sqrt{3}}{9}$$

$$\sum_{n=1}^{\infty}\frac{1}{n^2\binom{2n}{n}}=\frac{\pi^2}{18} \quad (\text{オイラー}) \qquad \sum_{n=1}^{\infty}\frac{n}{\binom{2n}{n}}=\frac{2}{27}(\pi\sqrt{3}+9)$$

$$\sum_{n=1}^{\infty}\frac{1}{n^4\binom{2n}{n}}=\frac{17\pi^4}{3240} \quad (\text{コンテ},\ 1974\ \text{年}) \qquad \sum_{n=1}^{\infty}\frac{n 2^n}{\binom{2n}{n}}=\pi+3$$

$$\sum_{n=1}^{\infty}\frac{3^n}{n^2\binom{2n}{n}}=\frac{2\pi^2}{9} \qquad \sum_{n=1}^{\infty}\frac{3^n}{\binom{2n}{n}}=\frac{4\pi}{\sqrt{3}}+3$$

$$\sum_{n=1}^{\infty}\frac{\binom{2n}{n}}{(2n+1)16^n}=\frac{\pi}{3}$$

ラマヌジャンが見い出した次の公式

$$\sum_{m=0}^{\infty}\binom{2m}{m}^3\frac{42m+5}{2^{12m+4}}=\frac{1}{\pi}$$

を使うと，$1/\pi$ の n 桁の小数展開の前半部を計算しなくても，その後半部が計算できる（プラウフの公式のプレヴュー版だ）．

その他の π を表す公式が，本書の次のような箇所ですでに述べられている．

- π を測る初等的な公式（1章）；
- 解析学における古典的な級数，無限乗積および連分数展開（4章）；
- アーク・タンジェント公式（5章）；
- ラマヌジャン，チュドゥノフスキー兄弟およびボールウェイン兄弟による超高速アルゴリズムを与える級数（7章）；
- π や π^2 を含む定数の 2 進展開の計算に使える 1995 年に発見された新公式（8章）．

π に関連した定積分公式

$$\int_0^\infty \sin(x^2)\,dx = \int_0^\infty \cos(x^2)\,dx = \frac{1}{2}\sqrt{\frac{\pi}{2}} \qquad \int_0^\infty \frac{\tan x}{x}\,dx = \frac{\pi}{2}$$

$$\int_0^\infty \exp(-x^2)\,dx = \frac{\sqrt{\pi}}{2} \qquad \int_0^\infty \frac{\sin x}{x}\,dx = \frac{\pi}{2}$$

$$\int_0^\infty \frac{\log x}{x^2-1}\,dx = \frac{\pi^2}{4} \qquad \int_0^\infty \frac{x\,dx}{e^x+1} = \frac{\pi^2}{12}$$

$$\int_0^\infty \frac{\sin x}{\sqrt{x}}\,dx = \int_0^\infty \frac{\cos x}{\sqrt{x}}\,dx = \sqrt{\frac{\pi}{2}} \qquad \int_0^\infty \frac{dx}{x^2+1} = \frac{\pi}{2}$$

$$\int_0^\infty \left(\frac{\sin x}{x}\right)^2 dx = \frac{\pi}{2} \qquad \int_0^\infty \frac{e^{-x}}{\sqrt{x}}\,dx = \sqrt{\pi}$$

$$\int_0^\infty \frac{x\,dx}{\sqrt{e^x-1}} = 2\pi\log 2 \qquad \int_0^\infty \frac{xe^{-x}}{e^x-1}\,dx = \frac{\pi^2}{6}-1$$

$$\int_0^1 \frac{dx}{\sqrt{1-x^2}} = \frac{\pi}{2} \qquad \int_0^1 \sqrt{1-x^2}\,dx = \frac{\pi}{4}$$

$$\int_0^1 \frac{\log x}{1-x}dx = -\frac{\pi^2}{6} \qquad \int_0^1 \frac{\log x}{1+x}dx = -\frac{\pi^2}{12}$$

定積分を短冊状に細長く切った小長方形群の面積和の極限と考えるリーマン積分の定義に従って，これらの定積分から π に収束する様々な数列を導くことができる．例えば，定積分

$$\int_0^1 \frac{dx}{1+x^2} = \frac{\pi}{4}$$

から

$$\lim_{n\to\infty} \frac{1}{n} \sum_{m=1}^n \frac{1}{1+1/m^2} = \frac{\pi}{4}$$

が従い，

$$\lim_{n\to\infty} \frac{4}{n}\left(\frac{1^2}{1^2+1} + \frac{2^2}{2^2+1} + \frac{3^2}{3^2+1} + \cdots + \frac{n^2}{n^2+1}\right) = \pi$$

を得る．

π に関連した無限積公式

$$\prod_{n=1}^\infty \left(1 - \frac{1}{(2n+1)^2}\right) = \left(1-\frac{1}{3^2}\right)\left(1-\frac{1}{5^2}\right)\left(1-\frac{1}{7^2}\right)\cdots = \frac{\pi}{4}$$

$$\prod_{n=1}^\infty \left(1 - \frac{1}{4n^2}\right) = \left(1-\frac{1}{4}\right)\left(1-\frac{1}{4\times 2^2}\right)\left(1-\frac{1}{4\times 3^2}\right)\cdots = \frac{2}{\pi}$$

$$\prod_{n=1}^\infty \left(1 - \frac{1}{9n^2}\right) = \left(1-\frac{1}{9}\right)\left(1-\frac{1}{9\times 2^2}\right)\left(1-\frac{1}{9\times 3^2}\right)\cdots = \frac{3\sqrt{3}}{2\pi}$$

$$\prod_{n=1}^\infty \left(1 - \frac{1}{16n^2}\right) = \left(1-\frac{1}{16}\right)\left(1-\frac{1}{16\times 2^2}\right)\left(1-\frac{1}{16\times 3^2}\right)\cdots = \frac{2\sqrt{2}}{\pi}$$

$$\prod_{n=1}^\infty \left(1 - \frac{1}{36n^2}\right) = \left(1-\frac{1}{36}\right)\left(1-\frac{1}{36\times 2^2}\right)\left(1-\frac{1}{36\times 3^2}\right)\cdots = \frac{3}{\pi}$$

$$\prod_{n=1}^\infty \left(\frac{2n}{2n-1}\right)\left(\frac{2n}{2n+1}\right) = \frac{2}{1}\times\frac{2}{3}\times\frac{4}{3}\times\frac{4}{5}\times\frac{6}{5}\times\frac{6}{7}\times\cdots = \frac{\pi}{2} \quad (\text{ウォリス})$$

ポスターになった π の 10 万桁

いつも π を目にしていたい人のために，ベルギーの数学教授ダーク・ホイレンブルックは π の 10 万桁分をつめ込んだ 88×64 cm のポスターを製作し，1 枚 314 ベルギーフランで販売している．

(Dirk Huylenbrouck, Aartshertogstraat 42, 8400 Ostende, Belgium)

π をデザインしたダーク・ホイレンブルックのポスター

π に関連した数表

(数字100個まで表示．上段は小数点以下第50位まで)

$2\pi =$ 6.28318530717958647692528676655900576839433879875021
16419498891846156328125724179972560696506842341366

$3\pi =$ 9.42477796076937971538793014983850865259150819812531
74629248337769234492188586269958841044760263512046

$4\pi =$ 12.56637061435917295385057353311801153678867759750042
32838997783692312656251448359945121393013684682736

$5\pi =$ 15.70796326794896619231321691639751442098584699687552
91048747229615390820314310449931401741267105853406

$1/\pi =$ 0.31830988618379067153776752674502872406891929148091
28974953346881177935952684530701802276055325061719

$\sqrt{\pi} =$ 1.77245385090551602729816748334114518279754945612238
71282138077898529112845910321813749506567385446654

$\pi^2 =$ 9.86960440108935861883449099987615113531369940724079
06264133493762200448224192052430017734037185522320

$\pi^3 =$ 31.00627668029982017547631506710139520222528856588510
76941445381038063949174657060375667010326028861993

$\pi^{10} =$ 93648.04747608302097371669018491934563599815727551469412
70524493931982480222872164486152613733446297500

$\log \pi =$ 1.14472988584940017414342735135305871164729481291531
15715136230714721377698848260797836232702754897083

$\log_2 \pi =$ 1.65149612947231879804327929510800733501847692676304
15294067885154881029635845414389602647928098541020

$\log_{10} \pi =$ 0.49714987269413854351268828290898873651678324380442
44613405349992494711208955267465554738646429122266

$2^\pi =$ 8.82497782707628762385642960420800158170441081527148
49266689598650553700870695235043057128378748047923

$10^\pi =$ 1385.45573136701108914091993687968806506665553944499821
48418046998735885547721160422038626374838146619

$e^\pi =$ 23.14069263277926900572908636794854738026610624260021
19934450464095243423506904527835169719970675492129

$e + \pi =$ 5.85987448204883847382293085463216538195441649307506
53959419122200318930366397565931994170038672834954

$e\pi =$ 8.53973422267356706546355086954657449503488853576511
49618796011301792286111573308075725638697104739436

付録

いろいろな底における π の表示

■ π の 1 万桁（10 進）

3.
1415926535897932384626433832795028841971693993751058209749445923078164062862089986280348253421170679
8214808651328230664709384460955058223172535940812848111745028410270193852110555964462294895493038196
4428810975665933446128475648233786783165271201909145648566923460348610454326648213393607260249141273
7245870066063155881748815209209628292540917153643678925903600113305305488204665213841469519415116094
3305727036575959195309218611738193261179310511854807446237996274956735188575272489122793818301194912
9833673362440656643086021394946395224737190702179860943702770539217176293176752384674818467669405132
0005681271452635608277857713427577896091736371787214684409012249534301465495853710507922796892589235
4201995611212902196086403441815981362977477130996051870721134999999837297804995105973173281609631859
5024459455346908302642522308253344685035261931188171010003137838752886587533208381420617177669147303
5982534904287554687311595628638823537875937519577818577805321712268066130019278766111959092164201989

3809525720106548586327886593615338182796823030195203530185296899577362259941389124972717752834791315
1557485724245415069595082953311686172785588907509838175463746493319255060400927701671139009848824012
8583616035637076601047101819429555961989467678374494482553797747268471040475346462080466842590694912
9331367702898915210475216205696660240580381501935112533824300355876402474964732639141992726042699227
6782354781636009341721641219924586315030286182974555706749838505494588586926995690927210797509302955
3211653449872027559602364806654991198818347977535663698074265425278625518184175746728909777727938000
8164706001614524919217321721477235014144197356854816136115735255213347574184946843852332390739414333
4547762416862518983569485562099219222184272550254256887671790494601653466804988627232791786085784383
8279679766814541009538837863609506800642251252051173929849896084128488626945604241965285022210661186
0674427862203919494504712371378696095636437191728746776465757396241389086583264599581339047802759009

9465764078951269468398352595709825822620522489407726719478268482601476990902640136394437455305068203
4962524517493996514314298091906592509372216964615157098583874105978859577297549893016175392846813828
6868386894277415599118559225459539594310499725246808459872736446958486538367362226260991246080512438
4390451244136549762782079771569143599797001296106089441694868555848406353422072225828488648158456028506
0168427394522674676788952521385225499546667278239864645965961163548862305774564980355936345681743241125
1507606947945109659609402522887971089314566913686722874894056010503308617928680920874760917824938589
0009714909675985261365549781893129784821682989948722658804857564014270477555123279641451523746234364
5428584447952658678210511413547357395231134271661021356965362314429524849371871101457654035902799344
0374200731057853906219838744780847848968332144571386875194350643021845319104848100537061468067491927
8191197939952061496634287544406437451237181921799983910159195618146751426912397489409071864942319610

5679452080951465502252316038819301420937621378559566389377870830390697920773467221825625996615014215
0306803844773454920260541466592520149744285073251866600213243408819071048633173464965145390579626856
1005508106658796998163574736384052571459102897064140110971206280439039759515677157700420337869936007
2305587631763594218731251471205329281918261861258673215791984148488291644706095752706957220917567116
7229109816909152801735067127485832228718352093539657251210835791513698820914442100675103346711031412
6711136990865851639831501970165151168517143765761835155650884909989859982387345528331635507647918535
8932261854896321329330898570642046752590709154814165498594616371802709819943099244889575712828905923
2332609729971208443357326548938239119325974636673058360414281388303203824903759985243744170291327656
1809377344403707469211201913020330380197621101100449293215160842444859637669838952286847831235526583
2131449576572643344189303968642624341077326978028073189154411010446823527162010526522721116603964

6655730925471105578376346682065310989652691862056347693125705863566201855810072936065987648611791045
3348850346113657686753249441668039626579787718556084552965412665408530614344431858676975145661406800
7002378776591344401712749470405622305389945613140711270004078547332699390815456464588079727082668303
6343285875698305235089930657574067954571637752542202149557615814002501262285941302164715509792592329
9907965473761255176567513575178296664547791745011299614890304639947132962107340437518957359614589011
9389713111790429782856475032031968691514028708085990480109412147221317947647772622414254854540332157117
7166925474873898665494945011465406284336639379003885800786925602902284721040372118608204190004229688
5306142288137585043063321751829798662237172159160097692656724638530673609657120918076383271664162744252308177036751906735023507283540567040386743513
6171196377921337575114959501566049631862947265473678054193414473774418426319286080998866874132604721
6222477158915049530984489333096340877693259939

πの1万桁（10進）の続き

5695162396586457302163159819319516735381297416772947867242292465436680098067692823828068996400482435
4037014163149658979409243237896907069779422362508221688957383798623001593776471651228935786015881617
5578297352334460428151262720373431465319777741603199066554187639792933441952154134189948544473456738
3162499341913181480927777103863877343177207545654532207709212019051660962804909263601975988281613322
3166636528619326686336062735676303544776280350450777235547105859548702790814356240145171806246436267
9456127531813407833033625423278394497538243720583531147711992606381334677687969597030983391307710987
0408591337464144282277263465947047458784778720192771528073176790770715721344473060570073349243693113
8350493163128042512192565179806941135280131470130478164378851852909285452011658393419656213491434415
9562586586557055269049652098580338507224264829397285847831630577775606888764462482468579260395352773
4803048029005876075825104747091643961362676044925627420420832085661190625454337213153595845068772460

2901618766795240616342522577195429162991930645537799140373404328752628889639958794757291746426357455
2540790914513571113694109119393251910760208252026187985318877058429725916778131496990090192116971737
2784768472686084900337702424291651300500516832336435030389517029893922334517220138128069650117844087
1960121228599376231301711444864090389064495444002196869075485160263275052983491874078668088183385108
2283345085048608250393021332197155184063545500766828294930413776552793975175461395398468339363830475
4611996653858153842056853386218672523340283087112382827892125077126294632295639898989358211674562701
2183564622013496715188190970303811980049734072396103685406643193950790190699639552453005450580685501
9567302292191393391856803449039820955100226353536192041994745538593810234395544597783779023742161755
2711172364343543947822181852862408514006660443325888569867054315470696574745855033232334210730154594
0516553790686627333799585115625784322988273723198987571415978111963583300594087306812160287649628676

4460477464915995054973742562690104903778198683593814657412680492564879585614537234786733039046883834
3634655379498641927056387293174872332083760112302991136793862708943879936201629515413371424892830722
0126901475466847653761647737946752004907571555278196536213239264061601363581559074220202031872776053
2772190055614842555187925303435139844253223415762336106425063904975008562710953591946589751413103489
2276930624743536325691607854781811528436679570611086153315044521274739245449454236828860613408414865
3776700961207151249104302725386076482363414334623518975766452164137679690314950191085759844239199862
9164219399490723623464684411739403265918404437805133389452574239950829659122850855582157250310712570
1266830240292952522011872676756220415420516184163484756516999811614101002996078386909291603028840026
9104140792886215078424516709087000699282120660418371806535567252532567532861291042487761825829765157
9598470356222629348600341587229805349896502262917487882027342092222453398562647669149055628425039127

5771028402799806636582548892648802545661017296702664076559042909945681506526530537182941270336931378
5178609040708667114965583434347693385781711386455873678123014587687126603489139095620099393610310291
6161528813843790990423174733639480457593149314052976347574811935670911013775172100803159902485309066
9203767192203322909433467685142214477379393751703443661991040337511173547191855046449026365512816228
8244625759163330391072253837421821408835086573917715096828874782656959959744906617583441375223970968
3408005355984917541738188399944697486762655165827658483588453142775687900290951702835297163445621296
4043523117600665101241200659755851276178583829204197484423608007193045761893234922927965019875187212
7267507981255470958904556357921221033346697499235630254947802490114195212382815309114079073860251522
7429958180724716259166854513331239480494707911915326734302824418604142636395480004480026704962482017
9289647669758318327131425170296923488962766844032326092752496035799646925650493681836090032380929345

9588970695365349406034021665443755890045632882250545255640564482465151875471196218443965825337543885
6909411303150952617937800297412076651479394259029896959469955657612185619673378623625612521632086286
6922210327488921865436480229678070576561514463204692790682120738837781423356282360896320806822246801
2248261177185896381409183903673672220888321513755600372798394004152970028783076670944474560134556417
2543790906797396122571429894671543578468788614445812314593571984922528471605049221242470141214780573
5510500801908699603302763478708108175450119307141223390866393833952942578690507643100638351983438934
1596131854347546495569781038293097164651438407007073604112373599843452251610507027056235266012764848
3084076118301305279320542746286540360367453286510570658748822569815793678976697422057505968344086973
5020140206723850200724522563265134105592401902742162484391403599895353945909440704691209140938700166
2645600162374288021092764579310657922955249887275846101264836999892256959688159205600101655256375678

付録

■ π の 1 万桁（2 進）

11.
```
0010010000111111011010100010000100001011010001100  0010011010011000100110001100110001010001011100000
0011011100000111001101000100101001000001001001110  0000100010001010011001111001100111010000000001000
0010111011110100110001110110001001110011011001 0   00100101000101001010000010000111100110001110001101
0000000100110110111101111001010001100110110011    110011010011010000011000110110011000000010101100
0101001101101111001001011110001000011011101 0 0   1111110000100110101011011010110110101010001110000
1000010111100100100001011011010101101100110010    010111001111110110001101111010001001100010000101 1
1010011010011000110111110110101101011000010 11111  1110101110010110110111101000000011010110111111011
011110111000111000011010111111011010110101000 1 00 1  1001111101001101011101001111001001000001000101
11110001001011000111111100110010010010100001 10    0110010001111011001100010011011001111011100 00
1000000000111100101110001010000101100011101 11111  0000010110011000110110100100100001101100001110001

0101011101001100110100110100100010110001111111010  100011111010010010011001111010111110000011011001
0101011101001000111101110010100011101011011001 10  000111000110001011100110101011000100000100010100 1
0100101011011100111101101010010100100000111 0 111  0000100101101001011001101101011001111000110000 110 1
0101001110010010101111001001100000001001111 0001   011101000101100000010011001010000110000100000101
1110000110010010000010111100100110001011100011    011011001110001110111100011001111001110111001 0 1 1
0000110000001110100001100000011100110110010011 1   100001110100010111011000000111101000101000111110
1101011100010101110111100001101111010011000101    001011001001110111100010101111001011111011010001 0
01010110000010111001100001110011001010101001 0 01  011110011101010010101011010101111001010001010111
0100100100110000100010011000011111010000001010001  00000001010111001010001110010110100010101010 10
10110001000010110110101101001100110001011100001101 00001000101000001111010001100110101000010101 0 100

10000110101011110111100011001011101001100100 1110  11001111101110001010000010001011000110110111 11 011
1100001010100001010111010100111000101010110101101  00000110000011000111111011011001110010111000011 110
000101101001101110000111100100110001111010101111 1 010110101110100110001101101100001001001100111 10 101
1100011110100011001001010011100000001001010001 01  0110001100111011100111011100011110100100010011000
0110101101001011101110011010111111000100101111111  101000000110110110011000101000000100001100100110010
00011101110000000100011001100111110110010000110 10 01100100010010000111100101011000110000001011101
1110110100000000110010111011111100000100010111 0101  011101111010011000010101101011011000111011 1 0001 0
011000100011000000101110101101101100101000110 111 100 10 0000100011100010010011 1110100000011101001110010110
1010110011000100001111010110101011011111111001110  0001111101000100000100011001001011100000 10110100
0100100000101010010010000100000100000000000100011010  011100010001110000 0010101001111000011111 1 10011011

0101111000100001110001100110100001000010111101101 1  10100101101100100110100110011100001100100111000110
0001101010111010011100010001111000001101010010100  01101000001010010110110000101010000101111011010 00
1001011000011110100011100101000101010110101000 100  110011101000101101110111011110000101101101100000 1
001101110100011011111100100101110100011101111100   00010100000111110111110110010101001100010100001
1110001011001010001101001110010110101111000000 0101  110110110011010010010110010011110100000100100
0011000111010001000100011001110110100001100001 1 0  01010000101010 11110011111011010001111101000010100
1010010111000110011101110001011010111101011111101  10000011011101101011101100010000101110000010010
0000111001101000000001101010001001001111101010 1   101100000101010100110010010011101101001110101010
0110000101101100011111101101101110000001100001101 11   11110110111110111100100010001010011011000000100011
1101001101111101000011010111001001001101000000010  1000010010010001001101101100001111110101011010011

0100100111100011100000010011011000000111010100110 10 1  111001100100110000000100100100011010111100110010
010111010100011100111011000111101011111010001 1 01  011011011111100011111111100101000000010101010110110
01111001010011000111011100101110110110011100001 0  11101000010010000000000011 10 1011101011000001101 0
10010100111110110110000001001111010100000110001   00010111001011100100111101100001000011100101101010
00100100011001101100011111011010110111110101111100  11110011011000101001101101010001001100111001 1011
00011101011001110110101001011101100011011110110 1 1  11111100010010001111100110110110011000010010101
001011001100110000010100010100010010011011 110 1   0111001011110000100101110110111000111100100000000
01001101111001100110101011111010101100110000011    11010110000000111000110010001011100100101110110 01 1
110000011001011101010000101110100010111001000 1 1  110100000111110100100000010101011111001110011011
10011101001111111011101101011010101010111100111000 0  001011101000110100110000001100100000010101101010110
```

π の 1 万桁 (2 進) の続き

```
1010000100000001100011001000000001011000111001001  1110010110011100111100100101111111011111011000 1
111101000111100110010001110101001011110100111 1110  00110110110011001000100010111110000011100011101 01
000101101101111111110101100001011010110001010100  101111010100000011110110010001010110100000101010 1
001010101011001100100011110110110101111101011111  010010001110000111011000000101001100110001011110 11
010010000111110000000011011111100000101001111001  011100010101110110111100101001101111100011001010
000000011010100001101010110001011101101111000101  110110100111011011110101010001010101000111101 10
001010000111101111111111000011101011000110011100  110010110001101000110001001111010101010111001 10110
100101011011001111011000010111011100101001011 0   001100100001100001111111110100010101110110 111000
111100000001000110100000001000011111010001111011 0  0110001111101001000011000001110111000010010101111
110010110101101100001101110100011010011010110     1110011010010100111100100011100110110110111 11000

0100010101100101110100101000110010010011011110001  0010111110111001011100100001110000110110111 11
001011011010100100110010110111110001100110110     101111011000100110100000111001110111001001 1000110
1110100011101110010000110010101101101000110 11001  110111001100000000111010000011111101001 11101111
1110001010111100010011111011010010010101110 110    1111011010010011011010111010010000100100011001 1000
1110101010101101100011001110001011010111001001111  010101010000110100001000110101100011101000010 10
11111100011001001011110000100011100011110001 0110  1100101111000111001110101100101001011011110001111
1110110111000101111011111100100001000010101101    1001001000010001000100101110000001001010010000000
1101111000000111000100111101011010101111010 1000   00011010001000111110000110001110011010001 11001111
1110001100010001101100111010001100001010110100    1011110010111001000100001100010111110000011100001
0111011101111101010011010100101011111111010001 0   1100000100001111110100001111001011010000011001100

0000111101101010110111011101001110100000011 00010  1011001110011110101101100111010001001111000101001
1001101101001010100001001111110000011111101000100  1111000001011011101111001100100001110111000001
11010010101011011010001101100100010110010111 10  100010011001100000000100101010110110110000010 11001
0011110011000111001100101000010000100011010 00101  00011011111001101010110100100000110010101110111
10110101111101010000110110001110101010000010 11   11010111101011100111010011010011100111111010 11100
110110101111000011000111101100111110100010011010 00 00110101100100000001101111010011101011100001 11 10
011111100100100100000000010010100001110001011010 0 100000011100011011001101011110010010011010000000
000010111011010101111011000111000001010111001001 0 00011001000010110100110101111110000000100110111001
0001111001010101011000111001000100011101010110011 1 0111111010011010101001111000110000010100001 11000
100111011001010110100101001101111111100000001 1 1  1 1010101101110100010000001011001011011100111000101

100000110010011000000011011101100110001010010 1 0111  001111010100100010001110010000011001011010000100
1110011100110100101000000110110011010001110010 1 1 011 100100111101100010100101010010010100001011
010100010000000010100101001101001010011001010010 0 01 01011101011000011101010111001111111101111001001
101111000110111001000010101101100000101001000 11 0 1 010100000111001110100000000000100010111010
011011110110101010111000110111101001000111 1111    110010010110111011000110110010101000011011101
100100010110110110011000110110010010000111100 1   11101110011111001101011011111110011010000000101
0010111011000101100001010101011001100100010100 11 1 0 11100000101010111011010010011001111110001111 10
000100001000101110100100011110011001011011101 000 1 0 10000011101101001000010110111101001110001 11 0100 1
101101011011001100100010001001101101101101101010 0 01101100101110110001000100100100110010001 11 01010
11010110111010100110101100000100100110100111 10011 11 110111011 001110011101110011000001011100010001111

11101101101100100110011011101100101010101000110 01  11000101101001100110100001011111111111010101100110
0100010100100110110011000010101100011001111 10 1110  0100110010011011000000010101001010111010101001 001 
0100110000101001101000000101100100010011010000011  100100001100000111010010011110001111101010101001 001
1000100110100101101101000100100111010110010 11010  111000111111100100110101101001100111101111001 11111
110101101010000110100010100111000000011111101111 1  101000001100001111010101001010010110100111 00011 10
0110111100000010010101011101110000101001100110111 1 010010000100000110100000011100001110101100100110
0110001110000101110100111000110000000001000 011  001100010111000010010110100001101011001111110011
11101011101011101111100100100111100100101110001 10 00000101000110101101101010010110000101000010110 10 00
0111111001101010000100010010101000001110001010 0   001101011011110010110010001000010110 1010100101
0000000001110011011100011111000000011110000100000111  00011 11111110111110101011100101110010001 11001111101
```

付　録

■ π の 1000 桁（3進）

10.
0102110122220102110021111102212222201112012121 20
1000010220100201111200022210222011001011101211 01
1020121022202201202222120121200201112210001120 220
2121101022120212101100121021001101110222202002 111
2001001210010112220002220211021210122110122112 120
1111022122212101200222102221212200110012020221 120000
1020000101210110020020222020210012200001000001 020
2121021112200201100211110000221022011110200020 011
0122222001201200222122010000011021002221000111 2111
2102112200212020021112001001111111202202112010 0121

0121100100101222022212012012111210121011200220 1202
2010100010002220212201100221222101122222121020 2201
0121220110111012220211002112122121211222122110 0212
1121021000002011221220100121110220221220012002 00
2200001110120010111112000201122111222010102112 2
2011121202000000020222210021220020111012011221 21
0002010112202120212202211010121221212002021101 222
1202010211101122220222201021221101010202121211 201
0000022210012021202121211101021102120102201022 0021
1102000120100200011212000110021122122110121111 02110

■ π の 1000 桁（4進）

3.
02100333122220202011220300203103010301212022023 200
02323322212032301032123020211011022002013212032 031
02212313302113301100313103332010311123112311101 300
22122120313323112230023333311302312331000122313 323
33010230133212102102201212110132303210112303313 00
11131032122122101120333222033310210303311332003 121
10223232132311102210013130021221121231213003003 1
33000302210011321012023203123032023320321321313 023
31130111313130012331030110230213132022330233312 211
10202120120212033220011010001111302203211222022 222

031300130310102210002103200202022121330301310000 20
000103131323321110121230330310322100301230300022 30
21011321020112311131212021132133230123310103010 023
13232032012233323112220212133221122322133021001 011
20001330230220011203233300112120312210200312013 01
11131020331302203223121120130120233031112020020 111
11032102223302120001033011310123000203022012002 011
00120003220120003212302132003202323000132202203 32
11120011301200321211110211330322221111222321101 113
23010023122310303011300310010110013220303222011 110

■ π の 1000 桁（5進）

3.
03232214303343241124122404140231421114302031002 200
12342104201132102114201033204243120212141311221 0
12244302432240240030143432311203341003301123320
40401200203011300342323144110111441322140240421 010
41144310033130313024333403033002431432133343133 101
13223443224413001323231134030130121002342423444 121
20244441401030004423120114203402041044110131112 041
23411201324111421100111213332041232010302004012 334
03113034012442102113120024303100442130233133034 03
10320422433341143323243023004324301004412401044 300

34441322110104033213440043244401441042334133011 323
22003002040403322410430401343343324444214302101 023
30323143414211234123220103102210101430204402123 213
44234221203233233303300403442101133014421024242 01
43203214343042024143213133100421412204410140233 123
20033342413121204213403112033313233033143402303 444
03221343234444144421142040143313044100432112021 343
00441312000421104111244441031323322100422433200 130
10403142212202300331231300020202224214041412113 3
42432212043200101102410234301124221200204040033 331

■ π の 1000 桁（6進）

3.
05033005141512410523441405312532110230121444200 411
23435445203004500242234314025131145211002025103 101
00101130541352355521551335043133452221453052021 510
23114114103105154025203241032512225453042432113 455
10551214321430351142235510150413525540041033355 012
55410211313113331202224214015252000043041101141 00
35101055445224101550545254230443210412441442305 424
02424201013505443133232225042144525244204024104 035
04032032200231415533332523141310041155244400203 122
21234521155221354054001152211105140015351021315 03

52525533142033313113553513123345533410015154344 401
05034103551355330505503255330032144152315424314 050
05142043413033133331021044450520122353124405334 144
14405425443013350532103421152111251455041301334 102
24020400120051101233231034141413300254505500450 240
13501141424115503132021301402023322515242431155 53
12104543445121151021152031402054151231422405013 1
33531504522441302051230533434401532033203203043 130
53054254302120314213510254111230203404411304333 223
12503240150321400524400051332511551030033535412 254

π - 魅惑の数

■ π の 1000 桁（7 進）

3.
0663651432036134110263402244652226643520650240155443215426431025161154565220002622436103301443233631
0113041005500410241253521165521055362515030331242424026100436305645305263302413261402100450063401044
6652100035400040411133121523532354334540642646110025423321501311161114533050354144200052625431241461
5064636661250340621566513342655053121614145360201046310465243314220526011546644300430142014234203240
0452144151301324146205251661524433450450323500152300303621644546106502134625634524435110564503111052
2332541403314616306305566400025124136353353135500314364221261503410163015234165116544562313163301340
5500041433321233205110412104022405033465010102223033046551161612504525065445643042136305422605604216
4310122453346322415516324432200114053015605444210505633501042351630165624443056253363046253533144441
5643620525422651636016443512214133340311231201415424110210002660121216352350661533030435553261641500
6601221120233121402504330425145353456212555440002223150314261312334531655152304206531534215541350666

■ π の 1000 桁（8 進）

3.
110375524210264302151423063050560067016321122011160210514763072002027372461661163310450512020746161515
00233573712431547464722061546012605155744574241564774115266555243411057110266535461136375433642304133
5151433755326057772713336401533755734341537665521147722656476220213704537714444503145075471055475660
40017456120543576026306644406607052723464644261772437511147537406625351075624353313034305715261010025
22567173251220356045513155316060652344527446002361350660106241404137031220274430561554707370711716713
01401641401633117016427300364243732705737015723051311674257137551253005614071452445747251255271212
22114142307640242005271216265052526102665514613415010501721472412510325737071351447317560501054333773
60521272470527272030143733162703702646703623075277265643155411147534364311234022422541473473436442230
32645671537422777201554612020623303540116317544152310510371261402736620014567604272567514127266166702
3043005655450670404342237201647132546120755533771603750410711340550440522204100021516217011247417633

■ π の 1000 桁（9 進）

3.
124188124074427886451777617310358285165453534626523011263214502838640343541633030867813278715885368
36538681688517621483015261781343583732478554878425773327677131723134388207447123006485631742685616200
6105311580282424718418476800441611448021574581124844278771628385564052275006452200068832562343515777
3601123406228223180030036021156767827335577806735877254806407430272644202045212441586881257333677751
18861650878100137087014700870525254741242512638077248076624503144468246317420163201550132485735437377
7816338867173745703202651476227144266236524752422677848136826875150336477071782080713700456237824288888
62622316572572582512042101754651584630556248828717708644062233138240631310526366645008430206316823655
6881283746461151152605558080351358268866233527104685522540344032152312288242043381744875127032028661010
6084415180827861552327543122522678865207088528567865451878537247103532882104466405550883353460685601
32028808578200203321144465071331705260186327847886224516353308203127560435107755637280073308487467566

■ π の 500 桁（12 進）

03.
01 08 04 08 00 09 04 09 03 11   09 01 08 06 06 04 05 07 03 10   06 02 01 01 11 11 01 05 01 05   05 01 10 00 05 07 02 09 02 09
00 10 07 08 00 09 10 04 09 02   07 04 02 01 04 00 10 06 00 10   05 05 02 05 06 10 00 06 06 01   10 00 03 07 05 03 10 03 10 01
05 04 08 00 05 06 04 06 08 08   00 01 08 01 10 03 06 08 03 00   08 03 02 07 02 11 11 11 10 00   01 03 07 00 11 01 02 02 06 05
05 02 09 10 08 02 08 09 00 03   11 04 11 02 05 06 11 08 04 00   03 07 05 09 10 07 01 06 02 06   11 08 10 05 04 06 08 07 06 02
01 08 04 09 11 08 04 09 10 08   02 02 05 06 01 06 11 04 04 02   07 09 06 10 03 01 07 03 07 11   02 02 09 11 02 03 09 01 04 08
09 08 05 03 09 04 03 11 08 07   06 03 07 02 05 06 01 06 04 04   07 02 03 06 11 00 02 07 10 04   02 01 10 10 01 07 10 03 08 11
05 02 10 01 08 10 08 03 08 11   00 01 05 01 04 10 05 01 01 04   04 10 02 03 03 01 05 10 03 00   00 09 10 08 09 00 06 11 06 01
11 08 11 04 08 10 06 02 02 05   03 10 08 08 10 05 00 10 04 03   11 10 00 09 04 04 05 07 02 03   01 05 09 03 03 06 06 04 04 07
06 11 03 10 10 11 11 07 07 05   08 03 09 07 05 01 02 00 06 08   03 05 02 06 11 07 05 11 04 06   02 00 06 00 11 11 00 03 11 04
03 02 05 05 01 09 01 03 07 07   02 07 02 09 10 02 01 04 07 05   05 03 05 03 01 07 09 03 08 04   08 10 00 04 00 02 11 09 09 09
11 05 00 05 08 05 03 05 03 07   04 04 06 05 10 06 08 08 00 06   07 01 06 06 04 04 00 03 09 05   03 09 10 08 04 03 01 09 03 05
01 09 08 05 02 07 11 09 03 09   09 11 01 01 02 09 09 00 10 11   11 00 03 08 03 11 01 00 07 06   04 05 04 02 04 05 07 07 10 05
01 06 00 01 11 03 06 02 04 10   08 08 11 07 10 06 07 06 10 03

付　録

■ π の 200 桁（15 進）
03.
02 01 12 13 01 13 12 04 06 12   02 11 07 14 05 00 08 04 08 04   07 07 03 14 00 06 09 01 09 13   01 14 05 00 09 06 03 13 11 07
09 12 06 09 07 03 09 14 10 03   07 03 01 14 07 09 12 13 14 01   00 10 08 14 13 04 12 06 03 00   10 08 03 11 09 11 05 13 10 04
06 04 10 09 01 05 02 00 08 06   02 10 10 01 10 04 06 04 13 13   10 05 00 11 14 04 10 10 05 02   12 01 12 04 05 07 05 04 01 14
13 05 10 14 05 13 13 02 13 10   06 10 01 05 10 01 04 12 13 09   10 00 05 01 11 13 06 12 07 06   02 07 02 05 01 11 02 02 13 01
03 05 04 09 09 03 06 12 00 05   09 02 05 12 11 02 04 05 01 04   00 12 02 09 08 13 03 03 00 11   09 10 04 11 01 10 02 06 05 01

■ π の 200 桁（20 進）
03.
02 16 12 14 16 09 16 11 17 19   09 13 02 01 17 18 17 11 03 14   16 10 12 11 00 03 06 01 14 11   02 11 15 11 08 17 08 03 09 08
07 13 14 11 17 05 01 08 00 12   15 10 16 08 08 13 02 12 06 02   07 12 03 15 18 10 12 13 18 07   13 13 18 13 06 14 12 00 13 00
15 14 03 13 09 17 04 11 13 04   00 05 04 08 11 14 13 07 01 06   04 01 10 16 04 17 16 01 14 12   10 12 12 09 13 13 01 03 07 09
18 02 13 04 02 00 12 09 19 03   10 18 14 02 11 19 00 02 02 13   10 15 17 08 02 14 09 15 06 10   03 09 04 09 11 09 06 13 08 03
03 10 12 18 12 09 17 15 17 10   03 01 08 01 09 08 13 15 08 05   17 17 06 10 01 07 14 19 19 02   18 03 06 00 00 06 01 10 09 19

■ π の 200 桁（60 進）
03.
08 29 44 00 47 25 53 07 24 57   36 17 43 04 29 07 10 03 41 17   52 36 12 14 36 44 51 50 15 33   07 23 59 09 13 48 22 12 21 45
22 56 47 39 44 28 37 58 23 21   11 56 33 22 40 42 31 06 06 03   46 16 52 02 48 33 24 38 33 22   01 00 01 40 29 38 06 08 59 13
41 02 28 16 43 56 40 07 14 57   49 58 02 15 16 01 15 57 03 24   59 18 19 13 06 47 50 31 11 14   39 23 55 06 13 39 13 12 06 55
21 32 32 26 50 16 01 44 57 19   35 01 17 00 12 57 05 32 52 18   03 00 37 08 57 41 19 16 58 49   17 44 28 09 36 42 43 01 58 22
14 24 43 45 10 20 24 07 54 19   20 57 05 20 13 44 20 45 35 00   34 12 45 32 25 59 38 16 51 09   36 07 05 47 30 41 28 31 08 29

■ π の 2000 文字（26 進展開して，《0》を《a》，《1》を《b》のように置き換えたもの）

d.
drsqlolyrtrodnlhnqtgkudqgtuirxneqbckbszivqqvgdmelm
sciekhvdutcxtjpsbwhufomqjaosygpowupymlifsfiizrodpl
bjfgsjhncoxzndghkvozrnkwbdmfuayjfozxydkaymnquwlyka
kwjktzmelgcohrbrjenrqvhjthdleejvifafqicqsmtjfppzxz
gmzvamlufbrzapmuktskbupfavlswtwmaetmvedciujtxmknvx
cttmajdxauwwpyvmufsudjvocmahmiihnclywnpiojegqwzmwr
xipeazlbdlnhsxzedqqdolapezhkwmoaerlsujxvvhkrfkfezp
mvzsnopaxnlekfnewfceujlexvedmnmhuyoxfanujcfmvsynwt
svytttxlswcwcehehcwdfmxnmmhqsuvyiywjlghijclhyztsbk
ctckdldwbrbqzmvgvhubzefkhsldimflrpadntjbccduiloikj
qynrmzztehdyuqyrnzxiskcddtbtlwgxyhmsafblbtxniroqmk
ijdgwuaqlwjsqwhiizoahusdlcmfuulikuqphwruulempcvodp
ncqhhtdanrggqlcgtihkfqhxzdgmdslpoxsiwmdgspfcyylrel
wzasswdbdrmlrxpdfqqckkoiqtszosnyxrsinqjhuxnartidkc
gmjwmeugstlbejiwbjwrsiussmigxlshpgdeorxtuazgopxbmc
heraoxxakijvnoblqosqvaduyxbojprvhiyymhannfbcnjzfoc
bdaqumegytazuamjmbnocikysfmwjcbuuqnijwvuqummsexuej
mxunkebkystbrtqinirijfsbmoaulpjjxpcpultnblxllgnorz
doqscfnawahqmuatwqynjpcmdzpggxrtwrwxmpnwodwcaeeozb
xkjegteaowidftqrgvprevevounynlcwbmgbxbllqxjmyplewv

uexroiqiyalvuzvebmijpqqxlkplrncfwjpbymggohjmmqisms
yxpedosxmfqtqhmfxfpvzezrkfcwkxhthuhcplemlnudtmspwb
plybizuybroujznddjmojyozscksypkpadylpctljdilkuuwkq
ohyqlwedfdqjrnuhrlmcnkwqjpamvnotgvyjqnzmucumyvndbp
kdtfgfhqbankornpfbgncdukwzpkltobemocojggxybvoaetmh
uyqewjyvbuhoowamctuxriiirvslltavutwbgxmeggfjwqmsvn
chlmpdwrverockwhpqfdowoyvjwpxuogyhtiduarqzheqqvonl
uhpwlqqgnvrbocjhxeivloyxxywvaszhpsepnlwezgsogowpewwv
plhkqncdvrwrsibksaoitvtaxndyknhmmrpvijyjlxnhqtuzqq
mqfbvfdeqoeosnxrfdmlopcsrejftgrqebppyluiyslbbofnyz
ukutvepnqxnvzzwtymzfcpvsrygcygsvqufsbdaruuwjiqwoiy
cwyzrdjizimzuzdfjzaaljsjrvdowhmcjdrmkvsnhggmsdbfcl
ellgnzqkqisjhhuzievwuzvlymxhdopcilfrlebvjyrorhhhkg
farckcpaaqacfspjxopagkurrszbkqjodmatyjnacetvwylzcw
weijdnttihpkyrewbljunbwifkodbmtwmirxrdjkfhfdxljata
xwaqravqzytjcuygcjdeznocgcvddmjeplmwvpktlxlnmanjdp
uqszpgfpyvglbebxslnbeltrsllieahxkwidvtsttiikrglshd
yhltufkreiwbzavxbenfgboeebvrjppwhlancjnesdfqzcvveo
tekjtaeqmatpvbclpdnnolfulqovmnecuuwygiwjeoczdxysbn
nhwcpoovmrwkkibrcdeuejxhlorllrdrimvbieyecsgzekngmi

関連インターネット・サイト

http://pi2.cc.u-tokyo.ac.jp/index-j.html
　●東京大学金田研究室ホームページ，π と $1/\pi$ の42億桁．
http://www.algonet.se/eliasb/pi/lookpi.html
　●π の視覚化ページ．
http://www.angio.net/pi/piquery/
　●π の5千万桁の中から希望の数字列を探す．前後の数字も少し表示される．
http://www.cacr.caltech.edu/~roy/upi/pi.formulas.html
　●アーク・タンジェント公式の効率に関するリスト．
http://www.cacr.caltech.edu/~roy/upi/coprime.html
　●2つの自然数が互いに素になる確率を利用した π の評価．
http://www.cecm.sfu.ca/News/
　●Center for Experimental and Constructive Mathematics（CECM）のニュース．
http://www.cecm.sfu.ca/~pborwein/PISTUFF/Apistuff.html
　●ボールウェイン兄弟の π などの定数に関する最近の論文．
http://www.cecm.sfu.ca/projects/ISC/people.html
　●π の計算記録．
http://www.go2net.com/useless/useless/pi.html
　●π に関するリンク集．
http://www.mathsoft.com/asolve/constant/constant.html
　●π や他の数学的定数に関するページ．
http://users.hol.gr/~xpolakis/piphil.html
　●いろいろな言語による π 暗唱文のコレクション．ハツィポラキスによる収集．

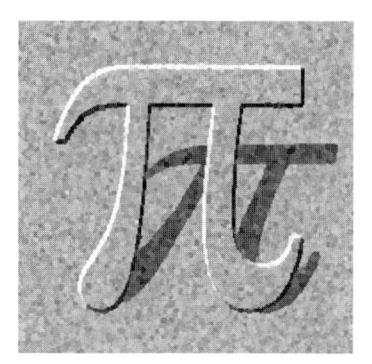

参 考 文 献

【 】内の数字は参照された章を示す.

1) G. Almkvist and B. Berndt, *Gauss, Landen, Ramanujan, the arithmetic-geometric mean, ellipses, π, and the Ladies diary*, Amer. Math. Monthly 95(1988), pp. 585-608 【5,7】
2) V. Adamhcik and S. Wagon, *Pi : a 2000-year search change direction*, manuscript, 1995 【8】
3) Archimède, *Les œuvres d'Archimède*, Texte établi et traduit par Charles Mügler, Les Belles Lettres, Paris, 1970 【3】
4) J.-M. Arnaudiès et H. Fraysse, *Analyse (cours de mathématiques-2, classes préparatoires et 1er cycle universitaire)*, Dunod, Paris, 1988 【1,4】
5) E. Assmus, *Pi*, Amer. Math. Monthly 92(1985), pp. 213-214 【1】
6) M. Authier, *Archimède, le canon du savant*, Éléments d'histoire des sciences (sous la direction de M. Serres), Bordas, Paris, 1989, pp. 101-128 【3】
7) A. Baker, *Transcendental Number Theory*, Cambridge Math. Lib., 1975-79-90 【9】9章で述べた結果のほとんどの証明がある. 超越数論を詳しく勉強したい読者にお薦めする.
8) D. Bailey, *Numerical results on the transcendence of constants involving π, e and Euler's constant*, Math. Comp. 50(1988), pp. 275-281 【9】
9) D. Bailey, *The computation of Pi to 29 360 000 decimal digits using Borweins' quartically convergent algorithm*, Math. Comp. 50(1988), pp. 283-296 【7】
10) D. Bailey, J. Borwein, P. Borwein and S. Plouffe, *The quest for Pi*, Math. Intelligencer, no.1, 19(1997), pp. 50-57 【3-8】
11) D. Bailey, P. Borwein and S. Plouffe, *On the rapid computation of various polylogarithmic constants*, Math. Comp. 66(1997), pp. 903-913 【8】
12) D. Bailey and S. Plouffe, *Recognizing numerical constants*, manuscript, Fraser University, 1996 【8,9】
13) P. Beckmann, *A History of Pi*, St. Martin's Press, New York, 1971 (『πの歴史』田尾・清水訳, 蒼樹書房, 1973年) 【3-5】
14) L. Berggren, J. Borwein and P. Borwein, *A Sourcebook on Pi*, Springer-Verlag, New York, 1997 【1-10】エルミートとリンデマンの原論文とともに, ワイエルシュトラスやヒルベルトによる改良された別証明がある.
15) B. Berndt, *Ramanujan's Notebooks, I-IV*, Springer-Verlag, New York, 1991-1994 【7】
16) M. Boll, *Une histoire des mathématiques*, Presses Universitaires de France, Paris, 1968 【2-4】
17) E. Borel, *Presque tous les nombres réels sont normaux*, Rend. Circ. Mat. Palermo 27(1909), pp. 247-271 【10】
18) J. Borwein and P. Borwein, *More quadratically converging algorithms for π*, Math. Comp. 46(1986), pp. 247-253 【7】
19) J. Borwein and P. Borwein, *Pi and the AGM*, A Study in Analytic Number Theory and Computational Complexity, Jhon Wiley and Sons, New York, 1987 【5-7,9】特に9章で述べた多くの結果が練習問題の形で念入りに扱われている.
20) J. Borwein and P. Borwein, *More Ramanujan-type series for $1/π$*, Ramanujan Revisited : Centenary Conf. Proc. (Univ. of Illinois), Academic Press, 1987 【7】
21) J. Borwein and P. Borwein, *Ramanujan and Pi*, Scientific American, Feb. 1988, pp. 66-73 (天才数学者ラマヌジャンとπ, 金出訳, 日経サイエンス, 1988年4月号, 88-98頁) 【7】

22) J. Borwein and P. Borwein, *On the complexity of familiar functions and numbers*, SIAM Review, no. 4, 30 (1988), pp. 589-601 【5,7,10】

23) J. Borwein and P. Borwein, *Strange series and high precision fraud*, Amer. Math. Monthly 99 (1992), pp. 622-640 【2,10】

24) J. Borwein and P. Borwein, *Some observations on computer aided analysis*, preprint CECM, Fraser University, 1993 【8,9】

25) J. Borwein and P. Borwein, *Class number three Ramanujan type series for $1/\pi$*, J. Comp. Appl. Math. 46 (1993), pp. 281-290 【7】

26) J. Borwein and P. Borwein, *Making sense of experimental mathematics*, preprint CECM, Fraser University, 1996 【8,10】

27) J. Borwein and F. Garvan, *Approximation to π via Dedekind eta function*, preprint CECM, Fraser University, 1996 【7】

28) J. Borwein, P. Borwein and D. Bailey, *Ramanujan, modular equations, and approximations to pi, or How to compute one billion digits of Pi*, Amer. Math. Monthly 96 (1989), 201-219 【7】

29) J. Borwein, P. Borwein and K. Dilcher, *Pi, Euler numbers, and asymptotic expansions*, Amer. Math. Monthly 96 (1989), 681-687 【2】

30) N. Bourbaki, *Éléments de mathématiques. Fonction d'une variable réelle*, Hermann, Paris, 1976 (『ブルバキ数学原論』実一変数関数 (基礎理論) 1, 東京図書, 1968 年) 【1】

31) C. Brezinski, *Accélération de la convergence en analyse numérique*, Springer-Verlag, Berlin, 1977 【6】

32) C. Brezinski, *History of continued fractions and Padé approximants*, Springer-Verlag, 1991 【6】

33) C. Brezinski and M. Redivo-Zaglia, *Extrapolation Methods : Theory and Practice*, North-Holland, 1992 【4,6】

34) R. Brent, *Fast multiple-precision evaluation of elementary functions*, J. Assoc. Comput. Mach. 23 (1976), pp. 242-251 【7】

35) J.-Cl. Carrega, *Théorie des corps, la règle et le compus*, Hermann, Paris, 1981 【1-3,9】 本書よりもさらに詳しい π の超越性の証明がある.

36) D. Castellanos, *The ubiquitous Pi (Part I and II)*, Math. Mag. 61 (1988), pp. 67-98, pp. 148-163 【1,2】

37) J.-L. Chabert, E. Barbin, M. Guillemot, A. Michel-Pajus, J. Borowczyk, A. Djebbar and J.-C. Martzloff, *Histoire d'algorithmes : du caillou à la puce*, éditions Belin, Paris, 1994 【3-5】

38) G. Chaitin, *Information, Randomness and Incompleteness : Papers on Algorithmic Information Theory*, World Scientific, Singapore, 1987 【10】

39) D. G. Champernowne, *The construction of decimals normal in the scale of ten*, J. London Math. Soc. 8 (1933), pp. 254-260 【9,10】

40) D. Chudnovsky and G. Chudnovsky, *Padé and rational approximation to systems of functions and their arithmetic applications*, Lecture Notes in Math. 1052, Springer, Berlin, 1984, pp. 37-84 【7】

41) D. Chudnovsky and G. Chudnovsky, *The computation of classical constants*, Proc. Nat. Acad. Sci. U.S.A. 86 (1989), pp. 8178-8182 【7】

42) J. Conway and R. Guy, *The Book of Numbers*, Springer-Verlag, 1996 【2,5,9,10】

43) J. Cooley and J. Tukey, *An algorithm for the machine calculation of complex Fourier series*, Math. Comp. 19 (1965), pp. 297-301 【7】

44) A. Copeland and P. Erdös, *Note on normal numbers*, Bull. Amer. Math. Soc. 52 (1946), pp. 857-860 【10】

45) R. Cuculière, *Les probabilités géométriques (aiguilles de Buffon)* ; Le Hasard, Dossier Pour la Science, avril 1996, pp. 857-860 【10】

46) Z. Dahse, *Der Kreis-Umfang für den Durchmesser 1 auf 200 Decimalstellen berechnet*, J. Reine Angew. Math. 27 (1844), p. 198 【5】

47) J. Davis and R. Hersh, *The Mathematical Experience*, Birkhäuser, Boston, 1982 (『数学的経験』柴垣 [他] 訳, 森北出版, 1986 年) 【1,9】

48) F. de Lagny, *Mémoire sur la quadrature du cercle et sur la mesure de tout arc, tout secteur et tout segment donné*, Histoire de l'Académie Royale des Sciences, 1719, (Paris 1721), pp. 135-145 【5】

49) P. Dedron et J. Itard, *Mathématiques et mathématiciens*, éditions Magnard, Paris, 1959 【3-5】

50) J.-P. Delahaye, *Information, complexité et hasard*, éditions Hernès, Collection Langue-Raisonnement-Calcul,

Paris, 1994【10】

51) J.-P. Delahaye, *Logique, informatique et paradoxes*, Bibliothèque Pour la Science, éditions Belin, Paris, 1995【4, 6,10】

52) J.-P. Delahaye, *Les nombres-univers*, Pour la Science, juillet 1996, pp. 104-107【10】

53) J.-P. Delahaye, *Sequence transformations*, Series on Computational Mathematics, Springer-Verlag, New York, 1988【6】

54) J.-P. Delahaye, *Randomness, unpredictability and absence of order*, Colloque international sur la Philosophie des Probabilités, organisé par le CNRS et l'Institut d'histoire des sciences de Paris, 10-12 mai 1990, Kluwer Acad., Dordrecht, 1993, pp. 145-167【10】

55) R. Descartes, *Circuli quadrqtio*, Manuscrit édité à Amsterdam en 1701, œvres éditées par C. Adam et P. Tannery, t.X, 1908, pp. 304-305【réédition Vrin, Paris, 1974；3,9】

56) J. Dhombres, A. Dahan-Dalmedico, R. Bkouche, C. Houzel et M. Guillemot, *Mathématiques au fil des âges*, éditions Gauthier-Villard, 1987【3,4】

57) J. Dieudonné, *Abrégé d'histoire des mathématiques, 1700-1900*, éditions Hermann, 1978（『数学史Ⅰ-Ⅲ』上野［他］訳，岩波書店，1985 年）【3,4,9】

58) P. Dubreil, *L'histoire des nombres mystérieux π, e, i, C ; Les grands courants de la pensée mathématique*, présentés par F. le Lionnais, éditions Albert Blanchard, Paris, 1962【5】

59) D. Ferguson, *Evaluation of π. Are Shanks' figures correct ?*, Math. Gazette 30(1946), pp. 89-90【5】

60) D. Ferguson, *Value of π*, Nature 17(1946), p. 342【5】

61) D. Ferguson and J. W. Wrench Jr., *A new approximation of π(conclusion)*, Math. Tables and other Aids to Comp. 3(1948-1949), pp. 18-19【5】

62) D. Ferguson, J. W. Wrench Jr. and L. B. Smith, *A new approximatin of π*, Math. Tables and other Aids to Comp. 2(1946-1947), pp. 143-145【5】

63) J.-P. Fontanille, *π en musique : écouter les décimales du nombre π*, Pour la Science, septembre 1996, pp. 96-97【2】

64) M. Gardner, *New mathematical diversions from Scientific American (chapter 8, on π)*, Simon and Schuster, New York, 1966【3-5】

65) M. Gardner, *The random number omega bids fair to hold the mysteries of the universe*, Scientific American, Nov. 1979, pp. 20-34【10】

66) F. Genuys, *Dix mille décimales de π*, Chiffres 1(1958), pp. 17-22【5】

67) C. Goldstein, *L'un est l'autre : pour une histoire du cercle*, Éléments d'histoire des sciences, sous la direction de M. Serres, éditions Bordas, Paris, 1989, pp. 129-150【3,4】

68) E. Goodwin, *Quadrature of the circle*, Amer. Math. Monthly 1(1894), pp. 246-247【2】

69) E. Goodwin, (A) *The trisection of an angle*, (B) *Duplication of the cube*, Amer. Math. Monthly 2(1895), p. 337【2】

70) J. Guilloud et M. Bouyer, *1000000 de décimales de π*, Commissariat à l'Énergie Atomique, 1974【5】

71) G. Hardy, *L'apologie d'un mathématicien et Ramanujan, un mathématicien indien*, éditions Belin, Paris, 1985（前半部の和訳は『一数学者の弁明』柳生訳，みすず書房，1975 年．後半部は *Ramanujan*, Cambridge University Press, 1940 の仏訳）【7】

72) G. Hardy and E. Wright, *An Introduction to the Theory of Numbers*, Oxford Science Publ., Clarendon Press, Oxford, first edition 1938, fifth edition 1979【9,10】無理数性や超越性，さらに一般の数論を扱った古典的名著．

73) E. Hobson, *Squaring the Circle : a History of the Problem*, Cambridge, 1913, reprint Chelsea Publish. Company, New York, 1953【1-5,9】

74) B. Burke-Hubbard, *Ondes et ondelettes, la saga d'un outil mathématique*, Pour la Science, Collection Sciences d'avenir, diffusion Belin, 1995【7】

75) D. Huylebrouck, [*Ludolph*] *von Ceulen's* [*1540-1610*] *tombstone*, Math. Intelligencer, no. 4, 17(1995), pp. 60-61【3】

76) D. Huylebrouck, *The π-room in Paris*, Math. Intelligencer, no. 2, 18(1996), pp. 51-53【5】

77) A. Jones, S. Morris and K. Pearson, *Abstract Algebra and Famous Impossibilities*, Springer-Verlag, 1991【2,3, 9】 e や π の超越性についての彼らの証明は断じて初等的ではない．非常に丁寧に論じられてはいるが46ページに

もわたる．

78) R. Kannan, A. Lenstra and L. Lovasz, *Polynomial factorization and Randomness of bits of algebraic and some transcendental numbers*, Math. Comp. 50(1988), pp. 235-250 【10】
79) A. Karatsuba and Yu. Ofman, Dokl. Akad. Naut SSSR, 145(1962), pp. 293-294 （露語）（英訳は Multiplication of multidigit numbers on automata, Soviet Phys. Dokl. 7(1963), pp. 595-596)【7】
80) M. Keith, *Circle digits : a self-reference story*, Math. Intelligencer, 1986, pp. 56-57 【2】
81) V. Klee and S. Wagon, *Old and New Unsolved Problems in Plane Geometry and Number Theory*, Math. Assoc. Amer., Dolciani Math. Expo., no. 11, 1991 (addendum 1993) 【9,10】
82) A. N. Kolmogorov, *Three approaches for defining concept of information quantity*, Information Transmission 1(1965), pp. 3-11 【10】
83) J. Lambert, *Mémoire sur quelques propriétés remarquables des quantités transcendantes circulaires et logarithmiques*, Histoire de l'Académie de Berlin, t. 17, 1761, pp. 265-322, Mathematische Werke, t. II, pp. 112-159 【9】
84) S. Lang, *Algebra*, Addison Wesley Publ. Company, Reading, Masachusetts, 1965 【9】 π の超越性の証明は本書のより抽象的だが，ゲルフォン=トシュナイダーの定理などの証明を含む．
85) H. Lebesgue, *Leçons sur les constructions géométriques*, Gauthier-Villars, 1949 【réimpression Jacques Gabay, 1987 ; 9】
86) D. H. Lehmer, *On arccotangent relations for π*, Amer. Math. Monthly 45(1938), pp. 657-664 【5】
87) G. Leibniz, *Naissance du calcul différentiel*, éditions Vrin, Paris, 1995 【4】 Acta eruditorum の 26 編の論文を，Marc Parmentier が翻訳し注釈を付けたもの．
88) F. le Lionnais, *Les nombres remarquables*, éditions Hermann, Paris, 1983 (『何だこの数は？』滝沢訳，東京図書，1989 年）【1,2】
89) *Le nombre π*, Le Petit Archimède, ouvrage collectif de J. Brette, R. Cuculière, Y. Roussel, L. Felix, M. Dumont, M. Milgram, G. Th. Guilbaud, A. Viricel, G. Kreweras, L. Étienne, M. Puissegur, Supplément au Petit Archimède no. 64-64, 1980 【2-5,9,10】
90) M. Lesieur, *Nombres algébriques ou transcendants*, cours polycopié de l'Université de Orsay, 1973 【9】
91) M. Li and P. Vitányi, *Introduction to Kolmogorov Complexity and Its Applications*, Springer-Verlag, second edition 1997 【10】
92) R. Ligonnière, *Préhistoire et histoire des ordinateurs*, éditions Robert Laffont, Paris, 1987 【5】
93) F. Lindemann, *Über die Zahl π*, Math. Ann. 20(1882), pp. 213-225 【9】
94) J. Liouville, *Sur des classes très étendues de quantités dont la valeur n'est ni algébrique, ni même réductible à des irrationnelles algébriques*, J. Math. 16(1851), pp. 133-142 【9】
95) J. Loxton and A. van der Poorten, *Arithmetic properties of automata : regular sequences*, J. Reine Angew. Math. 392(1988), pp. 57-69 【9,10】
96) K. Mahler, *Arithmetical properties of the digits of the multiples of an irrational number*, Bull. Austral. Math. Soc. 8(1973), pp. 191-203 【10】
97) K. Mahler, *On the approximation of Pi*, Indagationes 15(1953), pp. 30-42 【9】
98) P. Martin-Löf, *On the concept of random sequence*, Theory Probab. Appl. 11(1966), pp. 177-179 【10】
99) R. Matthews, *Pi in the sky*, Nature, vol. 374, pp. 681-682 【1】
100) M. Mignotte, *Approximations rationnelles de π et quelques autres nombres*, Bull. Soc. Math. France, Mem. 37, 1974, pp. 121-132 【9,10】
101) J. Montucla, *Histoire des recherches sur la quadrature du cercle*, Paris, 1754 【2,3,9】
102) H. Moravec, *Mind Children. The Future of Robot and Human Intelligence*, Harvard University Press, Cambridge, 1988 【7】
103) G. Moore, Electronics Magagine, Apr. 1965 【7】ムーアの法則が述べられている．
104) G. Miel, Of calculations past and present : the Archimedean algorithm, Amer. Math. Monthly 90(1983), pp. 17-35 【3】
105) I. Newton, *Methodus fluxionum et serierum infinitarum*, 1664-1671 【4】M. de Buffon による仏訳 La méthode des fluxions et des suites infinies, Paris, 1740.
106) S. Ortoli et N. Witkowski, *La baignoire d'Archiède*, éditions du Seuil, 1996 【3】
107) Oulipo, *La littérature potentielle*, éditions Gallimard, Collection Idées, Paris, 1973 【2】

108) Oulipo, *Atlas de littérature potentielle*, éditions Gallimard, Collection Idées, Paris, 1981 【2】
109) Papyrus Rhind, *The Rhind Mathematical Papyrus*, edited by A. B. Chace, Oberlin, Ohio, 1927, 1929 【3】
110) G. Phillips, *Archimedes and the complex plane*, Amer. Math. Monthly 91(1984), pp. 108-114 【3】
111) *Les mathématiciens*, éditions Pour la Science, diffusion Belin, Paris, 1996 【3】
112) R. Preston, *The mountains of Pi*, The New Yorker 2, Mar. 1992, pp. 36-67 【7】
113) S. Rabinowitz, *A spigot-algorithm for π*, Abstract of Amer. Math. Soc. 12(1991), p. 30 【6】
114) S. Rabinowitz and S. Wagon, *A spigot algorithm for the digits of π*, Amer. Math. Monthly 102(1995), pp. 195-203 【6】
115) S. Ramanujan, *Modular equation and approximations to π*, Quart. J. Math. 45(1914), pp. 350-372 【7】
116) G. Rauzy, *Nombres normaux et processus déterministes*, Acta Arith. 29(1976), pp. 211-225 【9】
117) G. Reithwiesner, *An ENIAC determination of π and e to more than 2000 decimal places*, Math. Tables and other Aids to Comp. 4(1950), pp. 11-15 【5】
118) W. Rutherford, *Computation of the ratio of the diameter of a circle to its circumference to 208 places of figures*, Philos. Trans. Roy. Soc. London 131(1841), pp. 281-283 【5】
119) D. Saada, *La détermination des décimales de π*, Bull. de l'APMEP (Association des professeurs de mathématiques de l'enseignement public), avril 1991, pp. 163-165 【6】
120) E. Salamin, *Computation of π using arithmetic-geometric mean*, Math. Comp. 30(1976), pp. 565-570 【7】
121) A. Sale, *The computation of e to many significant digits*, Computing J. 11(1968), pp. 229-230 【6】
122) H. Schepler, *The Chronology of Pi*, Math. Mag., 1950, pp. 165-170, 216-228, 279-283 【3-5】
123) W. Schmidt, *On normal numbers*, Pacific J. Math. 10(1960), pp. 661-672 【10】
124) A. Schönhage und V. Strassen, *Schnell Multiplikation grosser Zahlen*, Computing 7(1971), pp. 281-292 【7】
125) D. Shanks, *Dihedral quartic approximations and series for π*, J. Number Theory 14(1982), pp. 397-423 【5】
126) D. Shanks and J. Wrench, *Calculation of π to 100,000 decimals*, Math. Comp. 16(1962), pp. 76-99 【5】
127) W. Shanks, *Contributions to Mathematics, Comprising Chiefly the Rectification of the Circle to 607 Places of Decimals,* London, 1853 【5】
128) W. Shanks, *On certain discrepancies in the published numerical value of π*, Proc. Roy. Soc. London 22(1873), pp. 45-46 【5】
129) W. Shanks, *On the extension of the numerical value of π*, Proc. Roy. Soc. London 21(1873), p. 318 【5】
130) D. Singmaster, *The legal value of Pi*, Math. Intelligencer 7(1985), pp. 69-72 【2】
131) S. Skeina, *Further evidence for randomness in π*, Complex Systems 1(1987), pp. 361-366 【10】
132) N. Sloane and S. Plouffe, *The Encyclopedia of Integer Sequences*, Academic Press, 1995 【1,2】
133) S. Smith, *The Great Mental Calculators*, Columbia University Press, New York, 1983 【5】
134) I. Stewart, *Les algorithms compte-gouttes*, Pour la Science, no. 215, septembre 1995 【6】
135) C. Strörmer, *Sur l'application de la théorie des nombres entiers complexes*, Arch. Math. og Naturvidenskab, no. 3, 19(1896), pp. 74-87 【5】
136) J. Todd, *A problem on arc tangent relations*, Amer. Math. Monthly 56(1949), pp. 517-528 【5】
137) S. Wagon, *Is π normal ?*, Math. Intelligencer 7(1985), pp. 65-67 【10】
138) M. van Lambalgen, *von Mises' definition of random sequences reconsidered*, J. Symbolic Logic 52(1987), pp. 725-755 【10】
139) M. van Lambalgen, *Algorithmic information theory*, J. Symbolic Logic 54(1989), pp. 1389-1400 【10】
140) M. Wantzel, *Recherches sur les moyens de reconnaître si un problème de géométrie peut se résoudre à la règle et au compas*, J. Math. Pures Appl. 2(1837), pp. 366-372 【3,9】
141) E. Waymire, *Buffon needles*, Amer. Math. Monthly 101(1994), pp. 550-559 【1】
142) E. Wegert and L. N. Trefethen, *From the Buffon needle problem to the Kreiss matrix theorem*, Amer. Math. Monthly 101(1994), pp. 132-129 【1】
143) D. Wells, *Le dictionnaire Penguin des nombres curieux*, éditions Eyrolles, Paris, 1995 【2】
144) J. Wrench, *The evolution of extended decimal approximation to π*, The Mathematical Teacher, Dec. 1960, pp. 644-650 【5】

索 引

人名索引

ア 行

アインシュタイン(1879-1955)　Albert Einstein　2, 50
アスキー　Richard Askey　105
アダミ　Françoise Adamy　vi
アダムチック　Victor Adamchik　112
アデア　Gilbert Adair　20
アナクサゴラス(前499-前428)　Anaxagore　43
アペリー(1916-1994)　Roger Apéry　131, 163
アーベル(1802-1829)　Niels Henrix Abel　133
アポロニオス(ペルゲの)(前262?-前190頃)　Apollonios　54
アーメス(前1680頃-前1620頃)　Ahmès　40
アーリアバタ　Aryabhata　50, 165
アリストテレス(前384-前322)　Aristote　46
アリストファネス(前445-前386)　Aristophane　27
アル=カーシー(1380?-1429)　Al-Kashi　51, 165
アルキメデス(シュラクサイの)(前287-前212)　Archimède　16, 17, 29, 42, 46, 47, 49, 84, 100, 165
アルノーディエ　Jean-Marie Arnaudiès　6, 64
アル=フワーリズミー(780頃-850頃)　Muhammad ibn Musa Al-Khowarizmi　51, 165
アンソニスゾーン(1527-1607)　Adriaan Anthoniszoon　52
アンティポン(前480頃-前411)　Antiphon　43, 44
ヴァルジャン　Jean Valjcan　23
ヴァン・クーレン(1540-1610)　Ludolph von Ceulen　52, 68, 81, 86, 165
ヴァン・ルーマン(1561-1615)　Adriaen von Rooman　51
ヴィエト(1540-1603)　François Viète　52, 165
ヴィタニー　Paul M.B. Vitányi　160
ヴェガ → フォン・ヴェガ
ヴェグルジノフスキー　Éric Wegrzynowski　vi, 83
ウォリス(1616-1703)　John Wallis　27, 28, 55, 64, 175
ウルフ　Wolf　10
エイトケン(1895-1967)　Alexander Craig Aitken　89, 90
エウドクソス(クニドスの)(前408-前355)　Eudoxe　44
エスノー　Yann Esnault　vi
エスポジト=ファレーズ　Gilles Esposito-Farèse　83
エッケ　Myriam Hecquet　vi
エルツ　Jean-Claude Herz　79
エルデーシュ(1913-1996)　Paul Erdös　155
エルミート(1822-1901)　Charles Hermite　137, 142
オイラー(1707-1783)　Leonhard Euler　55, 62, 63, 77, 84, 98, 120, 129, 138, 167, 173
大井純　151
大橋宅清　11
オトー　Valentinus Otho　51, 165
オートレッド(1574-1660)　William Oughtred　62

カ 行

カー　G.S. Carr　98
ガイ　Richard Guy　37
ガーヴァン　Frank Garvan　102
ガウス(1777-1855)　Karl Friedrich Gauss　69, 78, 100, 129, 132
カステラノス　Castellanos　167
ガードナー　Martin Gardner　37
金田康正　104, 106, 117, 147, 166
カナン　Ravi Kannan　140, 156
カラツバ　A. Karatsuba　95, 109
カルダーノ(1501-1576)　Jérôme Cardan　133
カレガ　Jean-Claude Carrega　141
ガロア(1811-1832)　Évariste Galois　133
カントール(1845-1918)　Georg Cantor　134, 135, 137, 138
キケロ(前106-前43)　Cicéron　49
キース　Michael Keith　19
ギュー　Jean Guilloud　vi, 67, 75, 76, 78, 94, 103, 166
ギルゲンゾーム　R. Girgensohm　156
グッドウィン(1828?-1902)　Edward Johnston Goodwin　26
グッドヒュー　Goodhue　169
クノー　Raymond Queneau　20
クラウゼン(1801-1885)　Thomas Clausen　70, 78, 166
クーリー　James W. Cooley　96
グリッジマン　N. Gridgeman　10
クリーン(1909-1994)　Stephen Cole Kleene　157
クリンゲンシュティルナ　S. Klingenstierna　78
グリーンベルガー　Grienberger　165
クルヴェラ　Germain Kreweras　12
グールド(1932-1982)　Glenn Gould　154
グレゴリー(1638-1675)　James Gregory　58
クレッケリー　Roy Williams Cleckery　36
クロ　Cros　21
ゲーデル(1906-1978)　Kurt Gödel　138, 157
ケプラー(1571-1630)　Johannes Kepler　51

ゲルフォント (1906-1968)　Aleksandr Osipovich Gelfond　139
ケルン　Erik Kern　vi, 114
ゴスパー　William Gosper　89, 99, 103, 166
コチャンスキー　Kochansky　168
後藤裕之 (1973-)　15
コノン (サモスの)(前 280 頃-前 220 頃)　Conon　49
コープランド　A. Copeland　155
コペルニクス (1473-1543)　Nicolas Copernic　51
ゴルダン (1837-1912)　Paul Albert Gordan　139, 142
ゴールドバッハ (1690-1764)　Christian Goldbach　62
コルモゴロフ (1903-1987)　Andrey Nikoloerich Kolmogorov　157, 158, 159
コンウェイ　John Conway　37
コンテ　Comtet　174

サ 行

サーダ　Daniel Saada　vi, 83, 85
サラミン　Eugene Salamin　91, 100, 101
サール　A. Sale　85
澤口一之　11
ジヴ　Jacob Ziv　25
シェイクスピア (1564-1616)　William Shakespeare　25
ジェニューイ　François Genuys　75, 166
ジェルマン=ボン　Bernard Germain-Bonne　vi
シェーンハーゲ　A. Schönhage　96
シテ　Leslie Sitet　18
ジーネル　J. Jeenel　75, 166
シプリー　Joseph Shipley　17
シャープ (1651-1742)　Abraham Sharp　68, 165
シャベール　J.-L. Chabert　96
シャリット　Jeff Shallit　119
シャンクス (ウィリアム)(1812-1882)　William Shanks　68, 70, 71, 77, 166
シャンクス (ダニエル)　Daniel Shanks　75, 111
シュテルメル　Carl Störmer　78
シュトラッセン　Volker Strassen　96
シュナイダー (1911-)　Theodor Schneider　139
シュノール　C. Schnorr　159
シュペヒト　Specht　169
シュミット (1933-)　Wolfgang M. Schmidt　155
ショニエ　Claude Chaunier　83
ジョーンズ　William Jones　62
スタイネル (1796-1863)　Jakob Steiner　142
スターリング (1692-1770)　James Stirling　61, 65
スターンス　R. Stearns　156
スチュアート　Ian Stewart　86
スティーヴン　Steven　118
スネリウス (1580-1626)　Wikkebrod Snellius　53
スミス　Levy Smith　73, 166
セーガン (1934-1996)　Carl Sagan　30, 32
関孝和 (1642?-1708)　165
ソロモノフ　Ray Solomonoff　157

タ 行

ダ・ヴィンチ (1452-1519)　Léonard de Vinci　46, 50
ダーゼ　Johann Martin Zacharias Dahse　69, 77, 81, 166
建部賢弘 (1664-1739)　69, 166
ダベルディーン　Smith d'Aberdeen　10
タレス (ミレトスの)(前 624?-前 547?)　Thalès　2
ダローディエ　Francis Dalaudier　83
チェイティン　Greg Chaitin　157, 159, 160, 161
チェザロ (1859-1906)　Ernesto Cesàro　10
チェニー　Fitch Cheney　37
チャーチ (1903-1995)　Alonzo Church　157
チャンパノウン　D.G. Champernowne　139, 153
チュアン　Jiang Chuan　11
チュドゥノフスキー (グレゴリー)　Gregory Chudnovsky　i, 94, 99, 104, 122, 140, 146, 166
チュドゥノフスキー (デイヴィッド)　David Chudnovsky　i, 94, 99, 104, 140, 146, 166
チューリング (1912-1954)　Alan Mathison Turing　138, 157, 160
チュン・ヒン (78-139)　張衡　Chung Hing　165
ツィルン　Hervé Zwirn　vi
ツウ・ケンチ　祖暅之 (Tsu Keng-Chih)　50
ツウ・チュンチ (429-500)　祖沖之 (Tsu Chung-Chih)　50, 165, 167
ツェルメロ (1871-1953)　Ernst Zermelo　162
ディオクレス (前 240 頃-前 180 頃)　Dioclès　137
ディシャン　M. Dichampt　75, 166
ティス　Hervé This　vi
ディマレリ　Emmanuel Dimarellis　83
ディルヒャー　Karl Dilcher　35
デカルト (1596-1650)　René Descartes　53, 141
デスプレ　Alain Desprès　83
テューキー (1915-)　John Wilder Tukey　96
デ・ランダ　Diego de Landa　50
ドゥ・ゲルダー　Jacob de Gelder　169
ドゥ・モルガン (1806-1871)　Augustus De Morgan　10
ドゥラエ (クレール)　Claire Delahaye　vi
ドゥラエ (マルティヌ)　Martine Delahaye　vi
ドゥ・ラニュイ (1660-1734)　Thomas Fantet de Lagny　69, 166
ドマン　Robert Domain　83
友寄英哲 (1932-)　15

ナ 行

ニコラウス (クザヌスの)(1401-1464)　Nicolas de Cues　51
ニコルソン　S. Nicholson　75, 166
ニュートン (1642-1727)　Isaac Newton　55, 60, 96, 137, 165
ネステレンコ　Yuri V. Nesterenko　140
ネヘミア　Nehémiah　42
ノイマン → フォン・ノイマン
ノース　Roy North　35

索　引

ハ 行

ハイゼル　Carl Théodore Heisel　27, 28
ハーヴィー(1564-1616)　William Harvey　55
バクストン　Jedediah Buxton　69
パスカル(1623-1662)　Blaise Pascal　59
ハットン　Charles Hutton　77
バッハ(1685-1750)　Jean-Sébastien Bach　154
ハーディ(1877-1947)　Godfrey Harold Hardy　97, 98
ハートマニス　Juris Hartmanis　156
パニョル(1895-1974)　Marcel Pagnol　21
パーネス　S. Parnes　156
バベィジ(1791-1871)　Charles Babbage　72
パリゾ　Étienne Parisot　vi
バルサロブル　François Balsalobre　83
バーロー(1630-1677)　Isaac Barrow　62
ピタゴラス(サモスの)(前569?-前475?)　Pythagore　2, 126
ヒッパソス(メタポントスの)　Hippasos　127
ヒッピアス(エリスの)(前460頃-前400頃)　Hippias　45, 46, 49, 137
ヒポクラテス(キオスの)(前470頃-前410頃)　Hippocrate　29, 46
ビュフォン(1707-1788)　Georges Louis Leclerc Buffon　9, 13
ヒラム　Hiram　42
ヒルベルト(1862-1943)　David Hibert　105, 112, 139, 142
ファーガソン　D. Ferguson　73, 78, 166
ファン・デル・ポーテン　Alfred Jacobus van der Poorter　156
ブイエ　67, 75, 76, 94, 103, 166
フィエヴェ　Bénédicte Fiévet　vi
フィボナッチ(ピサのレオナルド)(1180-1250)　Fibonacci (Léonard de Pisa)　51, 165
フィヤートル　J. Filliatre　75, 166
フィリッポン　Patrice Philippon　140
フェラーリ(1522-1565)　Ludovico Ferrari　133
フェルトン　G. Felton　78, 166
フェルマー(1601-1665)　Pierre de Fermat　62, 138
フォックス　Fox　10
フォン・ヴェガ(1754-1802)　Georg von Vega　69, 166
フォン・シュトラスニツキー(1803-1852)　L.K. Schulz von Strassnitzky　69, 77, 166
フォンタニーユ　Jean-Philippe Fontanille　vi, 22, 26
フォン・ツァッハ　F.X. von Zach　69
フォン・ノイマン(1903-1957)　John von Neumann　74
フォン・リンデマン(1852-1939)　Ferdinand von Lindemann　28, 119, 137, 138, 142
プトレマイオス(85?-165?)　Claude Ptolémée　51, 165
プラウフ　Simon Plouffe　vi, 72, 89, 112, 118, 120, 140, 147, 174
ブラウンカー(1620-1684)　William Brounker　56
ブラフォール　Paul Braffort　20
ブラフマーグプタ(598?-670)　Brahmagupta　50, 165
ブーランジェ　Phillippe Boulanger　vi
フーリエ(1768-1830)　Jean-Baptiste Fourier　109
ブーリエ　François Boulier　vi
フルウィッツ(1859-1919)　Adolf Hurwitz　139, 142
ブルバキ　Nicolas Bourbaki　7, 8
フレイス　Henri Fraysse　6, 64
ブレジンスキー　Claude Brezinsky　vi, 91
プレストン　Richard Preston　105
ブレムス　Elias Bröms　vi, 146
フレンケル(1891-1965)　Adolf Abraham Halevi Fraenkel　162
ブレント　Richard Brent　91, 100, 101
プロクロス(411-485)　Proclus　127
フローベール(1821-1880)　Gustave Flaubert　154
ベイカー(1939-)　Alan Baker　139, 142
ベイリー　David Bailey　68, 89, 104, 112, 119, 140, 147, 165
ヘーグナー　Kurt Heegner　37
ベックマン　Petr Beckmann　72, 111
ベナブ　Marcel Banabou　20
ベラール　Fabrice Bellard　vi, 113, 123, 167
ペリクレス　Périclès　43
ベルジュ　Claude Berge　20
ベルトラン(1822-1900)　Joseph Louis François Bertrand　33
ベルヌーイ(ヤコブ)(1654-1705)　Jacob Bernoulli　172
ベルヌーイ(ヨハン)(1667-1748)　Jean Bernoulli　62
ペレク　Georges Pérec　20
ベン　Jacques Bens　20
ポー(1809-1849)　Edgar Allan Poe　19
ポアンカレ(1854-1912)　Henri Poincaré　72
ホイヘンス(1629-1693)　Christian Huygens　53, 58
ホイレンブルック　Dirk Huylenbrouck　175
ホッブス(1588-1679)　Thomas Hobbes　27, 55
ホーナー(1786-1837)　William George Horner　85, 108
ホブソン　Hobson　169
ボヤイ(1802-1860)　János Bolyai　3
ボールウェイン兄弟　36, 112, 165
ボールウェイン(ジョナサン)　Jonathan Borwein　vi, 35, 99, 100, 101, 140
ボールウェイン(ピーター)　Peter Borwein　vi, 35, 89, 99, 100, 101, 112, 140, 147
ボレル(1871-1956)　Émile Borel　14, 155, 157
ポワソン(1781-1840)　Siméon Denis Poisson　72
ポンスレ(1788-1867)　Jean-Victor Poncelet　142

マ 行

マシューズ　Robert Matthews　10
マスケローニ(1750-1800)　Lorenzo Mascheroni　142
マダヴァ　Madhava　59
マチャセヴィッチ　Yuri Matiasevich　105
マチン(1680-1752)　John Machin　61, 67, 77, 165
マックジョーチ　Lyle A. McGeoch　140
松永良弼(1692?-1747)　69, 166
マテュー　Philippe Mathieu　vi, 83
マーラー(1903-1988)　Kurt Mahler　139
マルケルス(前268-前208)　Marcellus　49
マルシャル　Bruno Marchal　iv
マルティン=レーフ　Per Martin-Löf　153, 157, 158, 159, 161
マンゾーニ　René Manzoni　83
ミシェル　Jean-Paul Michel　83
ミニョット　Maurice Mignotte　150

ムーア　Gordon Moore　93
メティウス　Adrien Métius　52
メトロポリス　N.C. Metropolis　74
モーア (1640-1697)　Georg Mohr　142
持永豊次　11
モートン　Tim Morton　15
モラヴェック　Hans Moravec　94

ヤ 行

ユークリッド (アレキサンドリアの) (前325-前265?)　Euclide　2, 44
ユゴー (1802-1885)　Victor Hugo　23

ラ 行

ライトウィーズナー　George Reitwiesner　73, 74, 166
ライプニッツ (1646-1716)　Gottfried Wilhelm Leibniz　35, 55, 59, 89, 90, 129
ラカン (1901-1981)　Jacques Lacan　31
ラザフォード (1871-1937)　Ernest Rutherford　70
ラザフォード　William Rutherford　70, 77, 166
ラッツァリーニ　Lozzerini　10
ラビノヴィッツ　Stanley Rabinowitz　85
ラマヌジャン (1887-1920)　Srinivasa Ramanujan　57, 93, 97, 99, 120, 167
ランダウ (1877-1938)　Edmund Georg Herman Landau　7
ランベルト (1728-1777)　Johann Heinrich Lambert　23, 67, 119, 130
リー　Ming Li　160
リトルウッド (1885-1977)　John Edensor Littlewood　98
リヒテル　Richter　70

リーマン (1826-1866)　Georg Friedrich Bernhard Riemann　3
リューヴィル (1809-1882)　Joseph Liouville　135, 137, 154
リュウ・ホイ　劉徽 (Liu Hui)　50
リンデマン → フォン・リンデマン
ルジャンドル (1752-1833)　Adrien Marie Legendre　131
ルーズベルト (1882-1945)　Franklin Roosevelt　71
ルーセル　Yves Roussel　vi
ルボー　Jacques Roubaud　20
ル・リオネ　François Le Lionnais　20
レイナ　Reina　10
レヴィン　L. Levin　159
レコード (1510-1558)　Robert Recorde　39
レーマン　W. Lehmann　70, 78, 166
レンストラ　A. Lenstra　156
レンチ　John Wrench　70, 73, 75, 78, 166
ロヴァス　L. Lovasz　156
ロクストン　John H. Loxton　156
ロジェ (1779-1869)　Peter Mark Roget　19
ロック　Arthor Rock　94
ローニー　S. Loney　78
ロバチェフスキー (1793-1856)　Nikolaï Ivanovich Lobatchevski　3
ロビンズ　Herbert Robbins　106

ワ 行

ワイエルシュトラス (1815-1897)　Karl Theodor Wilhelm Weierstrass　139, 142
ワイルス (1953-)　Andrew Wiles　138
ワゴン　Stan Wagon　85, 112
ワンツェル (1814-1848)　Pierre Laurent Wantzel　132
ワン・ファウ　王蕃 (Wang Fau)　165

事 項 索 引

ア 行

IBM　75
アーク・タンジェント公式　55, 67, 68, 72, 74, 77, 79, 80, 82, 93, 174, 184
圧縮アルゴリズム　25, 159
圧縮不可能　159, 161
アメリカ航空宇宙局　30, 104, 117
アメリカ数学月報　26
アーリアバティア　50
アルキメデスの原理　49
アルキメデスのらせん　49
アルマゲスト　51
暗記　15, 16, 19, 21, 31, 120
暗号学　152, 156, 161
暗算家　69, 120
e　3, 24, 61, 63, 86, 129, 130, 134, 137, 140, 142, 151, 157, 160
1次収束　90, 104
遺伝子　31, 77, 159
インターネット　11, 15, 24, 34, 80, 83, 105, 154, 184
ウォリスの公式　57, 64, 65

宇宙　3, 30, 126, 145, 146
ウーリポ　19, 20
永久機関　28, 133
エイトケンのデルタ-2法　89, 90
エイプリル・フール　30, 37
ENIAC (エニアック)　73, 74, 75, 77
円弧　12, 26, 33, 46, 53, 54, 56, 132
円錐　1, 151, 170
円積曲線　45, 49, 137
円柱　6, 46, 49, 170
円の正方形化問題　7, 15, 26, 29, 43, 45, 49, 54, 55, 58, 67, 125, 131, 133, 137, 138
円の直線化問題　43
オイラー　174
オイラー数　12, 13
オイラーの公式　71, 172
重さ　136
音楽　22, 23

索引

カ 行

廻文　20
開平　7, 12, 43, 47, 84, 91, 96, 97, 100, 131
科学アカデミー　28, 133
角の三等分問題　26, 28, 43, 133
確率　8, 9, 10, 11, 13, 14, 31, 33, 36, 146, 148, 150, 153, 154, 157, 158, 160, 170, 184
可算集合　136, 137
可変ピッチ底　87, 150, 151
ガンマ関数　65, 140
記憶術　16
幾何級数　127
記号 π　62
ギネスブック　120
帰納的に検定可能　153, 157
基本演算　81, 93, 95, 96, 97, 104, 118
基本対称式　144
球　1, 6, 21, 27, 31, 46, 49, 151, 170
9分の1減法　41
球面　2
曲線の長さ　7, 33, 48
虚数　7
近似有理数　51, 57
クライスラー社　73
繰上げ　86, 87, 88, 104, 107, 114, 117
クレイ-2　68, 104
計算可能性　138, 145, 153, 157, 160, 163
計算可能な数列　157
KGB　105
決定不可能性　128, 160, 163
ゲーデルの不完全性定理　161
ゲノム　77, 94, 159
原始累乗根　104, 108, 109
高速乗法　89, 91, 100, 104, 107, 111
高速フーリエ変換　101, 104, 107, 109, 140
古代エジプト　39, 40, 41, 116, 165, 167, 168
国家保安委員会　107
こつこつアルゴリズム　81, 85, 86, 87, 89, 93, 104, 112, 116, 118, 150
固定ピッチ底　87, 150
コード化　22, 30, 32, 146
コルモゴロフの計算量　159
根号　7, 56, 132, 134, 138
コンパス　3, 7, 27, 28, 44, 45, 125, 131, 132, 137, 138, 141, 142, 161, 168
コンピュータ　6, 8, 9, 23, 31, 32, 35, 67, 68, 72, 74, 75, 81, 83, 85, 93, 94, 95, 97, 101, 102, 103, 104, 105, 107, 111, 112, 118, 119, 120, 121, 140, 146, 157, 158, 164

サ 行

最小多項式　143
最良近似分数　58
作図不可能性　26, 133
サマルカンド　51

三角関数　7, 48, 49, 94, 98
算術幾何平均　101
詩　16, 20, 21, 27
ジグザグ　13
C言語　82, 84, 159
自己参照　19, 26
指数関数　7, 98
自然数　5, 10, 34, 36, 37, 41, 57, 60, 62, 65, 80, 91, 102, 122, 125, 127, 135, 136, 155, 170, 171
自然対数の底　24
実験数学　36, 120, 121
10進法　49, 51, 81, 88
シッダーンタ　50, 165
集合論　135, 153, 162, 163
主近似分数　58
準同型　7
情報科学　11, 31, 35, 59, 73, 93, 140
剰余類体　108
人工知能　94, 103
シンボリックス社　103
心理的罠　32
数学思想　23, 121
数学的帰納法　34
数式処理　35, 83, 102, 120
スターリングの公式　64, 65
スティーヴンの SC_2 クラス　118, 119
ステレオグラム　151
スーパーコンピュータ　105, 107
正規数　22, 32, 155, 160, 161, 162
正三角形　33, 43
正五角形　46, 132
正六角形　17, 40, 46, 48, 54
正15角形　132
正17角形　132
聖書　42, 165
星図表　10
正則連分数　57, 103, 152
正多角形　2, 4, 47, 51, 54, 132
積分　7, 13, 14, 44, 55, 58, 64, 120, 142, 163, 174
$\zeta(3)$　131, 163
CERN　76
漸化式　64, 79, 101, 102
染色体　31
素因数分解　31, 70, 132, 171
相対性理論　2, 3
相対論的宇宙　14
測円病　28
素数　24, 31, 37, 62, 70, 108, 112, 132, 139, 143, 144, 155, 171
ソネット　20

タ 行

対角線論法　136, 138
対称多項式の定理　144
対数型収束　90
対数関数　65, 96

代数的数　112, 129, 133, 134, 136, 137, 138, 139, 142, 154, 155, 159, 161
代数的独立性　140
代数的無理数　112, 135, 154, 155
代数方程式　134, 135, 136, 138, 140, 143, 156
互いに素　10, 11, 127, 170
タレスの定理　2
チェイティンの数 Ω　160, 161, 163
地球　2, 21, 32, 51, 69
チャンパノウン数　139, 153, 154, 155, 156
超越数　11, 32, 37, 112, 128, 134, 135, 136, 137, 138, 139, 140, 142, 143, 152, 154, 155, 156, 159, 161, 163
超越性　28, 119, 125, 128, 129, 135, 137, 138, 139, 140, 142, 145, 149
直観主義　23, 26
ツェルメロ=フレンケルの集合論　162
月形図形　29, 46
デカルト座標　54
手続きで定義できる数　162
電子メール　35
等周法　53, 54
等配分数　154, 162
トーラス　170
取り尽くし法　43, 44, 46
トリニティ研究員　98

ナ 行

NASA　30, 104, 117
2項係数　60, 114, 173
2次収束　96, 101, 107
ニュートン的宇宙　14
ニュートン法　91, 96
ヌクレオチド　31

ハ 行

肺魚　31
排中律　23
πの部屋　63, 71, 72
背理法　126, 128, 129, 130, 138, 143
パスカルの計算機　59
発見館　63, 70, 71, 72
ハノーヴァーの計算機　60
バビロニア　40, 97, 165
パラドックス　32, 33, 34, 97, 106, 137, 155, 160, 163
判じ絵　35
反射望遠鏡　58, 60
万能数　153, 154, 155, 162
万能チューリング機械　160
反復アルゴリズム　99, 100
万有引力　14, 54, 60
ヒヴァ　51
PSLQ　112
ピタゴラス学派　125, 126, 129
ピタゴラスの定理　2, 41
日立　107

微分法　60
非ユークリッド幾何学　3
ビュフォンの針　9
ヒルベルトの第7問題　139
ヒルベルトの第10問題　105
フィボナッチ数列　31
フェルマーの大定理　138
複雑度　93, 95, 97, 100, 102, 118
複素数　7, 80, 104, 108, 134, 142, 172
物理　1, 2, 3, 5, 6, 9, 10, 11, 13, 30, 31, 32, 39, 53, 69, 74, 94, 121, 127, 129, 147, 154
ブー・ラ・シアンス　30, 83, 86
フランス原子力庁　75
フランス国営宝くじ　10
プログラム　23, 32, 68, 72, 73, 75, 81, 82, 83, 84, 85, 88, 93, 97, 101, 104, 108, 118, 120, 157, 158, 159, 160
平行線公理　138
平方根　37, 43, 49, 53, 65, 91, 97, 125, 131, 133, 138, 141, 156
ベイリー=ボールウェイン=ブラウフの公式　89, 111, 114, 117, 118, 119, 121, 123, 140, 147
ペガサス　75
ヘーグナー数　37
ベーシック（Basic）　82, 83, 84, 157
ベルヌーイ数　172
ポーカー　148
補間法　108, 109
ほとんど　153, 155, 157, 160
ホーナー表示　85, 108
墓碑銘　52
ポンスレ=スタイネルの定理　142

マ 行

マヤ　50
マルチンゲール　160
マルティン=レーフの意味の乱数　153, 157, 160, 161, 162
ムーア電気工学科　73
ムーアの法則　93
無限乗積　52, 55, 56, 170, 171, 174
無理数　20, 23, 34, 35, 57, 67, 127, 128, 129, 130, 135, 137, 138, 139, 140, 149, 155, 162, 163
メイプル（Maple）　83
モーア=マスケローニの定理　142
モジュラー方程式　99, 101
モンテ・カルロ法　8, 9, 68, 156

ヤ 行

有限オートマトン　156, 162
有限体　104, 108
有限の手続きで定義できる数　125, 161
有理数　8, 15, 34, 44, 57, 67, 119, 125, 126, 127, 128, 129, 130, 133, 135, 140, 142, 149, 154, 155, 160, 162, 172
ユークリッド空間　2, 3, 7, 44
4次収束　102, 107
ヨーロッパ原子核研究機関　76

ラ 行

ライプニッツ展開 151
ライプニッツの公式 35, 59, 81, 89, 90, 150, 151
ラマヌジャンの公式 99, 103, 104, 113
乱数 9, 68, 74, 76, 119, 145, 146, 149, 151, 152, 153, 156, 157, 158, 159
ランダム関数 8, 9, 160
ランド・コーポレーション 76
離散フーリエ変換 96, 107, 110, 111
立方根 43, 133, 156
立方体の倍積問題 27, 28, 43, 133
リポグラム 20
リーマンのゼータ関数 131

リーマン予想 112, 139
リューヴィル数 135, 140, 149
リューヴィルの定数 135, 154, 156
流率法 60
量子力学 2, 17
リンド・パピルス 28, 40, 41, 72
$\sqrt{2}$ 8, 107, 126, 128, 131, 134, 138, 151, 152, 161
ルドルフの数 52
例外的性質 157, 158, 160
連分数 56, 57, 130, 163, 174
ロックの法則 94
ロンドン王立協会 55, 56, 60, 70, 98

訳者あとがき

　1998 年 9 月初旬，少し肌寒さを感じながら，パリから TGV で 1 時間ほどのフランス北部の街リールに降りたった．すぐにマルクとダニエルが出迎えてくれた．ダニエルとは日本で会っていたし，『モンテ・クリスト伯』を何回読んだか自慢し合うほど無邪気な彼には似つかわしくないりっぱな髭づらを見忘れるはずもなかった．この街には，大広場に面してたぶん街で 1 番大きな《北の白イタチ》という書店がある．そこでまっ先に我が目をひいたのが，原著 "Le fascinant nombre π" (Pour la Science, 1997) だった．赤帯には "1998 年ダランベール賞受賞" とある．

　これはフランス語によるすぐれた数学の啓蒙活動（論文，書籍，放送番組，映画など）に対し，2 年に 1 度 2 万フランの賞金とともに贈られるフランス数学会の名誉ある賞だ．選考委員の中に，10 年以上前の給費留学生時代にお世話になったカーン先生の名を見つけて，急に当時の思い出がよみがえってきた．当時，アペリーやチュドゥノフスキー兄弟の仕事を通して，不思議な数の世界にはっきりと目覚めてしまったことを．当然のごとく，すぐにこの本を買い求めた．

　ちょっと見ただけで，かなりの下準備を要した本だとわかった．実は，だいぶ前から，このような π の本を書きたいと思い，資料を集めていたところだったのだ．あっさりと敗北宣言をしなければならないほど，この本は実によく書けている．それに，フランス特有の批判精神というか，時には皮肉たっぷりの表現が，最高のうまみ，最強のスパイスになってうまい味が出ている．研究当事者にとって，こういう言葉は口には出してもなかなか活字にしにくいものなのだ．さらに言えば，情報科学に焦点を当てた π の本として単にこの本を評することには満足できない．たぶん本書の一番の特徴はマニアックなところではないかと思う．《π マニア》をばかにすることなかれ．π の暗唱でギネスブックに載ったプラウフが，数学で大活躍しているではないか．そして，この本を訳した私自身もまた，π マニアであることを白状しなければならない．

　著者の π に対する思い入れには，並々ならぬものを感じる．「うるさく付きまとう」，「どこにでも顔を出す」，「科学的精神の原動力」，「素朴な生命」，「人間の知性に対する永遠の挑発」，「人の楽しみを邪魔し，われわれから真実を遠ざけようとしている」，「われわれに反抗している」，「無理やり無限とかかわり合うようにしむけている」，「無限の宇宙」．π を形容したこれらの筆者の言葉には，π に対する愛着がにじみ出ているではないか．

　もちろん π だけで数学を語ることはできない．しかし，巷の拒数症やひどい数式アレルギーに抗して，数学の真のうまみをぜひ多くの人に味わっていただきたいと心から願うとき，そのうまみを引き出す最高の食材には π がうってつけだし，グルメ大国フランスの風味を時に堪能するのも悪くはないだろうと思う．プロの料理人だけが味がわかるわけでは決してないのと同じように，数学が専門家だけのものであるわけがないのだ．みんなのπ！

　最後に，いくつかの注意点を箇条書きにしておこう．
- 1 人でも多くの方々に読んでいただけるよう，筆者の意を汲んで，なるべく平易なことば遣いを心掛けた．
- 定義の必要な数学記号類をなるべく使わない筆者の方針にも（例えば合同記号を等号で書くとか，かなり抵抗があったけれども）素直に従うことにした．
- "v" の発音は "ヴ" と訳したが，例外的に "ソビエト" と "ベクトル" だけは慣用に従った．
- 固有名詞のカナ表記にあたっては，各種辞典類およびインターネット検索によってもなお特定することが困難なものがあったので，参考のため人名索引を巻末に付け加えた．
- 訳注は【　】内に記し，単純な間違いはいちいち断らずに訂正しておいた．
- 原書の数値は，四捨五入と切り捨ての両方が混在していて区別がつかないので，不本意ながら，信頼できる桁まで数字を数桁ほど削除した場合がある．
- 超越数に興味を持たれた読者には，最近発刊された『無理数と超越数』（塩川宇賢著，森北出版，1999 年）を，ぜひ一読されることをお薦めする．

2001 年 8 月　琵琶湖畔にて

訳者しるす

訳者略歴

畑　政義（はた・まさよし）
1954 年　広島県に生まれる
1980 年　京都大学大学院理学研究科修士課程修了
1990 年　京都大学教養部助教授
現　在　京都大学総合人間学部助教授
　　　　理学博士
著　書　『神経回路モデルのカオス』（朝倉書店）
　　　　『フラクタルの数理（共著）』（岩波書店）

π―魅惑の数　　　　　　　　　　　定価はカバーに表示

2001 年 10 月 20 日　初版第 1 刷
2003 年 3 月 20 日　　第 2 刷

訳　者　畑　　政　義
発行者　朝　倉　邦　造
発行所　株式会社　朝　倉　書　店

東京都新宿区新小川町 6-29
郵便番号　　162-8707
電　話　03(3260)0141
Ｆ Ａ Ｘ　03(3260)0180
http://www.asakura.co.jp

〈検印省略〉

ⓒ2001〈無断複写・転載を禁ず〉　　　　　中央印刷・渡辺製本

ISBN 4-254-11086-3　C 3041　　　　　Printed in Japan

理科大 戸川美郎著
シリーズ〈数学の世界〉1
ゼロからわかる数学
―数論とその応用―
11561-X C3341　　A5判 144頁 本体2500円

0, 1, 2, 3, …と四則演算だけを予備知識として数学における感性を会得させる数学入門書。集合・写像などは丁寧に説明して使える道具としてしまう。最終目的地はインターネット向きの暗号方式として最もエレガントなRSA公開鍵暗号

早大 鈴木晋一著
シリーズ〈数学の世界〉6
幾 何 の 世 界
11566-0 C3341　　A5判 152頁 本体2500円

ユークリッドの平面幾何を中心にして，図形を数学的に扱う楽しさを読者に伝える。多数の図と例題，練習問題を添え，談話室で興味深い話題を提供する。〔内容〕幾何学の歴史／基礎的な事項／3角形／円周と円盤／比例と相似／多辺形と円周

数学オリンピック財団 野口　廣著
シリーズ〈数学の世界〉7
数学オリンピック教室
11567-9 C3341　　A5判 144頁 本体2500円

数学オリンピックに挑戦しようと思う読者は，第一歩として何をどう学んだらよいのか。挑戦者に必要な数学を丁寧に解説しながら，問題を解くアイデアと道筋を具体的に示す。〔内容〕集合と写像／代数／数論／組み合せ論とグラフ／幾何

前東工大 志賀浩二著
はじめからの数学1
数 に つ い て
11531-8 C3341　　B5判 152頁 本体3500円

数学をもう一度初めから学ぶとき"数"の理解が一番重要である。本書は自然数，整数，分数，小数さらには実数までを述べ，楽しく読み進むうちに十分深い理解が得られるように配慮した数学再生の一歩となる話題の書。【各巻本文二色刷】

前東工大 志賀浩二著
はじめからの数学2
式 に つ い て
11532-6 C3341　　B5判 200頁 本体3500円

点を示す等式から，範囲を示す不等式へ，そして関数の世界へ導く「式」の世界を展開。〔内容〕文字と式／二項定理／数学的帰納法／恒等式と方程式／2次方程式／多項式と方程式／連立方程式／不等式／数列と級数／式の世界から関数の世界へ

C.F.ガウス著　九大 高瀬正仁訳
数学史叢書
ガウス 整 数 論
11457-5 C3341　　A5判 532頁 本体9800円

数学史上最大の天才であるF.ガウスの主著『整数論』のラテン語原典からの全訳。小学生にも理解可能な冒頭部から書き起こし，一歩一歩進みながら，整数論という領域を構築した記念碑的著作。訳者による豊富な補註を付し読者の理解を助ける

H.ポアンカレ著　元慶大 斎藤利弥訳
数学史叢書
ポアンカレ トポロジー
11458-3 C3341　　A5判 280頁 本体6200円

「万能の人」ポアンカレが"トポロジー"という分野を構築した原典。図形の定性的な性質を研究する「ゴム風船の幾何学」の端緒。豊富な注・解説付。〔内容〕多様体／同相写像／ホモロジー／ベッチ数／積分の利用／幾何学的表現／基本群／他

平田　寛監修　吉成　薫訳
リンド数学パピルス
10028-0 C3040　　B4判 424頁 本体58000円

ギリシャ数学の母ともいえる古代エジプト数学。本書は，その古代数学を書きつけたパピルスを翻訳し解説をつけた貴重な文献。わが国で初めて原典から直接訳をした。科学史家はもちろんオリエント関係の研究者にも知的刺激を与える労作

中大 小林道正著
グラフィカル 数学ハンドブックI
―基礎・解析・確率編―〔CD-ROM付〕
11079-0 C3041　　A5判 600頁 本体23000円

コンピュータを活用して，数学のすべてを実体験しながら理解できる新時代のハンドブック。面倒な計算や，グラフ・図の作成も付録のCD-ROMで簡単にできる。I巻では基礎，解析，確率を解説〔内容〕数と式／関数とグラフ（整・分数・無理・三角・指数・対数関数）／行列と1次変換（ベクトル／行列／行列式／方程式／逆行列／基底／階数／固有値／2次形式）／1変数の微積分（数列／無限級数／導関数／微分／積分）／多変数の微積分／微分方程式／ベクトル解析／確率と確率過程／他

数学オリンピック財団 野口　廣監修
数学オリンピック財団編
数学オリンピック事典
―問題と解法―
11087-1 C3541　　B5判 864頁 本体16000円

国際数学オリンピックの全問題の他に，日本数学オリンピックの予選・本戦の問題，全米数学オリンピックの本戦・予選の問題を網羅し，さらにロシア（ソ連）・ヨーロッパ諸国の問題を精選して，詳しい解説を加えた。各問題は分野別に分類し，易しい問題を基礎編に，難易度の高い問題を演習編におさめた。基本的な記号，公式，概念など数学の基礎を中学生にもわかるように説明した章を設け，また各分野ごとに体系的な知識が得られるような解説を付けた。世界で初めての集大成

上記価格（税別）は2003年2月現在